Holger Megies:

Kartierung, Datierung und umweltgeschichtliche Bedeutung der
jungquartären Flussterrassen am unteren Inn

ISBN 3-88570-120-0

HEIDELBERGER GEOGRAPHISCHE ARBEITEN

Herausgeber:

Bernhard Eitel, Hans Gebhardt,
Peter Meusburger

Schriftleitung: Klaus Sachs

Heft 120

Im Selbstverlag des Geographischen Instituts der Universität Heidelberg

2006

Kartierung, Datierung und umweltgeschichtliche Bedeutung der jungquartären Flussterrassen am unteren Inn

von

Holger Megies

Mit 73 Abbildungen und 58 Tabellen und 10 Karten

(mit engl. summary)

Im Selbstverlag des Geographischen Instituts der Universität Heidelberg

2006

Die vorliegende Arbeit wurde von der Fakultät für Chemie und Geowissenschaften der Ruprecht-Karls-Universität Heidelberg als Dissertation angenommen.

Tag der mündlichen Prüfung: 27. Juli 2005

Gutachter: Prof. Dr. B. Eitel
Gutachter: Prof. Dr. W. Gamerith

ISBN 3-88570-120-0

Vorwort

Mein Interesse für die Geomorphologie wurde während zahlreicher Exkursionen geweckt, an denen ich als Student teilnahm und die mich unter anderem nach Apulien und auf die Insel La Réunion führten. Mit der geomorphologischen Forschung kam ich das erste Mal in Kontakt, als ich in der Arbeitsgruppe von Herrn Prof. Dr. Bernhard Eitel an der Geowissenschaftlichen Spitzbergen-Expedition SPE99 im August 1999 teilnehmen durfte. Aus diesem Projekt heraus entstand meine Staatsexamensarbeit zu einem glazialmorphologischen Thema.

Nach dem Studium bot mir Herr Professor Eitel an, unter seiner Betreuung eine Dissertation anzufertigen. Eine Möglichkeit, die ich gerne ergriff, zumal das Thema – die jungquartären Innterrassen – sich mit meinem Heimatraum beschäftigt, den ich seit meiner Kindheit kenne und schätze. Herrn Professor Eitel möchte ich deshalb an dieser Stelle für die Anregung und die anschließende Betreuung herzlich danken. Herrn Prof. Dr. Werner Gamerith danke ich für seine Bereitschaft, das Zweitgutachten für die vorliegende Arbeit anzufertigen.

Aber es haben noch eine ganze Reihe weiterer Persönlichkeiten zum Gelingen dieses Vorhabens beigetragen, die ich an dieser Stelle nicht unerwähnt lassen kann: Wichtige praktische Tipps und technische Unterstützung bei Geländearbeiten bekam ich stets von Gerd Schukraft, der, genauso wie Adnan Al-Karghuli, auch bei Fragen im geomorphologisch-geoökologischen Labor des Geographischen Instituts und bei der Diskussion von Ergebnissen immer mit Rat und Tat zu Seite stand.

Meine Kollegen Bertil Mächtle, Heike Wieczorrek und Dr. Stefan Hecht halfen bei Organisation und Durchführung verschiedener Geländeaufenthalte, deren Ergebnisse zum Teil in die Arbeit einflossen. Bei den Laborarbeiten zur Korngrößenanalyse und der Aufbereitung der Schwermineralproben arbeiteten Anke Wichardt, Antonia Koch, Peter Zajiček, Sebastian Ernst und Christoph Siart fleißig mit. Vielen Dank dafür! Bertil Mächtle übernahm das Korrekturlesen des fertigen Manuskripts.

Für die Durchführung der Datierungen und die Diskussion der Ergebnisse bin ich Dr. Frank Preusser, Universität Bern, und Dr. Bernd Kromer von der Forschungsstelle Archäometrie der Heidelberger Akademie der Wissenschaften verbunden. Dem bayerischen Landesvermessungsamt danke ich für die kostengünstige Bereitstellung von Geobasisdaten. Der Kurt-Hiehle-Stiftung Heidelberg möchte ich für die Förderung meiner Arbeit danken.

Inhaltsverzeichnis

Abbildungsverzeichnis

Tabellenverzeichnis

Karten

1 Einleitung

Im Folgenden wird eine kurze Einführung in das Arbeitsgebiet der vorliegenden Untersuchung gegeben. Zunächst wird das behandelte Gebiet räumlich abgegrenzt (Kap. 1.1). Es folgt ein kurzer Abriss der geologisch-morphologischen Gesamtsituation (Kap. 1.2) sowie der klimatischen Verhältnisse (Kap. 1.3) des Untersuchungsgebiets. Die hydrogeographischen Verhältnisse des Inns werden in Kap. 1.4 thematisiert, und weil für die jüngsten landschaftlichen Veränderungen der Mensch die entscheidende Rolle spielt, sollen die menschlichen Eingriffe und ihre geomorphologischen Auswirkungen in Kapitel 1.5 und 1.6 kurz umrissen werden.

1.1 Lage des Arbeitsgebiets

Das Arbeitsgebiet liegt in Südostbayern und im angrenzenden Oberösterreich beiderseits des unteren Inns. Stromaufwärts wird es im Südwesten begrenzt vom Durchbruch des Inns durch die würmeiszeitliche Moränenstaffel bei Gars. Stromabwärts endet es an der Vornbacher Enge, wo die antezendente Durchbruchsstrecke des Inns durch die Böhmische Masse beginnt. Die nördliche Begrenzung bildet ab Mühldorf der Anstieg zum Tertiärhügelland, nach Süden wird das Gebiet begrenzt von der Hochterrasse der Inn-Salzach-Platte bzw. dem Moränengürtel von Inn- und Salzachgletscher (Abb. 1.2). Auf das Arbeitsgebiet entfallen ca. 144 Stromkilometer. Die Breite des Inntals variiert von wenigen 100 Metern unmittelbar am Durchbruch bei Gars bzw. beim Eintritt in die Vornbacher Enge bis ca. 10 km im Bereich der Pockinger Heide, woraus sich für das gesamte Arbeitsgebiet eine Größe von etwa 700 km^2 ergibt. Das Gebiet wird durch 14 bayerische und österreichische topographische Kartenblätter abgedeckt (vgl. Kap. 2.2).

1.2 Geologisch-geomorphologischer Rahmen

Zeitlich gesehen erstreckt sich die Arbeit auf das Würm-Hoch- und Spätglazial sowie das Holozän, geomorphologisch also auf die Niederterrasse und die in sie eingeschachtelten Terrassen. Geologisch befindet sich das Arbeitsgebiet vollständig im Bereich tertiärer und quartärer Sedimente. Nur an der Vornbacher Enge im äußersten Nordosten wird es vom Grundgebirge der Böhmischen Masse begrenzt. Grob gegliedert lässt sich sagen, dass die nördliche Umrahmung des Arbeitsgebiets von den tertiären Lockergesteinen des niederbayerischen Tertiärhügellands, die südliche von den quartären Ablagerungen der Moränen und Schottern der pleistozänen Inn- und Salzachgletscher gebildet wird.

Das Tertiärhügelland als nördliche Begrenzung des Arbeitsgebiets
Das Tal des Inns ist im betrachteten Gebiet (vgl. Abb. 1.2 auf Seite 3) in die tertiären Sedimente der alpinen Vorlandmolasse eingetieft. Diese werden lithofaziell in die Untere und Obere Meeresmolasse, die dazwischen befindliche Untere sowie die Obere Süßwassermolasse unterschieden (SCHWERD et al. 1996). Im östlichen Bereich der alpinen Vortiefe fehlt jedoch die Untere Süßwassermolasse, da hier während des Oberoligozäns und älteren

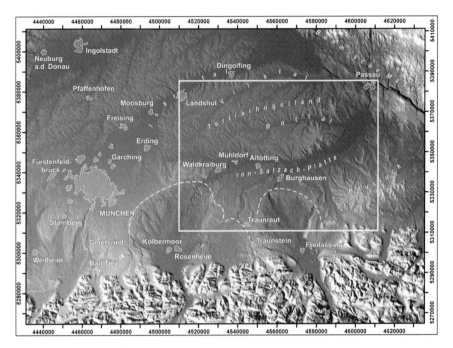

Abbildung 1.1: Die Lage des Arbeitsgebiets innerhalb Südostbayerns. Der weiß umrandete Bereich ist vergrößert in Abb. 3.1, S. 36 dargestellt. Gut zu erkennen sind die Zungenbecken der Loben der pleistozänen Inn-, Chiemsee- und Salzachgletscher mit ihren Moränen. Die Talausgänge von Inn (südlich Rosenheim) und Salzach (südlich Freilassing / Salzburg) sind deutlich zu sehen. Nördlich schließt sich die Inn-Salzach-Schotterplatte an, die von den Schmelzwässern der pleistozänen Gletscher aufgeschüttet wurde und diese Richtung Nordost zur Donau abführte. Nördlich des Inntals liegt das niederbayerische Tertiärhügelland mit durchschnittlichen Höhen um 500 m ü. NN. Es wird im Bereich des Kartenausschnitts von Rott und Vils sowie deren Nebenbächen zertalt. Einen markanten Einschnitt bildet das Isartal, das aus der Münchner Ebene kommend über Freising, Landshut und Dingolfing die Schmelzwässer des Isar-Loisach-Gletschers zur Donau abführte. Die nordöstliche Ecke des Ausschnitts wird von der Böhmischen Masse eingenommen, die den Schärdinger Trichter und damit das Untersuchungsgebiet nach Nordosten begrenzt. Zwischen Böhmischer Masse und den Alpen im Süden zeichnet sich deutlich die markante Erhebung des Hausrucks ab, der nach Westen vom Kobernaußer Wald zum Mattigtal hin begrenzt wird. Kartengrundlage: SRTM-Höhendaten, United States Geological Survey; ATKIS 500, © Bayerische Vermessungsverwaltung, Nutzungserlaubnis VM 3840 B – 3094.

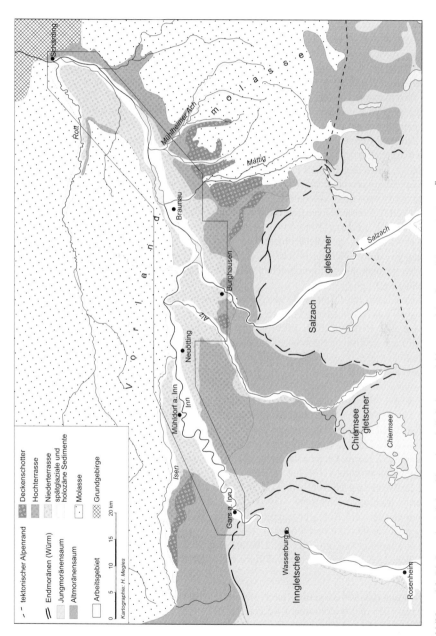

Abbildung 1.2: Die Lage des Arbeitsgebietes innerhalb Ostbayerns / Oberösterreichs. Generalisierte geologische Übersicht des Untersuchungsgebietes.

Untermiozäns durchgehend mariner Einfluß herrschte, so dass östlich der Linie München–
Ingolstadt von der „Ostmolasse" mit ihren Schichtgliedern Untere Meeresmolasse, „Obere"
Meeresmolasse (= jüngerer Teil der Meeresmolasse) und Obere Süßwassermolasse (UNGER
1996a) gesprochen wird.

   Die Sedimente der Molasse, die die unterlagernde Malmtafel im Beckentiefsten mit
Mächtigkeiten bis 5.000 m überdecken, bestehen insgesamt aus einer komplizierten Abfolge verschiedener kiesiger-sandiger bis schluffig-toniger Ablagerungen, die die jeweilige
Paläogeographie zur Ablagerungszeit im Wechselspiel von Alpenhebung einerseits und tek-
tonischer Absenkung der Vortiefe andererseits widerspiegeln.

   Im östlichen Bereich des Arbeitsgebiets, flussabwärts von Braunau, werden die Anhöhen
des Tertiärhügellandes von den Ablagerungen der Oberen Meeresmolasse aufgebaut. Westlich davon, bis in den Bereich nördlich von Mühldorf (und darüber hinaus), wo das Inntal
von Südwesten kommend auf das Tertiärhügelland trifft, besteht letzteres aus den Ablagerungen der Oberen Süßwassermolasse.

   Die obertägig anstehenden Bereiche der Oberen Meeresmolasse im Arbeitsgebiet stammen aus dem mittleren Untermiozän. Flächenhafte Verbreitung nordöstlich der Linie
Simbach–Braunau finden die Sedimente der *Oncophora*-See, des sich nach Süden zurück-
ziehenden und aussüßenden Molassemeeres (UNGER 1996a). Hierbei handelt es sich um
graue bis gelblichgraue glimmerreiche Feinsande, denen stellenweise Kieslagen zwischengeschaltet sind.

   Darüber lagert die Obere Süßwassermolasse, die in Tertiärbuchten in Resten nach Norden bis weit auf die niederen Flächen des Bayerischen Waldes erhalten ist (EITEL 2002).
Sie wird nach UNGER (1983, 1989) in fünf „Lithozonen" (L1–L5) gegliedert. Lithozone
1 besteht aus limnischen Sedimenten (grauen Tonen und Mergeln, glimmerreiche Feinsande), darüber folgen die Nördlichen Vollschotter (L2) sowie die Hangenden Nördlichen Vollschotter, die zusammen mit den südlichen Vollschottern die Lithozone 3 bilden. Mit der
Umstellung der Entwässerung von der westlichen auf die heutige östliche Richtung gerät
der nördliche Abschnitt des Arbeitsgebiets in den Einfluss von Schüttungen aus der Böhmischen Masse (Mischserie L4 und Moldanubische Serie L5), während im südlichen, alpen-
näheren Bereich alpines Material der Unteren und Oberen Hangendserie (ebenfalls L4 und
L5) zur Ablagerung kommt. Im östlichen Niederbayern werden in Hochlage gekommene
Vollschotter (L3) zum Quarzrestschotter mit seinem charakteristischen, stabilen Schwermineralspektrum verwittert (UNGER 1996a).

   An der Wende des Miozäns zum Pliozän wurde – etwa zeitgleich zur Umstellung der Ent-
wässerungsrichtung nach Osten – das Molassebecken durch tektonische Hebung vom Sedi-
mentationsraum zum Abtragungsgebiet, wodurch das Tertiär-Hügelland nördlich des Inns
angelegt wurde (UNGER und DOPPLER 1996). Die heutigen Oberflächenformen entwickelten sich allerdings erst im Zuge der Überprägung durch die Periglazialdynamik während
der pleistozänen Kaltzeiten. Ebenso fällt die Herausbildung des heutigen Flussnetzes in das
Pleistozän.

Abgrenzung des Arbeitsgebiets nach Süden: Hochterrasse, Deckenschotter, Moränen
Zwischen Gars und Waldkraiburg werden die Höhen beiderseits des Inntals von Moränen
der Mindel-, Riß- und Würmkaltzeiten aufgebaut, wobei die Mindelmoränen und mit ihnen

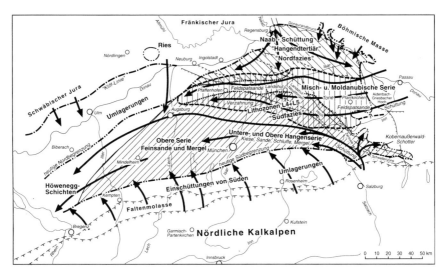

Abbildung 1.3: Die lithozonale Gliederung der südbayerischen Molasse. Der Inn durchquert im Alpenvorland zunächst die Sedimente der alpinen Unteren und Oberen Hangendserie (Lithozonen L4 und L5). Nach Nordosten verzahnen sich diese mit den Sedimenten der Misch- und Moldanubischen Serie, was den in dieser Richtung zunehmenden Einfluss der Böhmischen Masse als Sedimentliefertgebiet zum Ausdruck bringt. Im östlichen Niederbayern geraten Vollschotter der L3 im Baden in Hochlage und werden unter feucht-tropischen Bedingungen zum Quarzrestschotter und Quarzkonglomerat umgebildet. Östlich Simbach stehen obertägig Sedimente der Meeresmolasse an. Insgesamt weist das Arbeitsgebiet, was den Molasseuntergrund angeht also eine relativ starke Differenzierung auf. Quelle: UNGER und DOPPLER (1996).

verknüpfte Deckenschotter nur links des Inns vorhanden sind. Auf dem rechten Innufer setzt nämlich bei Kraiburg bereits die Hochterrasse ein, die an der südwestlich anschließenden Rißmoräne ansetzt, welche vom Inn bei Jettenbach unterschnitten wird.

Der Außenrand der würmzeitlichen Endmoränen, die sich nach TROLL (1925a) in die Stände der Kirchseeoner, Ölkofener, Ebersberger und Stephanskirchener Phase untergliedern, verläuft südlich Gars in nordwest-südöstlicher Richtung (siehe Beilage 10).

Nach außen schließen sich in einem drei bis zehn Kilometer breiten Streifen die Moränen der Rißkaltzeit an. Links des Inns wird der Rißmoränenbereich von den Würmmoränen geomorphologisch deutlich sichtbar vom peripheren Talzug des Rainbachs getrennt, der bei Gars in den Inn mündet. Die Grenze der Riß- zu den Mindelmoränen („Niedere" bzw. „Hohe Altmoräne" im Sinne von PENCK und BRÜCKNER 1909) ist aufgrund der periglazialen Überprägung während der Würmkaltzeit weniger deutlich ausgeprägt. Sie verläuft in etwa in West-Ost-Richtung nördlich von Reichertsheim (siehe Beilage 10). Westlich von Aschau werden sowohl Riß- als auch Mindelmoräne von den Niederterrassenschottern des Ampfinger Feldes geschnitten.

Das Isental bildet als periphere Talung die Grenze zwischen den Moränen und Schottern der Mindelkaltzeit zum Tertiärhügelland.

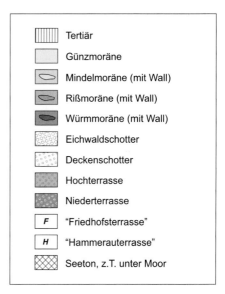

Abbildung 1.4: Legende zur Karte „Der pleistozäne Salzachvorlandgletscher" (Abb. 1.5). Quelle: EBERS et al. (1966).

Nordöstlich der Linie Kraiburg–Waldkraiburg lässt der Inn die Moränen der Mindel-, Riß- und Würmkaltzeiten hinter sich. Während sich auf seinem linken Ufer das Garser Wurzel- feld zur weit gespannten Niederterrassenfläche des Ampfinger Feldes öffnet, das nördlich des Isentals an das Tertiärhügelland angrenzt, ist die Niederterrasse auf dem rechten Innufer zwischen Mühldorf und Neuötting in die rißeiszeitliche Hochterrasse eingeschachtelt. Die- se erreicht ihre größte Nord-Süd-Erstreckung im Bereich der „Inn-Salzach-Schotterplatte" etwa auf der Höhe von Tüßling, wo sie ca. 10 km weiter südlich zunächst das Alztal er- reicht und sich südlich davon mit den Rißmoränen im Übergangsbereich zwischen Inn- und Salzachgletscher verzahnt.

Bei Burgkirchen a. d. Alz (südlich von Emmerting) und Burghausen a. d. Salzach wird die Hochterrasse von bedeutenden würmeiszeitlichen Abflussbahnen des Chiemseegletschers (Alz) bzw. des Salzachgletschers zerschnitten. Gleiches gilt nochmals östlich von Burghau- sen im Bereich des Weilhart Forstes und des Lachforstes südlich von Braunau sowie für den Einschnitt der Mühlheimer Ach. Flussabwärts von Kirchdorf a. Inn (Oberösterreich) bis Schärding reicht die Hochterrasse bis an den Inn heran (siehe Beilagen 1–3).

Da die Maximalausdehnung des Salzachvorlandgletschers (vgl. Abb. 1.5) zumindest auf seinem Ostflügel in die Günzkaltzeit fällt, schließen sich östlich der Salzachmündung bis Altheim Deckenschotter und Altmoränen aus Günz-, Mindel- und Rißkaltzeit südlich an die Hochterrasse an. So wird der Siedelberg nordöstlich von Pischelsdorf (Oberösterreich) von EBERS et al. (1966) als günzzeitliche Moräne angesprochen, der nach Nordosten bis Ut- tendorf und auch östlich des Mattigtals Älterer Deckenschotter vorgelagert ist. Den Aden- berg sowie in der Verlängerung nach Südosten den Sperledt-Rücken stellen EBERS et al. (1966) in die Mindelkaltzeit und bei Gilgenberg erreicht man die Moränen aus dem Riß. Der würmglaziale Endmoränenwall des Salzachvorlandgletschers, untergliedert in die Wäl-

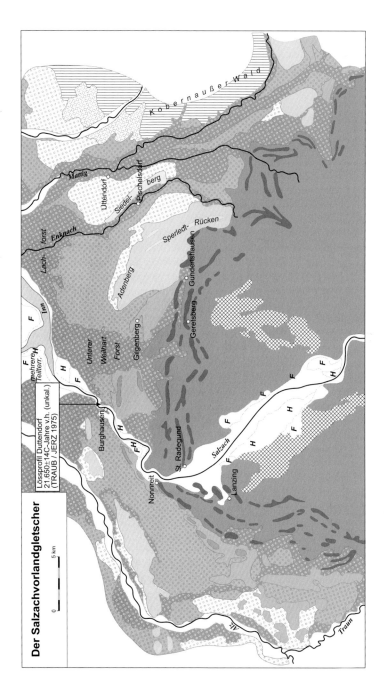

Abbildung 1.5: Der pleistozäne Salzachvorlandgletscher. Die Abbildung stellt einen (generalisierten) Ausschnitt aus der Karte von EBERS et al. (1966) dar. Gut zu erkennen: die hochglazialen Entwässerungsbahnen des Salzachgletschers im Weilhart Forst und Lachforst. Die heutige Salzach zeichnet eine spät-hochglaziale bis spätglaziale Entwässerungsbahn nach. Wie am nördlichen Kartenrand deutlich wird, versuchten EBERS et al. (1966) die Anbindung der Innterrassen am Rand ihres Arbeitsgebiets in die Stratigraphie aus dem Salzburger Becken (,,Friedhofsterrasse'', ,,Hammerauterrasse''). Zum Lössprofil von Duttendorf: siehe Kap. 4.1.1. Legende siehe Abb. 1.4.

le der „Nunreuter" (die Ortschaft heißt heute Nonnreit), „Radegunder" und „Lanzinger Phase" verläuft (im Grenzbereich zum Arbeitsgebiet) in einem Bogen von Asten (westlich der
Salzach) über Geretsberg nach Gundertshausen, wo er nach Südosten abbiegt (vgl. die Karte
in Abb. 1.5).

1.3 Grundzüge des Klimas im Arbeitsgebiet

Hinsichtlich seiner klimatischen Einordnung gehört das Untersuchungsgebiet am unteren
Inn als Teil des nördlichen Alpenvorlandes insgesamt wie der Rest Deutschlands zum
„warm-gemäßigten Regenklima der mittleren Breiten" (MÜLLER-WESTERMEIER et al.
1999) und weist einige regionalklimatische Besonderheiten auf. Diese ergeben sich in erster
Linie aus topographischen Effekten (Höhenlage, Konfiguration orographischer Barrieren),
da die flächenmäßige Ausdehnung des Gebietes nicht dafür ausreicht, dass synoptische oder
strahlungsklimatische Unterschiede wirksam würden.

Der kälteste Monat ist im gesamten Gebiet der Januar, der wärmste der Juli. Das Januar-
Mittel liegt im Bereich der Inn-Salzach-Platten und unterhalb der Salzachmündung im unmittelbaren Talbereich bei -1° C bis -2° C, während die höher gelegenen Bereiche der nördlichen (Tertiärhügelland) bzw. südlichen (Hochterrasse, Moränengürtel) Umrahmung lediglich Werte zwischen -2° C und -3° C aufweisen (diese und alle folgenden Werte stammen aus
MÜLLER-WESTERMEIER et al. 1999 und MÜLLER-WESTERMEIER et al. 2001). Die Tief-
lage des Tals bringt zwar höhere Durchschnittstemperaturen, aber auch die Möglichkeit der
Bildung von Kaltluftseen mit sich (HENDL 1995). Das Monatsmittel im Juli liegt zwischen
17° C und 18° C. Nur die am höchsten gelegenen Bereiche des Arbeitsgebiets, die Toplagen
der Würm-Endmoränen, weisen etwas niedrigere Werte auf. Thermisch gesehen gehört das
Arbeitsgebiet mit Differenzen zwischen Juli- und Januarmittel im Bereich von 18,5–20 K
– zusammen mit Teilen Ostdeutschlands – zu den am stärksten kontinental geprägten Re-
gionen Deutschlands und wird in dieser Hinsicht nur noch vom Dungau übertroffen. Beim
Grad der Kontinentalität lässt sich eine Zunahme von Südwest nach Nordost beobachten.
Auf den Toplagen der Moränen bei Gars herrschen nämlich wegen deren Höhe niedrigere
Sommertemperaturen.

Durch seine Lage innerhalb des außertropischen Westwindgürtels dominieren zwar insgesamt die Westwetterlagen bei einem Jahresmittel der Niederschläge von 800–900 mm in
weiten Teilen des Arbeitsgebiets. Mit Annäherung an die Alpen Richtung Süden und an die
Höhen der Böhmischen Masse im Osten steigen die Jahresniederschläge rasch auf Werte von
900–1.000 mm (Raum Schärding–Passau) bzw. sogar bis maximal 1.200 mm im Bereich des
Moränengürtels. Durch die relativ große Entfernung Südostbayerns zum Meer bringen die
Ausläufer der bei Großwettertyp „West" (nach HESS und BREZOWSKY 1955) durchziehen-
den Zyklone jedoch nur relativ wenig Niederschlag, zumal sie in der Regel rasch durchzie-
hen und so keine lang andauernden Schlechtwetterperioden entstehen. Viel bedeutsamer was
die Niederschlagstätigkeit im Alpenvorland angeht, sind die Großwettertypen „Nordwest"
und „Nord". Hier wirkt sich die weit in ihr Vorland hinein spürbare Stauwirkung der Alpen
besonders stark aus. Durch das im Sommer wegen der höheren Lufttemperatur in größerer
Höhe liegende Kondensationsniveau kann mehr Feuchtigkeit die Alpen erreichen, als bei

gleicher Wetterlage im Winter, da sich die Luftmassen nicht schon über den Mittelgebirgen abregnen (HAVLIK 1990). Dies erklärt, zusammen mit den über der stark aufgeheizten Landmasse auftretenden Wärmegewittern (ca. 30 Gewittertage pro Jahr (HAVLIK 1990), das deutliche sommerliche Niederschlagsmaximum des Alpenvorlands. Dieses Phänomen bezeichnet FLOHN (1954) als den „europäischen Sommermonsun".

Eine besondere Stellung nimmt im Alpenvorland der Großwettertyp „Ost" ein (HAVLIK 1990). Hierbei gerät Deutschland in der Regel unter den Einfluss trockener Luftmassen aus dem Inneren Osteuropas. Liegt jedoch ein Tief über dem Adriaraum, so können von diesem zusammen mit der Ostströmung feucht-warme Luftmassen vom Mittelmeer östlich um die Alpen herumgeführt werden, die dann aus nordöstlichen Richtungen nach Südostbayern einströmen, auf die dort befindliche Bodenkaltluft aufgleiten und zu ergiebigen Niederschlägen führen, die im Stau der Alpen noch verstärkt werden. Zieht das Adriatief entlang der Zugbahn V_b in den Ostalpenraum oder nach Ungarn weiter und wird dort stationär, dauern die Niederschläge auch länger an und sind mit erheblicher Hochwassergefahr für die Flüsse im Arbeitsgebiet verbunden (vgl. Kapitel 1.4).

Der niederschlagsreichste Monat ist der Juni mit Monatsmitteln zwischen 100 (Tertiärhügelland) und maximal 140 mm (Inn-Salzach-Platten). Im Schärdinger Trichter liegen die Werte aufgrund der ausgeprägten Beckenlage teilweise etwas niedriger (90–100 mm). Die geringsten Niederschläge verzeichnet der März mit Monatsmitteln von 50–60 mm im Bereich der Inn-Salzachplatten und des Tertiärhügellandes und 60–70 mm am Nordrand des Moränengürtels. Was den Jahresgang des Niederschlags angeht gehört das Arbeitsgebiet somit zum „Sommerregentyp".

1.4 Das Einzugsgebiet des Inns

Hydrogeographische Charakteristika

Der Inn – von den Römern *Aenus* („der Schäumende") genannt – entspringt als Abfluss des Lago di Lunghino in 2.484 m ü. M. am Südostabhang des Piz Lunghino in den Rhätischen Alpen. Er besitzt eine Länge von 517 km, 144 km davon liegen im Untersuchungsgebiet und weisen ein durchschnittliches Gefälle von 0,8‰ auf (HAUF 1952). Sein Mittelwasserabfluss von 736 m^3/s (Pegel Ingling, WETZSTEIN 2002) macht den Inn zum wasserreichsten Fluss Bayerns und zum größten Donauzufluss des nördlichen Alpenvorlands. Im Jahresmittel übertrifft er in seiner Wasserführung sogar seinen eigenen Vorfluter, die Donau (MQ: 637 m^3/s, Pegel Hofkirchen (WETZSTEIN 2002). Er hat ein Einzugsgebiet von 26.100 km^2. Bei Neuhaus, unmittelbar vor dem Eintritt in die Vornbacher Enge und damit der nordöstlichen Begrenzung des Arbeitsgebiets sind es bereits 25.634 km^2. Hiervon entfallen ca. 17.000 km^2 auf die Alpen (über 50% davon in einer Höhe von über 2.000 m ü. M. (VEIT 2002), ca. 9.000 km^2 auf das Alpenvorland (HAUF 1952).

Dies äußert sich in dem ausgeprägt hochalpinen Abflusscharakter des Inns mit seinem nivalen Abflussregime im Sinne von PARDÉ (1947) (HAVLIK 1990): Die Abflussspitzen liegen im hydrologischen Sommerhalbjahr und werden maßgeblich durch die im Juni / Juli ihren Höhepunkt erreichende Schneeschmelze im Hochgebirge sowie durch sommerliche Starkniederschläge am Alpenrand bestimmt. Die relativ zum Hochgebirge und dem

Alpenrand niedrigen Niederschlagssummen, die das untere Einzugsgebiet im Bereich des Arbeitsgebietes erreicht, wirken sich auf die Gesamtwasserführung und das Abflussregime kaum mehr aus. Gleichzeitig sind die Unterschiede zwischen dem Mittelwasserabfluss des Winter- und des Sommerhalbjahres sehr groß (MQ$_{Wi}$: 495 m^3/s, MQ$_{So}$: 973 m^3/s, Pegel Ingling) (WETZSTEIN 2002). Die Hochwassergefahr am Inn wird dann besonders groß, wenn sich die Abflussspenden der sommerlichen Schneeschmelze im Hochgebirge (Juni/Juli) und die von ebenfalls zu dieser Jahreszeit vorkommenden „V$_b$"-Wetterlagen addieren.

Sedimenttransport des Inns
Auch durch seine hohe Geschiebe- und Schwebstofffracht erweist sich der Inn als typischer Alpenfluss. Die Feststofffracht liegt unterhalb der Salzachmündung bei ca. 230.000 m^3 pro Jahr. Die Donau erreichen davon immerhin noch 60.000 m^3 (HERRMANN 2002), wobei nur ein Teil durch Abrieb verloren geht und der Rest in den Stauräumen der verschiedenen Wasserkraftwerke zurückbleibt und ausgebaggert werden muss.

Die vom Inn transportierten Schwebstoffmengen sind mit 4,9 Mio. m^3 im Jahresmittel (HERRMANN 2002) erheblich und machen ihn zu einem typischen Weißwasserfluss. HAUF (1952) gibt für den Inn bei Neuötting einen Wert von 3 Mio. t Schwebstoffen an. Zum Vergleich sei die Isar bei München mit „nur" 318.000 t pro Jahr (HAUF 1952) erwähnt. Auch von den Schwebstoffen sedimentiert ein großer Teil in den langsam strömenden Bereichen der „Laufstauseen" vor den Kraftwerken. CONRAD-BRAUNER (1994) gibt zum Beispiel für die Stauwurzeln der Kraftwerke Egglfing (Inbetriebnahme 1944) und Simbach-Braunau (Inbetriebnahme 1950) einen Wert von 320 Mio. m^3 abgesetzter Schwebstoffe bis 1970 an. Die Stauseen verlanden dadurch sehr schnell und verlieren so einen Großteil ihrer Wirkung als potenzielle Hochwasserrückhaltebecken.

1.5 Der Zustand des Inns vor der Korrektur

Theoretische Ansätze zur Gerinneklassifikation
Zur Beschreibung von Flussverläufen und Gerinneformen sowie deren Entwicklung existiert eine große Zahl an Studien aus den letzten Jahrzehnten (z. B. WUNDT 1953; LEOPOLD und MADDOCK 1953; LEOPOLD und WOLMAN 1957; LEOPOLD et al. 1964; LANGBEIN und LEOPOLD 1966; MANGELSDORF und SCHEURMANN 1980; MANGELSDORF et al. 1990).

In der klassischen Gerinnemorphologie wird zwischen drei Idealtypen des Flusslaufs, nämlich „gestreckten", „verzweigten" und „mäandrierenden" Formen (engl. *straight, braided, meandering*) unterschieden (KERN 1994; LEOPOLD et al. 1964; MANGELSDORF und SCHEURMANN 1980; MANGELSDORF et al. 1990). In der englischen Terminologie werden die Ausdrücke *braided* und *anastomosing* synonym verwendet. Eine Unterform der verzweigten Flüsse stellt die Form der *anabranching rivers* („Flussverzweigungen", BRICE 1983) dar. Sie weisen im Gegensatz zu den *braided rivers* i.e.S. mehr oder weniger persistente Inseln im Gerinnebett auf, die auch Bewuchs tragen können. Zwischen diesen Idealtypen existieren natürlich Übergangsformen (KERN 1994).

Das Beispiel des Inns
Das Landschaftsbild vor der Innkorrektion ist für das Arbeitsgebiet in den topographischen
Aufnahmen, die ab dem frühen 19. Jahrhundert in Bayern systematisch durchgeführt wurden, hervorragend und erstmals auf der Grundlage von exakten Vermessungen dokumentiert
(TOPOGRAPHISCHES BUREAU 1817–1867, 1865–1900, siehe Abb. 1.6). Aus der Zeit da-
vor existiert eine Fülle von schriftlichen Quellen und handgezeichneten Plänen, Ansichten
und Skizzen, die die Landschaft sowie Form, Verlauf und Morphodynamik des Inns seit etwa dem 15. Jahrhundert in teils äußerst plakativer Weise belegen (Abb. 1.7). Diese Quellen
werden im Bayerischen Hauptstaatsarchiv aufbewahrt (LEIDEL und RUTH-FRANZ 1998).

Vor der großtechnisch angelegten Korrektur des Inns, die im Bereich des Arbeitsgebiets
im wesentlichen im Lauf des 19. Jahrhunderts erfolgte, bot der Inn über weite Strecken
das Bild eines in mehrere Arme aufgespaltenen Flusses, der in seinem breiten Kiesbett
zahlreiche bewachsene und unbewachsene Inseln („Wörthe" bzw. „Grieße", heute noch in
Landschafts- und Ortsnamen dokumentiert) umspülte. Durch seine starken jahreszeitlichen
Pegelschwankungen (vgl. Kap. 1.4) entfaltete er eine hohe Morphodynamik, wobei er Inseln
und Anschüttungen innerhalb seines Bettes häufig umlagerte und selbst die Uferlinie veränderte. Demnach wäre er im Sinne von LEOPOLD et al. (1964) in die Kategorie der *braided
rivers* einzuordnen. Nach der Terminologie von BRICE (1983), der in seiner Flusstypologie
auf verschiedene Merkmale der Gerinnegestaltung wie Windungsgrad, Gleithangbildung,
Verwilderung und Verzweigung abstellt, nimmt der unregulierte Inn eine Zwischenstellung
zwischen den Formen des *sinuous braided* und des *sinuous point bar*-Typus ein. Insgesamt
lassen sich die verzweigten Abschnitte des Inns wohl am treffendsten und knappsten mit
dem Begriff des *anabranching rivers* beschreiben, wobei er streckenweise einen gewun-
denen Verlauf besitzt bzw. Übergangsformen zum Mäanderfluss zeigt. Der von LEOPOLD
et al. (1964) geprägte Begriff des *braided river* wird für mitteleuropäische Flüsse meist mit
kaltzeitlich-periglazialen (also fossilen) Verhältnissen assoziiert bzw. nur auf rezente Glet-
scherabflüsse angewandt. Das Bayerische Landesamt für Wasserwirtschaft klassifiziert den
Inn als verzweigten Fluss (BAYERISCHES LANDESAMT FÜR WASSERWIRTSCHAFT 2001).

Wie schon erwähnt, wechseln im Arbeitsgebiet Strecken des *anabranching* mit Strecken,
die eine deutliche Tendenz zur Mäanderbildung aufweisen (z. B. der Abschnitt Gars–
Mühldorf; Abb. 1.6). Im unmittelbaren Bereich des Endmoränendurchbruchs kann man
diese als Zwangsmäander (engl. *confined meanders*) ansprechen (so z. B. TROLL 1954),
unterhalb Kraiburg trifft dies wohl nicht mehr zu. Hier spielt eher das mit der Entfernung
vom Endmoränenwall sehr rasch abnehmende Gefälle die entscheidende Rolle. Ein weiterer Grund könnten neotektonische Hebungsbewegungen am Landshut-Neuöttinger Grund-
gebirgshoch sein, die das Gefälle der flussaufwärts gelegenen Strecke verringern, während
es flussabwärts wieder zunimmt (vgl. dazu die Beobachtung von WEINIG (1972) an der
Isar bei Landshut). Diese tektonische Herausbildung einer lokalen Erosionsbasis erklärt
den auffälligen Wechsel vom mäandrierenden Fluss zum *anabranching river* in der Gegend
von Neuötting – es bildet sich eine „Umlagerungsstrecke" im Sinne von MANGELSDORF
und SCHEURMANN (1980). Die Herausbildung mehrerer hintereinander geschalteter loka-
ler Erosionsbasen im Flussverlauf, die ihre Ursachen in lithologischen Unterschieden und /
oder tektonischen Bewegungen haben, sind zum Beispiel vom Rhein bekannt (KERN 1994)
und wurden für das Alpenvorland an der Isar von SCHELLMANN (1990) beobachtet.

(a) Mäanderstrecke bei Kraiburg.

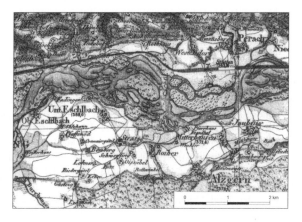

(b) *Anabranching* unterhalb von Neuötting.

Abbildung 1.6: Mäanderbildung und *anabranching* am Inn zwischen Gars und Neuötting. Nach der Talmä-
anderstrecke des Endmoränendurchbruchs folgt ein Flussabschnitt mit freien Mäandern, die durch die Hebung
des Landshut-Neuöttinger Hochs und die damit verbundene Verringerung des lokalen Gefälles verursacht werden (a). Unterhalb der Mäanderstrecke zwischen Gars und Mühldorf (b) beginnt ein Flussabschnitt, der durch
Verzweigung in mehrere Arme gekennzeichnet ist. Zwischen den Flussarmen liegen Inseln unterschiedlichen
Alters (erkennbar am Bewuchs), die einer mehr oder weniger häufigen Umlagerung unterliegen. Hier liegt
eine Umlagerungsstrecke im Sinne von MANGELSDORF und SCHEURMANN (1980) vor, da sich das Gefälle
des Inns nach der Überquerung des Landshut-Neuöttinger Hochs wieder erhöht. Quelle: TOPOGRAPHISCHES
BUREAU (1817–1867).

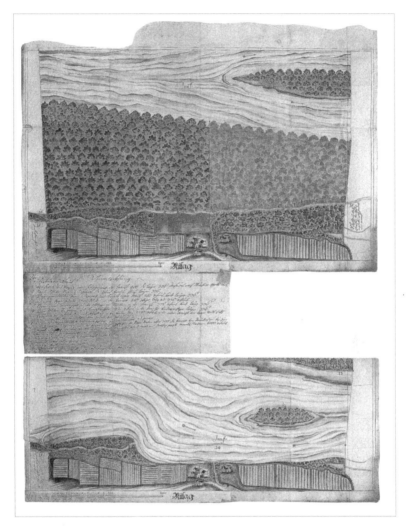

Abbildung 1.7: Der Inn bei Braunau um 1720. Die Karte zeigt den Inn vor (oben) und nach (unten) einem Hochwasserereignis, das die Uferlinie permanent veränderte. Karten wie diese belegen die hohe Morphodynamik des Inns bis in die jüngste Vergangenheit und können zum Teil sogar für Kartierungszwecke genutzt werden (vgl. Kap. 2.2). Sie dokumentieren zugleich die Problematik, Aueterrassen am Inn chronostratigraphisch zu fassen und externen Einflussgrößen (z.B. Klimaschwankungen, Umweltveränderungen) zuzuordnen. Quelle: LEIDEL und RUTH-FRANZ (1998).

1.6 Menschliche Einflüsse auf die Morphodynamik

Die jüngsten morphodynamischen Impulse am Inn stehen mittelbar oder unmittelbar mit den menschlichen Eingriffen in den natürlichen Landschaftshaushalt in Zusammenhang. Deswegen soll hier ein kurzer Abriss der wichtigsten flussbaulichen Maßnahmen am unteren Inn gegeben werden und welche Auswirkungen sich aus geomorphologischer Sicht daraus ergaben. BRUNNACKER (1959b) weist z. B. darauf hin, dass es für die jüngsten Terrassenstufen der süddeutschen Flusslandschaften schwierig abzuschätzen ist, in welchem Maß sie natürlicher Genese (d.h. im wesentlichen durch klimatische Schwankungen bedingt) sind bzw. schon hauptsächlich auf menschliche Eingriffe zurückgehen.

Obwohl der Mensch bereits seit seiner Sesshaftwerdung als Ackerbauer im Neolithikum im 5. Jahrtausend vor Christus in die natürliche Umwelt verändernd eingreift (KÜSTER 1999), bleiben die Auswirkungen auf Landschaftsbild und fluviale Dynamik selbst bis ins 19. Jahrhundert hinein gering. So sind zwar die Rodungsperioden seit frühester Zeit durch Bodenerosion bzw. durch ihre korrelaten Sedimente, die Auelehme, in den Flussauen dokumentiert. Was seine Dynamik betrifft, blieb der Inn bis ins 19. Jahrhundert dennoch ein Wildfluss, der sich durch jahreszeitlich stark schwankende Wasserführung (vgl. Kap. 1.4) und jahreszeitlich starke Hochwässer auszeichnete (HERRMANN 2002).

Die Probleme, die sich für die menschliche Siedlung und Nutzung der Flächen am Ufer ergaben, führten dazu, dass seit historischer Zeit versucht wurde, den Hochwässern durch Schutz- und Regulierungsbauten Einhalt zu gebieten und den Fluss auf bestimmte Abflussbahnen fest zu legen. Dies geschah mit dem Ziel, sowohl die an den Fluss grenzenden Nutzflächen als auch die Schifffahrtswege auf dem Inn zu schützen. Darüber hinaus stellte der Inn über weite Strecken eine Staatsgrenze dar, nämlich unterhalb der Salzachmündung seit 1803 (Reichsdeputationshauptschluss) / 1816 (Münchener Vertrag) diejenige zwischen dem Königreich Bayern und dem Kaiserreich Österreich. Vor 1803 (bzw. 1779, Frieden von Teschen) war die Situation noch viel komplizierter, da sich am Inn eine komplexe Gemengelage von Streubesitz ergeben hatte, an dem unter anderem das Kurfürstentum Bayern, das Erzherzogtum Österreich sowie die Hochstifte Passau und Salzburg Anteil hatten. Da Staatsgrenzen aber seit jeher auf die Flussmitte festgelegt sind, kam es durch die ständigen Laufverlagerungen des Inns zwangsläufig zu zahlreichen Interessenkonflikten zwischen seinen verschiedenen Anrainern und die Korrektur des Inns hatte außenpolitische Relevanz (LEIDEL und RUTH-FRANZ 1998).

Nicht zuletzt aus diesem Grund wurden seit dem 15. Jahrhundert in vermehrter Zahl Flussbaumaßnahmen am Inn aktenkundig, die uns heute in Form von schriftlichen Quellen und handgezeichneten Skizzen, Ansichten und Plänen in den Archiven überliefert sind (LEIDEL und RUTH-FRANZ 1998) und eine unschätzbare Quelle sowohl für die Morphodynamik des Inns als auch die menschlichen Eingriffe in die Flusslandschaft darstellen (vgl. Abb. 1.7 auf der vorherigen Seite und Kap. 2.2). Im Verlauf des 19. Jahrhunderts erfolgten dann zunächst Bestandsaufnahmen auf wissenschaftlicher Basis (z. B. VON PECHMANN 1822), denen groß angelegte, ingenieurtechnisch geplante und durchgeführte Korrektionsmaßnahmen u. a. am unteren Inn folgten. Im Bereich des Arbeitsgebiets zwischen Gars und Vornbach wurden verschiedene Arbeiten zur Begradigung und Eindeichung des Inns zwischen 1854 und 1909 durchgeführt (HAUF 1952). Diese Maßnahmen hatten tiefgreifende Folgen für Landschaft und Morphodynamik am unteren Inn.

Bis 1930 wurden am Inn durch die Ausdeichung von ehemaligen Aueflächen 8.300 ha Land gewonnen (HAUF 1952), deren nährstoffreiche Böden bis heute vor allem für den Maisanbau genutzt werden. Die Ausdeichung der Aue entkoppelte diese vom Fluss und der jährlichen Überflutung. Durch die Festlegung auf eine rund 200 m breite, eingedeichte Abflussrinne erhöhte sich die Fließgeschwindigkeit und damit die Erosivkraft des Inns, was zu einer Eintiefung seiner Sohle von stellenweise bis zu 4 m in 20 Jahren führte. Hinter den Wehren der Staustufen ging die Eintiefung besonders schnell und in hohen absoluten Beträgen vor sich: Nach dem Einstau der Stufe Obernberg erfolgte beispielsweise in nur sechs Jahren zwischen 1944 und 1950 eine Eintiefung um 1,20 m (HAUF 1952). Als Folge der Sohleneintiefung sank auch der Grundwasserspiegel im Auebreich um rund 2 m, wodurch ein weiteres wichtiges Element der Auedynamik verloren ging (HERRMANN 2002; HÖLTING 1993; KRAH und MANSKE 1990). Während dem Fluss so die alten Aueflächen entzogen wurden, bilden sich momentan in den Stauwurzeln der Kraftwerke neue „Aueinseln" durch die Ablagerung der enormen vom Inn transportierten Schwebstoffmengen im langsam fließenden Wasser (CONRAD-BRAUNER 1994). Diese Insellandschaft befindet sich heute wegen ihres Charakters als Vogelrastplatz und Standort von Auevegetation unter „Natur"-schutz, wobei hier selbstverständliche keine Natur-, sondern eindeutig eine Kulturlandschaft geschützt wird.

Hydrogeographische Folgen der Korrektionsmaßnahmen sind die heute höheren Hochwässer, deren Scheitel auch schneller durchlaufen, da die natürlichen Retentionsräume in den Auen fehlen (HAUF 1952).

1.7 Gründe für die Wahl des Arbeitsgebiets und Fragestellung

Erste Übersichtsbegehungen ergaben, dass nicht nur zwischen Gars und Neuötting, sondern auch flussabwärts der Alzmündung in den Inn eine reich gegliederte Sequenz von Flussterrassen ausgebildet ist, die geomorphologisch zwischen die Niederterrasse und die rezente Aue eingeschaltet ist. Dennoch liegen für diesen Bereich bisher keinerlei Detailkartierungen dieser ins Spätglazial und Holozän zu stellenden Terrassen vor. Das mag daran liegen, dass der fluviale Formenschatz durch die Einmündung von Alz und Salzach in ihren Vorfluter Inn erheblich verkompliziert wird.

Gleichzeitig bildet der Inn aber seit den Arbeiten von PENCK und BRÜCKNER (1909) und spätestens seit TROLL (1925a; 1924; 1926; 1954; 1957; 1968; 1977) ein „klassisches" Gebiet der Eiszeitforschung. Durch den Beschluss der Subkommission für Europäische Quartärstratigraphie wurde u. a. das Inngletschergebiet als Typusregion für das Würm-Glazial ausgewählt (CHALINE und JERZ 1984). Deshalb lag es nahe, auch den fluvioglazialen und fluvialen Formenschatz im Vorfeld des ehemaligen Gletschers zu untersuchen, um die Morphogenese im südöstlichen Bayern im Zusammenspiel von klimatischen Schwankungen, Gletschervorstößen in den Alpen und damit verbundenen Änderungen in der fluvialen Dynamik am Ende der letzten Eiszeit zu klären.

Durch die Einführung und ständige Verfeinerung der Methoden aus dem Bereich der Lumineszenzdatierung (vor allem die optisch stimulierte Lumineszenz) ergibt sich heute die Chance, die Sedimentationsalter der verschiedenen Terrassen zu bestimmen. Wichtige Typlokalitäten für die Morphodynamik und die Datierung des alpinen Spätglazials (Bühl-, Steinach-, Gschnitz-, Daun-, Egesenstadium) liegen in den Nebentälern des alpinen Inntals. Über Veränderungen seines Abflussverhaltens sollten sich morphodynamische Aktivitäts-phasen im Alpenraum aber auch im Vorland auswirken. Über die Kartierung und Datie-rung der Flussterrassen am unteren Inn kann die fluviale Morphodynamik im Alpenvorland in der Übergangsphase Spätglazial-Holozän mit der Entwicklung im Alpenraum verknüpft werden. Gleichzeitig eröffnet sich über die numerischen Datierungen die Möglichkeit ei-ner Parallelisierung der jungquartären Talgeschichte am Inn mit der in benachbarten Ein-zugsgebieten (Isar, Donau) oder auch im Mittelgebirgsraum sowie eine Einordnung in die übergeordnete europäische Klimageschichte im ausgehenden Pleistozän und im Holozän.
Es ergeben sich für die Arbeit also folgende Ziele:

1. Untersuchungsgegenstand sind die geomorphologisch zwischen der Niederterrasse und der Aue gelegenen Terrassen am Inn. Die von den bisherigen Bearbeitern be-schriebenen Terrassen zwischen Gars und Neuötting sollen über die Alzmündung hinaus nach Osten verfolgt und in einer geomorphologischen Karte zusammengefasst werden.

2. Die Decksedimente der Terrassen und die in ihnen entwickelten Böden sollen se-dimentologisch und pedologisch charakterisiert werden. In älteren Arbeiten, die in anderen Einzugsgebieten durchgeführt wurden, dienten die Deckschichten und Bö-den traditionell immer dazu, in Ermangelung anderer Datierungsmöglichkeiten ei-ne ungefähre zeitliche Einordnung der Terrassen vorzunehmen. Am Inn wurden im Rahmen der geologischen Landesaufnahme im Laufabschnitt Gars–Mühldorf pedo-logische Untersuchungen durchgeführt. Diese sollen durch eigene Arbeiten in den flussabwärts gelegenen Bereichen ergänzt werden.

3. Durch numerische Datierungen soll erstmals der Versuch unternommen werden, für die Terrassenbildungen am unteren Inn ein chronostratigraphisches Raster zu ent-wickeln. So wird es möglich, die Terrassenbildungsphasen am unteren Inn mit den spätglazialen und altholozänen Gletscherschwankungen des Alpenraumes – und damit des Inneinzugsgebiets – und mit den Terrassenbildungsphasen anderer süddeutscher Flüsse zu korrelieren, und sie so in einen paläoklimatischen und paläoökologischen Zusammenhang zu stellen. Erste Korrelationsversuche, die das Inngebiet mit einbe-ziehen, gehen auf BRUNNACKER (1959b) zurück. In den achtziger und neunziger Jahren waren es SCHIRMER (u.a. 1983), SCHELLMANN (u.a. 1988) und FELDMANN (u.a. 1990), die an Main, Regnitz, Isar und Donau Terrassenuntersuchungen und Da-tierungen durchführten. Es wird erwartet, dass die zahlreichen Terrassenniveaus am unteren Inn mit den im Alpenraum in verschiedenen Archiven (Moränen, Pollendia-grammen, Seesedimenten) sehr gut dokumentierten und teilweise auch datierten (^{14}C, Expositionsalter über kosmogene Nuklide) Klima- und Gletscherschwankungen zu verbinden sind.

1.8 Forschungsgeschichtlicher Überblick

Einen Überblick über die Entwicklung der Eiszeitforschung als solche gibt VÖGELE (1987): Die Vorstellung von der Existenz eines Eiszeitalters stammt von Louis AGASSIZ, Charles Adolphe MORLOT vertrat als erster die Auffassung, dass es mehrere Eiszeiten gegeben habe. Als Begründer der Eiszeitforschung in Süddeutschland dürfen wohl zu Recht Albrecht PENCK und Eduard BRÜCKNER mit ihrem richtungsweisenden Werk (PENCK und BRÜCK-NER 1909) gelten. Sie erkannten die Bedeutung der pleistozänen Kaltzeiten und vor allem der Vergletscherung des Alpenvorlands für die Landschaftsgeschichte in Süddeutschland. Vorhergehenden Bearbeitern war zwar auch schon die Existenz von erratischem Geröll um München und an Starnberger und Ammersee aufgefallen, was diese aber nicht mit der Einwirkung von Gletschern in Verbindung brachten (FLURL 1792; WEISS 1820). Nachdem PENCK (1882) noch von drei Eiszeiten ausgegangen war, erarbeiteten PENCK und BRÜCK-NER (1909) ihr bekanntes tetraglaziales Modell, das in seinen Grundzügen – trotz selbstverständlich notwendiger Verfeinerungen und Erweiterungen durch die Erkenntnisse der modernen Paläoklimaforschung – bis heute Verwendung findet. Von STARK (1873) stammt die erste Karte des Inngletschers. Carl TROLL kartierte den Inngletscher 1925 (TROLL 1925a).

Bereits bei TROLL (1926) und in der Folgezeit bei EBERL (1930); SCHAEFER (1940) und GRAUL (1952) rücken auch die fluvioglazialen und fluvialen Formen im Vorfeld der ehemaligen Gletscher in den Fokus der Betrachtung. Hatten bereits PENCK und BRÜCKNER (1909) die von ihnen kartierten Moränen mit den entsprechenden fluvioglazialen Ablagerungen der Schotterstränge verknüpft (Modell der „Glazialen Serie“), so war es Carl TROLL (1925a), der, zunächst an der Isar, dann auch am Inn, als erster die Mehrgliedrigkeit der Niederterrasse untersuchte: Zwischen dem Niveau der Niederterrasse und der rezenten Flussaue befinden sich am Inn bei Gars (Durchbruch durch die Würmmoräne) sieben geomorphologisch unterscheidbare Terrassen.

Erste Gliederungsversuche von spät- und postglazialen Terrassen unternehmen BRUNN-ACKER (1959a; 1959b), BRUNNACKER et al. (1964) und DIEZ (1968; 1973), wobei sie sich neben der geomorphologischen Kartierung auf pedologische Indizien stützen. Aus dem österreichischen Alpenvorland liegen unter anderem Arbeiten von der Donau von KOHL (1973), PIFFL (1974) und FINK (1977) vor.

Die ersten großmaßstäbigen und systematischen Kartierungen am Inn wurden im Rahmen der geologischen Landesaufnahme Anfang des 20. Jahrhunderts durchgeführt (KOEHNE 1913; KOEHNE und NIKLAS 1916; KOEHNE und MÜNICHSDORFER 1913; MÜNICHS-DORFER 1913, 1921, 1923). Aus dieser Zeit stammt auch die Benennung der auskartierten fluvialen Terrassen am Inn in „Ampfinger Stufe“ (= Niederterrasse), „Rauschinger“, „Ebinger“, „Wörther“, „Gwenger“, „Pürtener“ und „Niederndorfer Stufe“ nach den jeweiligen Typlokalitäten zwischen Kraiburg und Mühldorf (zu den Lokalnamen und Korrelationsversuchen vgl. Abb. 1.9 auf Seite 23).

Die östlich der Alzmündung ausgebildeten Terrassen wurden bisher weder kartiert, noch ist über ihre Korrelation mit den Terrassen oberhalb derselben oder über ihre Altersstellung näheres bekannt. Dies mag daran liegen, dass die Alz mit der Einschüttung ihres eigenen Terrassensystems, das sich auf komplexe Art und Weise mit dem des Inns verschneidet, die Situation extrem verkompliziert. Hierauf weist bereits MÜNICHSDORFER (1923) hin. Nicht

nur, dass hier die Abflüsse verschiedener Gletscher aufeinander treffen, auch das Abfluss-
und Terrassenbildungsgeschehen läuft hier nicht synchron ab, worauf bereits GRAUL (1957)
hinweist: Jeder Vorlandgletscher besitzt demnach nur *einen* Maximalstand, dem *ein* Nieder-
terrassenniveau zugeordnet ist. Treten „mehrere Niederterrassen" ineinander geschachtelt
auf, dann gehören diese zu verschiedenen, benachbarten Gletschern bzw. Einzugsgebieten:
Die Gletscherloben der verschiedenen Alpenvorlandgletscher erreichten nämlich zu unterschiedlichen Zeitpunkten ihren Maximalstand und verharrten dort unterschiedlich lang. Damit seien die Jungmoränen im nördlichen Alpenvorland und folglich auch die mit ihnen
verknüpften Niederterrassen nicht gleich alt. So erklärt er, dass die Niederterrasse des Inns
bei Altötting in die Niederterrasse der Alz eingeschnitten ist. Ähnliches gilt möglicherweise
analog für die jüngeren Terrassen.

Nach seinen grundlegenden Arbeiten über den Inngletscher (TROLL 1925a, 1926) erarbeitete TROLL (1968) eine Detailkartierung der Terrassen am Endmoränendurchbruch bei
Gars (Abb. 3.4 auf Seite 40). Außerdem erkannte er das zwischen Niederterrasse und der
Rauschinger Stufe KOEHNEs (1916) eingeschaltete Niveau der „Kirchreiter Terrasse", einer
früh-spätglazialen Entwässerungsbahn, das allerdings nur in der unmittelbaren Umgebung
der Typlokalität Unterreit ausgebildet ist (siehe Beilage 10) (z. B. TROLL 1957).

Zur Erklärung der post-hochglazialen Terrassentreppe entwickelte TROLL zunächst an
der Isar das Modell von ineinander geschachtelten Tälchen, eingeschnitten in den gletschernahen Übergangskegel, und korrelaten Schwemmfächern, die talabwärts auf der „Hauptnie-
derterrasse" auslaufen (Modell der „Trompetentälchen"). Diese Modellvorstellung sah er in
der Folgezeit noch in anderen Gletschervorfeldern des Alpenvorlands – unter anderem am
Inn – bestätigt (TROLL 1925b, 1926).

In der Folgezeit wurde nicht nur die Frage der Mehrgliedrigkeit der Niederterrasse bzw.
der Existenz von spät- und postglazialen Terrassen diskutiert, ebenso intensiv wurde auch
erörtert, ob es sich bei den unterhalb des Niederterrassenniveaus aufzufindenden Terrassen
um Erosionsformen bzw. Trompetentälchen verknüpft mit korrelaten Schwemmfächern talabwärts oder um eigenständige Terrassen im Sinne eigener Aufschüttungskörper handelt.

1.8.1 Die spät- und postglazialen Terrassen: Erosions- oder Akkumulationsformen?

Die Vorstellung TROLLs von den post-niederterrassenzeitlichen Terrassen als ineinander
geschachtelten Schwemmkegel wurde zunächst nicht in Frage gestellt. Allerdings war die
Überprüfung des Modells durch Geländebefunde oft schwierig und umstritten. Während
FEULNER (1955) an Amper und Isar sowie BRUNNACKER (1959a) ebenfalls an der Isar
sich Carl TROLLs Modellvorstellung anschließen, widerspricht bereits SCHAEFER (1940)
aufgrund seiner eigenen Beobachtungen an der Iller den Ausführungen Carl TROLLs vehe-
ment.

SOERGEL (1921) sieht die Niederterrasse als jüngsten Akkumulationskörper an, während
alle jüngeren Terrassen durch die Erosion aus diesem Schotterkörper herausmodelliert worden seien. Für den Inn bei Neuötting vertritt MÜNICHSDORFER (1923) – er spricht von „den
Niederterrassen" – dieselbe Ansicht. GRAUL und GROSCHOPF (1952) gelang es in ihrer Arbeit über den Illerschwemmkegel erstmals, postglaziale Akkumulation nachzuweisen.

FELDMANN und SCHELLMANN (1994) weisen darauf hin, dass schon seit den zwanziger Jahren in der quartärgeologischen Literatur Befunde vorliegen, die den von Albrecht PENCK, Eduard BRÜCKNER und Carl TROLL unterstellten Annahmen widersprechen: Nicht nur dass z. B. MÜNICHSDORFER (1922) in München einen Schotterkörper findet, der in die „altalluviale" Altstadtstufe eingeschnitten ist und in den „Kulturreste" eingebettet sind (FELDMANN und SCHELLMANN 1994), die Terrasse wird darüber hinaus von TROLL (1926) als hochglaziale Erosionsfläche (!) angesprochen, wodurch er sich in Widerspruch zu PENCK und BRÜCKNER stellt, deren Ansicht nach während des Hochglazials ja Akkumulation herrscht. Trotz dieser praktisch seit Bestehen der Theorien existierenden Widersprüche wurden die Modelle von der Glazialen Serie und den Trompetentälchen in der Folgezeit stets zur Erklärung des jungquartären fluvialen Geschehens in Süddeutschland herangezogen.

Ein gewichtiges Argument gegen die Vorstellung von den spät- und postglazialen Terrassen als Schwemmkegel (neben der enormen Größe, die diese hätten, worauf FELDMANN und SCHELLMANN 1994 hinweisen) ist, dass SCHELLMANN (1988) und FELDMANN (1990) für geomorphologisch und pedologisch korrelierbare Terrassen im Oberlauf (FELDMANN) und im Unterlauf (SCHELLMANN) der Isar über numerische Datierungen ein gleiches Alter nachweisen können. Damit stehen ihre Erkenntnisse in deutlichem Widerspruch zum Modell Carl TROLLs, demzufolge die Oberfläche einer Terrasse talabwärts immer jünger werden müsste (durch die aufeinander auslaufenden Schwemmfächer). Darüber hinaus stammen die der Theorie Carl TROLLs widersprechenden Befunde von Gerhard SCHELLMANN und Ludger FELDMANN aus der von ihm selbst als typisch für das Trompetental-Modell angesehenen Region an der Isar.

BUCH (1988a) hingegen sieht die beiden tieferen seiner drei Niederterrassenniveaus als aus dem Niederterrassenschotter herauspräparierte Erosionsterrassen, während er drei Auestufen als eigenständige Akkumulationskörper ausgliedert. Anderer Ansicht ist hingegen SCHELLMANN (1988), der an der Isar drei Niederterrassenniveaus und sieben holozäne Terrassen als eigenständige Akkumulationskörper kartiert.

Schließlich gibt TROLL (1977), nachdem er sein Modell (1957) nochmals ausführlich darlegt, indirekt zu, dass die zu seinen Trompetentälchen gehörigen Schwemmkegel im Gelände geomorphologisch nicht nachweisbar sind (!) (Abb. 1.8).

MÜNICHSDORFER (1923) sieht die Terrassen am Inn bis einschließlich der Pürtener Stufe (siehe Abb. 1.9) als Erosionsterrassen, die jüngere Gwenger und Niederndorfer Stufe dagegen als Akkumulationskörper, da die Tertiäroberfläche unter ihnen erodiert ist (MÜNICHSDORFER 1923). Bezüglich einer Altersstellung der Terrassen legt er sich nicht auf Pleistozän oder Holozän fest. TROLL (1926) hatte für sämtliche Terrassen unterhalb der Niederterrasse ein spätglaziales Alter angenommen.

Eine Neubearbeitung im Rahmen der Aufnahme der Geologischen Karte 1:50.000 Blatt L7740 Mühldorf a. Inn in den Jahren 1974–1976 (UNGER 1977) brachte hinsichtlich der Terrassengliederung kaum neue Erkenntnisse, da sich die Bearbeiter im wesentlichen auf die Ergebnisse von KOEHNE, NIKLAS und MÜNICHSDORFER (1913–1923) stützten (UNGER 1978a). Was die Altersstellung der Terrassen angeht, so sieht UNGER (1978a) in Übereinstimmung mit MÜNICHSDORFER (1923) die Pürtener Stufe (bzw. neutraler als Pürtener Terrasse bezeichnet) als letzte Bildung des Spätglazials im Übergang zum Holozän, da sie noch Frostbodenbildungen aufweist. Die Gwenger und die Niederndorfer Stufe stellt er demnach ins Holozän. JERZ (1993) nimmt für die beiden letztgenannten Terrassen ein mittelholozänes Alter an.

1.8.2 Ursachen der Terrassenbildung: Klimatische Impulse oder eigendynamische Entwicklung?

Ein zweiter Fragenkomplex kreist um die die Terrassenbildung steuernden Mechanismen. Hierbei geht es darum, ob die Ursache für die Terrassenbildungen in Süddeutschland und darüber hinaus in übergeordneten klimatischen Impulsen (die überregional wirksam werden) zu suchen ist, oder ob die Terrassen in verschiedenen Flusssystemen aufgrund eigendynamischer Entwicklung gebildet wurden.

Traditionell gelten Glaziale als Zeiten der Akkumulation und Interglaziale als Zeiten der Erosion. Diese Vorstellung geht auf die Erkenntnis von Albrecht PENCK und Eduard BRÜCKNER zurück, dass Gletschervorstöße, dokumentiert durch ihre Moränen, sich mit vorgelagerten Schotterfeldern verknüpfen lassen. Da nun die Schotterfelder im Alpenvorland i. d. R. ineinander geschachtelt (jüngere innerhalb der älteren) sind, ergab sich für PENCK und BRÜCKNER (1909) die Schlussfolgerung, dass zwischen den Phasen der eiszeitlichen Aufschotterung Phasen der Erosion und Zerschneidung der (älteren) Schotterfelder liegen mussten. Diese Zerschneidung sollte also in den zwischen den Eiszeiten liegenden Warmzeiten stattgefunden haben. In diesem Sinne macht SOERGEL (1921) für Aufschotterung und Zerschneidung von fluvialen Terrassen klimatische Wechsel verantwortlich.

BRUNNACKER (1959b) ging davon aus, dass die spät- und postglaziale Terrassenbildung vor allem ein Phänomen des endmoränennahen Periglazialraums ist, und stützte sich bei seiner Deutung der Terrassen auf das von Carl TROLL (1926) eingeführte Modell der Trompetentälchen. Diese Erklärung ziehen auch WEINIG (1972) und HOFMANN (1973) für die Bildung der von ihnen an der Isar kartierten spätpleistozänen und holozänen Schotterkörper heran.

Während früheren Bearbeitern nur die Möglichkeit von geomorphologischen Analogieschlüssen und Korrelationen blieb, stellen die verschiedenen Datierungsmethoden in neuerer Zeit ein wichtiges Instrument dar, morphodynamische Aktivitätsphasen auch chronostratigraphisch einzuordnen. So kann letztendlich überprüft werden, ob Terrassenbildungsphasen überregional (in verschiedenen Einzugsgebieten zeitgleich) wirksam waren. Über einen Vergleich mit der ebenfalls über Datierungen abgesicherten und aus verschiedenen Archiven rekonstruierbaren Klimaentwicklung seit dem letzten Hochglazial kann geklärt werden, ob die Terrassenbildungsphasen klimatisch gesteuert wurden.

Wichtige Impulse kamen dabei von Main und Regnitz (SCHIRMER 1981, 1983). Von der Isar (SCHELLMANN 1988, 1990; FELDMANN 1990, 1991; FELDMANN und SCHELLMANN 1994; FELDMANN 1994; SCHELLMANN 1994) und der Donau (SCHELLMANN 1988, 1990, 1994) liegen ebenfalls umfangreiche Arbeiten vor, die postglaziale Akkumulation und Terrassenbildungen beschreiben, wobei es SCHELLMANN (1988) und FELDMANN (1990) nachzuweisen gelingt, dass es sich bei den spät- und postglazialen Terrassen nicht um Schwemmkegel handelt, die talabwärts wandern (im Sinne der Vorstellung Carl TROLLS), sondern dass es sich um eigenständige Aufschotterungen handelt. Die im Rahmen der genannten Arbeiten durchgeführten Datierungen belegen eine auffällige Syn-

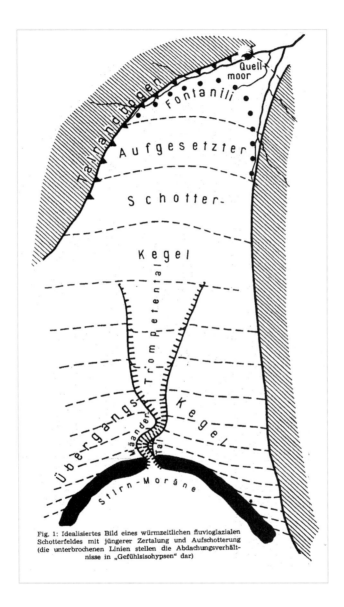

Fig. 1: Idealisiertes Bild eines würmzeitlichen fluvioglazialen
Schotterfeldes mit jüngerer Zertalung und Aufschotterung
(die unterbrochenen Linien stellen die Abdachungsverhält-
nisse in „Gefühlsisohypsen" dar)

Abbildung 1.8: Das Modell der Trompetentälchen nach Carl TROLL (1957). Dass die von ihm postulierten Schwemmfächer im Gelände nicht sichtbar sind, geht bereits aus Carl TROLLs eigener Formulierung in der Bildunterschrift („Gefühlsisohypsen"!) hervor.

chronität der Terrassenbildungsphasen in den unterschiedlichen bearbeiteten Flusssystemen. Dies spricht wiederum für überregional wirksame klimatische Steuerungsmechanismen.

Anderer Ansicht ist BUCH (1988a,b), der in seiner Arbeit über die Terrassenbildungen an der Donau im Gebiet Regensburg–Straubing von einem abgewandelten Schwemmkegel-Modell ausgeht.

Nach dem heutigen Kenntnisstand kann also davon ausgegangen werden, dass

1. aufgrund klimatischer Impulse

2. im Spät- und Postglazial Erosions- und Akkumulationsprozesse bzw. Umlagerungs-vorgänge stattgefunden haben, die

3. zur Bildung von Terrassen geführt haben,

4. die wohl als eigenständige Sedimentkörper anzusehen sind. Schwemmkegel, die sich als Fortsetzung von Trompetentälchen über ältere Terrassen legen, sind zwar mög-licherweise stellenweise ausgebildet, aber offensichtlich nicht der Regelfall. Wenn Schwemmkegel (im Sinne TROLLs) vorliegen sollten, ist ihr sicherer Nachweis im Gelände äußerst problematisch: Terrassenkreuzungen können durch nachträgliche Erosion beseitigt werden und die mit den verschiedenen Möglichkeiten der nume-rischen Datierung verbundenen methodischen Probleme machen auch deren Befunde angreifbar.

5. Außerdem muss die Tatsache beachtet werden, dass benachbarte Terrassensysteme, die mit verschiedenen Vorlandgletschern verknüpft sind, unterschiedliche Alter auf-weisen können (GRAUL 1957). Aus dieser Ungleichzeitigkeit der Genese der Endmo-ränenstände und des Abschmelzverhaltens der einzelnen Gletscherloben folgen somit auch (leicht) unterschiedliche Alter der mit diesen Endmoränenständen verknüpften Terrassensysteme. Dies gilt zunächst vor allem für die Terrassen des ausgehenden Hochglazials und frühen Spätglazials, die in direktem Zusammenhang mit dem Eis-zerfall der großen Vorlandgletscher stehen. Aber möglicherweise muss ein derartiger „Zeitverzug" auch bei den Terrassen in Betracht gezogen werden, die verschiedene Einzugsgebiete im Rahmen von jungspätglazialen (Jüngere Dryas) bis holozänen Käl-terückschlägen (Präboreal-Oszillation, 8,2-ka-Event) erzeugt haben. Das Problem der „Ungleichzeitigkeit" von Terrassensystemen ist gerade am unteren Inn von besonde-rer Bedeutung, da er den Vorfluter für die Alz und die Salzach bildet, die von jeweils eigenen Einzugsgebieten gesteuert werden. Am Inn ist also unterhalb von Neuötting mit einer komplexen Verschneidung verschiedener Terrassensysteme zu rechnen. Da-bei muss sich auch zeigen, ob derartige Zeitverzüge durch die Datierungen aufgelöst werden können.

Troll (1968) (Gars)	Koehne (1916) (Ampfing)	Brunnacker (1959)	Unger (1978) (Mühldorf)	Megies (2005) (Neuötting-Neuhaus)		
Aue	Aue	Stufe VII / Stufe VI	Aue	Aue	Jung- (Hj)	HOLOZÄN
Stufe von Hampersberg-Thal-Agg	Niederndorfer St.	Stufe V	Niederndorfer T.	Hj2 / Hj1	Jung- (Hj)	HOLOZÄN
Stufe von Mailham-Mittergars	Gwenger St.	Stufe IV	Gwenger T.	Ha4 / Ha3	Alt- (bisMittel-?) (Ha)	HOLOZÄN
Bergholz-Mittergarser St. / Pürtener St. / Kralburger St.	Pürtener St. / Kralburger St.	Stufe III (Präboreal?)	Pürtener T. (Jüngere D.?)	Ha2 / Ha1	Alt- (bisMittel-?) (Ha)	HOLOZÄN
Garser St.	Wörther St.	Stufe II (Jüngere D.?)	Wörther T.	SGj2 / SGj1	Spätglazial — jüngeres (SGj)	WÜRMKALTZEIT
Stufe von Hochstraß	Ebinger St.	Stufe I (Älteste D.?)	Ebinger T.	SGa3 / SGa2 / SGa1	Spätglazial — älteres (SGa)	WÜRMKALTZEIT
Kerschbaum Stufe Schneckenbichler St. bzw. Kirchreiter St.	Rauschinger St.	Stufe I(?)	Rauschinger T.			WÜRMKALTZEIT
Niederterrasse	Ampfinger St.	Niederterrasse	Ampfinger T.	Niederterrasse — NT2	Hoch-glazial	WÜRMKALTZEIT
	Altöttinger St.		Altöttinger T.	NT1	Hoch-glazial	WÜRMKALTZEIT

Abbildung 1.9: Übersicht über die am Inn gebräuchlichen Lokalnamen. Die Abbildung korreliert diese mit der Stratigraphie nach BRUNNACKER (1959b) sowie – wo vorhanden – mit Vermutungen über ihre zeitliche Stellung. In der rechten Spalte die Terrassensystematik, die in dieser Arbeit verwendet wird.

2 Methoden

Aus der Fragestellung ergeben sich die zu wählenden Methoden sowie die Vorgehensweise bei den Gelände- und Laborarbeiten:

- Die Kartierung der Terrassen erfolgte mittels *Luftbild- und Kartenauswertung* sowie einer *Aufnahme im Gelände* (Kapitel 2.1, 2.2 und 2.4).

- Die *Deckschichten* und *Böden* wurden im Gelände und mittels Laboranalytik aufgenommen, beschrieben und im Labor untersucht (Kapitel 2.5).

- Sowohl die *Deckschichten* als auch die *Terrassenkörper* wurden für die *Lumineszenzdatierung* beprobt.

- Aus den *Deckschichten* und aus den *Terrassenkörpern* wurden Proben zur Bestimmung der *Schwerminerale* entnommen, um mögliche Veränderungen der Einzugsgebiete oder die Einflüsse der verschiedenen Teileinzugsgebiete (Inn, Alz, Salzach), sowie Einflüsse der kleineren Nebengewässer beim Aufbau der Terrassenlandschaft zu identifizieren. Es sollte untersucht werden, ob die verschiedenen Terrassen sich durch bestimmte, charakteristische Schwermineralvergesellschaftungen auszeichnen, um sie zu möglichen Korrelierungen mit entfernten Terrassenresten zu nutzen.

2.1 Luftbildauswertung

Vom Arbeitsgebiet liegen flächendeckend Senkrechtluftbilder im Maßstab 1:14.000 des Bayerischen Landesvermessungsamtes vor. Diese wurden stereoskopisch ausgewertet, um einen Überblick über die geomorphologische Situation zu erhalten. Messungen aus den Luftbildern wurden nach den in PFEIFFER und WEIMANN (1991) und ALBERTZ (2001) dargelegten Methoden durchgeführt. Wo die Sprunghöhen zwischen den Terrassen ausreichend groß sind, konnte so bereits eine Arbeitskarte erstellt werden. Im Bereich des Schärdinger Trichters kam neben der Luftbildauswertung und Begehung des Geländes auch der Höhenmessung vor Ort große Bedeutung zu.

Im Bereich der Einmündung von Alz und Salzach liegen große Teile der Terrassenlandschaft unter Wald, so dass dort die Luftbildauswertung nicht eingesetzt werden konnte. Dort musste zur Kartierung der Terrassen auf eigene terrestrische Vermessung (Kap. 2.4) zurückgegriffen werden.

2.2 Kartenauswertung

Vom Untersuchungsgebiet existieren verschiedene Karten und Pläne, die wichtige Informationen im Bezug auf die Fragestellung liefern und die deshalb im Vorfeld und auch begleitend zu den Geländearbeiten ausgewertet wurden.

Topographische Karten

Das Untersuchungsgebiet wird abgegedeckt durch die Kartenblätter 7839 Haag i. Oberbay-
ern, 7840 Kraiburg a. Inn, 7740 Ampfing, 7741 Mühldorf a. Inn, 7742 Altötting, 7842/43
Burghausen, 7743 Marktl, 7744 Simbach a. Inn, 7644 Triftern, 7645/7745 Rotthalmünster,
7646 Würding, 7545 Griesbach i. Rottal, 7546 Neuhaus a. Inn der Topographischen Karte
1:25.000 von Bayern sowie das Blatt 45 Ranshofen der Österreichischen Karte 1:25.000.
Diese wurden nach geomorphologischen Gesichtspunkten ausgewertet und dienten als
Grundlage für die eigene Kartierung.

Vor allem für die jüngsten Veränderungen der Flusslandschaft am Inn ist die Auswertung
des Topographischen Atlas des Königreichs Bayern interessant. Er wurde zwischen 1812
und 1867 erstellt. Das Kartenwerk liegt im Maßstab 1:50.000 vor und deckt das Arbeitsgebiet mit den drei Blättern Mühldorf, Burghausen und Rotthalmünster ab und stellt den
Zustand des Inntals vor den Flussbaumaßnahmen des 19. Jahrhunderts dar. Vor allem für
die Kartierung der Auebereiche, die heute ausgedeicht sind, können durch die Auswertung
der historischen Kartenblätter wertvolle Hinweise gewonnen werden.

Der Topographische Atlas basiert wiederum auf den Positionsblättern (Maßstab
1:25.000), der ersten systematischen topographischen Aufnahme Bayerns. In ihnen ist der
Zustand der Landschaft zwischen 1817 und 1841 dokumentiert, wodurch ihre Auswertung
ebenfalls Aussagen über die jüngsten landschaftlichen Veränderungen ermöglicht.

Geologische Karten

Anfang des 20. Jahrhunderts wurden von der sogenannten geognostischen Abteilung des
bayerischen Oberbergamtes drei geologischen Kartenblätter aufgenommen und publiziert
(Nr. 675 „Ampfing", Nr. 676 „Mühldorf" und Nr. 677 „Neuötting"). Die drei Blätter decken
etwa den Bereich zwischen Kraiburg und der Alzmündung ab (vgl. Beilage 10). Im Rahmen
der Aufnahme dieser Kartenblätter wurden von den Kartierern Franz MÜNICHSDORFER
und Werner KOEHNE nach Typlokalitäten in der Region die Bezeichnungen für die Terrassen am unteren Inn vergeben, die noch heute Verwendung finden: „Ampfinger Stufe"
und „Altöttinger Stufe" für die Niederterrasse, „Rauschinger", „Ebinger", „Wörther", „Pürtener", „Gwenger" und „Niederndorfer Stufe" für die spätglazialen und holozänen Terrassenniveaus. Heute hat sich die Bezeichnung „Terrasse" statt „Stufe" eingebürgert, da der
Bergiff „Stufe" für tektonisch bedingte Phänomene vorgesehen ist.

Jüngeren Datums sind die Geologischen Kartenblätter 1:50.000 Mühldorf und 1:25.000
Neuhaus am Inn, die ebenfalls als Grundlage dienen konnten.

Da das Untersuchungsgebiet zwischen Gars und der Einmündung der Alz also durch die
Arbeiten Carl TROLLs und der geologischen Landesaufnahme bereits relativ gut bearbeitet
war (vgl. Kap. 1.8), konzentrierte sich die eigene Kartierarbeit auf den bisher völlig unbe-
arbeiteten Teil des Inntals unterhalb der Alzmündung sowie auf den Mündungsbereich der
Salzach. Im Abschnitt zwischen Gars und Neuötting wurden die Ergebnisse der vorhergehenden Bearbeiter gesichtet und im Gelände überpüft.

Hinsichtlich der Datierung war das Gebiet flussaufwärts von Neuötting gleichwohl von
großem Interesse, da ja ein wesentlicher Punkt des Projektes in der Klärung der Altersstellung der von Werner KOEHNE und Franz MÜNICHSDORFER benannten Terrassen sowie der
Fortschreibung der Terrassenstratigraphie östlich der Alzmündung bestand.

Weitere Kartenwerke

Darüber hinaus wurden noch einzelne Ansichten, Skizzen und Pläne ausgewertet, die in der Plansammlung des Bayerischen Hauptstaatsarchivs aufbewahrt werden und in denen Landschaftsveränderungen am Inn in historischer Zeit dokumentiert sind (vgl. Kap. 1.6 und Abb. 1.7).

2.3 Auswertung von Bohrprotokollen

Im Archiv des Bayerischen Geologischen Landesamts in München werden die Protokolle zahlreicher Bohrungen (Grundwassererschließung, Erdöl, Forschungsbohrungen) vorgehalten. Diese können Auskunft geben über die Tiefenlage der Quartärbasis und wurden deshalb vorbereitend und in Ergänzung zur Kartierung im Gelände in die Untersuchungen mit einbezogen. Leider variiert die Qualität der Bohrprotokolle allerdings sehr stark, so dass nicht in jedem Fall eine sichere Ansprache möglich war. Die Protokolle, die Eingang in die Arbeit gefunden haben, sind im Anhang C aufgeführt sowie in den Karten und Profilschnitten eingezeichnet.

2.4 Vermessung

Terrassenreste können im Talquerprofil wie auch im Längsverlauf nach ihrer Höhenlage miteinander korreliert werden. Im oberen Teil des Untersuchungsgebietes (Gars–Neuötting) sind die Sprunghöhen zwischen den einzelnen Terrassen noch so hoch, dass die Dichte der in den Topographischen Karten vermerkten Festpunkte in der Regel ausreicht, um Terrassenreste genetisch miteinander zu verknüpfen. Da von dem genannten Teilgebiet ohnehin bereits geologische Karten unterschiedlichen Alters vorliegen (vgl. Kap. 2.2), konnte sich die geomorphologische Kartierung hier darauf beschränken, die vorliegenden Befunde zu überprüfen und gegebenenfalls zu ergänzen.

Im unteren Teil des Arbeitsgebiets (Neuötting–Schärding) war es dagegen notwendig, ein eigenes Netz an Höhenpunkten einzumessen, um die kartierten Terrassenreste miteinander verbinden zu können. Die Koordinaten der zu bestimmenden Punkte wurden nach ihrer Lage im Gauß-Krüger-Koordinatensystem nach Rechtswert und Hochwert mittels eines 12-Kanal-GPS-Empängers (Magellan SporTRAK Color) mit WAAS/EGNOS-Korrektur eingemessen (Genauigkeit ca. 5 m).

Die Höhe wurde barometrisch mit einer Genauigkeit von 1 m ermittelt. Hierzu wurde ein Präzisionsbarometer der Firma Thommen verwendet. Das Gerät wurde während der Arbeit an bekannten Höhenpunkten geeicht. Die Uhrzeit jeder Eichung wurde ebenfalls mitprotokolliert. Nach erfolgten Messungen wurde das Gerät dann nach möglichst kurzer Zeit wieder an einem bekannten Höhenpunkt zurückgeeicht. So ergab sich (meistens) eine Differenz zwischen h_{Ist} und h_{Soll} am bekannten Eichpunkt und zwar zu den Zeiten t_{Start} und t_{Ende}. Die zwischen den beiden Eichungen liegende Zeitspanne Δt ist möglichst kurz zu halten, so dass über die Zeit Δt eine lineare Luftdruckveränderung und damit auch ein linear zunehmender Höhenfehler bei der Messung angenommen werden kann. Über den aus der Differenz t_{Ende} und t_{Start} sowie der Differenz zwischen h_{Ist} und h_{Soll} berechneten Höhenfehler pro Zeiteinheit Δh kann nun – bei angenommener linearer Zunahme desselben – die wirkliche Höhe h_P eines jeden zum Zeitpunkt t_n eingemessenen Punktes aus der Ablesehöhe h_{t_n} hinreichend genau berechnet berechnet werden:

1. $\Delta t = t_n - t_{Start}$

2. $\Delta h = \frac{H_{Ist} - H_{Soll}}{t_{Ende} - t_{Start}}$

3. $h_P = h_{t_n} + \Delta t \times \Delta h$

Für die Höhen der Probennahme-Punkte wurde entsprechend verfahren.

2.5 Sedimentologische und pedologische Aufnahme der Terrassen und Deckschichten

Die Ansprache der Terrassen und Deckschichten im Gelände und auch der Bohrkerne, die anschließend im Labor erfolgte, geschah auf der Grundlage von SCHLICHTING et al. (1995), KRAHMER und SCHRAPS (1997) und AG BODEN (1994). Die Substratfarben wurden nach der Munsell Soil Color Chart bestimmt (MUNSELL 1998). BERGLUND (1986) und KRETSCHMAR (1996) geben ebenfalls detaillierte Anweisungen zur Sedimentbearbeitung im Labor.

Aufschlüsse

Aufschlüsse liegen in der Regel in Kiesgruben vor, die sich über das ganze Arbeitsgebiet verteilen. Hier bietet sich die Möglichkeit, die Schotterterrassen selbst anzusprechen und für spätere Laboruntersuchungen zu beproben. Wichtige Aufschlüsse für die vorliegende Arbeit liegen in den Kiesgruben in der Eichenau südöstlich von Gars, an der Reisleite westlich von Au am Inn sowie in Niederndorf, Wörth und Liebhartsberg (vgl. Beilage 10). Die genannten Kiesgruben liegen im südwestlichen, bereits von KOEHNE (1913); KOEHNE und MÜNICHSDORFER (1913); MÜNICHSDORFER (1913); TROLL (1925a, 1924, 1926, 1954, 1957, 1968) und zuletzt UNGER (1977) kartierten Teil des Arbeitsgebiets zwischen Gars und Mühldorf unweit des würmzeitlichen Gletscherrandes an Typlokalitäten der Schotterstratigraphie am Inn. Die Kiesgruben bei Gstetten, Berg, Geigen, Mühlheim am Inn und Haidhäuser decken das Gebiet unterhalb der Einmündung von Alz und Salzach, und damit das eigene Kartiergebiet, ab.

Profilgrabungen

Da die Deckschichten selten gut zugänglich waren, mussten sie durch Profilgrabungen erschlossen werden. Nach Möglichkeit wurden sie in unmittelbarer Nachbarschaft zu den angesprochenen Terrassenaufschlüssen angelegt, damit ein Datierungszusammenhang zwischen Terrassenkörper und zugehöriger Deckschicht hergestellt werden konnte. Außerdem wird durch eine schwermineralogische Untersuchung der Terrassensande und der Deckschicht der Einfluss der Verwitterung auf die Schwermineralassoziationen – bei einem angenommenen, primär gleichartigen Spektrum – erkennbar.

Bohrungen (Pürckhauer, Rammkernsonde)

Um die Ergebnisse der Deckschichten- und Bodenansprache an den Profilgruben in die Fläche zu übertragen, wurden Sondierungen mit dem Pürckhauer durchgeführt. Die Arbeiten wurden im Gelände nach den Vorgaben der Bodenkundlichen Kartieranleitung AG BODEN (1994) angesprochen, die Ergebnisse flossen in die Karten und Profilschnitte (Beilagen Nr. 1–7) ein.

Am Ausgang des Salzachtals ins Inntal ergaben Sondierungen eine große Mächtigkeit schluffiger bis sandiger Deckschichten. Da hier keine Aufschlüsse vorhanden waren, wurden entlang von zwei Profilen, die auf unterschiedlichen Terrassen liegen, mehrere Bohrungen mit der Rammkernsonde niedergebracht. Die erbohrten Kerne wurden anschließend im Labor analysiert. Bei den Bohrungen wurde ein 50 mm-Rohr verwendet. Als Kernrohre kamen HT-Abflussrohre aus Polyethylen zum Einsatz, die auf einen Meter Länge zugeschnitten wurden.

Die geborgenen Bohrkerne wurden im Labor unter Rotlicht in zwei Halbschalen gesägt und geöffnet. Eine Halbschale wurde sofort nach der Öffnung fototechnisch dokumentiert. Hierzu kam ein modifizierter Scanner des Typs Epson Perfection 1640 SU zum Einsatz. Gegenüber der herkömmlichen Digitalfotografie liefert das Scannen eine wesentlich höhere Bildauflösung sowie eine realistischere und gleichbleibende Farbwiedergabe. Anschließend wurde die Abfolge der Bodenhorizonte sowie der Schichten bestimmt und Proben für die Sedimentanalyse und – wo vorhanden – Material für die Radiokohlenstoff-Datierung entnommen. Aus der zweiten Halbschale wurden unter Rotlicht Proben für die Lumineszenzdatierung gewonnen.

Nach Abschluss der Beprobungen wurden die Kerne für Referenzzwecke kühl (4° C) und lichtdicht eingelagert.

2.6 Schwermineralanalyse

Zur Charakterisierung der Terrassenkörper und der Deckschichten wurde unter anderem deren Schwermineralgehalt untersucht. Ziel war es, unterschiedliche Liefergebiete bzw. den Einfluss von Teileinzugsgebieten über die charakteristische Schwermineralführung der verschiedenen vom Inn durchquerten Landschafteinheiten abzuschätzen.

Bei der Aufbereitung der Proben wurde nach dem in BOENIGK (1983) beschriebenen Verfahren vorgegangen. Zunächst wurde mittels Nasssiebung die Feinsandfraktion (63–200 μm) isoliert. Grundsätzlich treten Schwerminerale auch in anderen Korngrößenklassen auf. Die Arbeiten KALLENBACHs (1965; 1966) über den südbayerischen Löss zeigen jedoch, dass bei einem Anteil der Schwerminerale zwischen 1% und 3,5% am Gesamtmineralbestand ihr deutliches Verteilungsmaximum in der Feinsandfraktion liegt, weshalb für die eigenen Arbeiten diese Korngrößenklasse ausgewählt wurde.

Nach der Bestimmung der Trockenmasse (Trocknung bei 105 °C über Nacht im Trockenschrank) wurden die Proben einer HCl-Behandlung unterworfen, um störende Überzüge auf den Mineralkörnern zu entfernen, da diese eine Bestimmung erschweren und teilweise sogar unmöglich machen können (BOENIGK 1983). Hierzu wurden die Proben zunächst mit 12%iger HCl versetzt und gerührt, bis keine Reaktion mehr erkennbar war. Anschließend wurden sie mit 25%iger Salzsäure 20 Minuten gekocht. Nach dem Abkühlen der Proben wurden sie durch mehrfaches Wässern und dekantieren neutralisiert.

Dass bei der Salzsäure-Behandlung alle Carbonate inklusive Dolomit sowie Apatit zerstört werden, musste in Kauf genommen werden. Im Hinblick auf die Interpretation der Schwermineralspektren wirkt sich die Entfernung des Apatits höchstwahrscheinlich nicht nachteilig aus, da dieses Mineral im Gesamtmineralbestand nur in Spuren enthalten gewesen sein dürfte. Dies zeigen Arbeiten im süd- und ostbayerischen Raum, bei denen eine die Carbonate und den Apatit schonendere Aufbereitung gewählt wurde (KALLENBACH 1965, 1966).

Die Mineralkörner wurden mit dem Einbettungsmittel Meltmount (Brechungsindex n=1,662) auf Objektträger gebracht. Die Bestimmung des Schwermineralspektrums erfolgte am Polarisationsmikroskop, wobei bei einzelnen Präparaten 200, ansonsten 100 Körner ausgezählt wurden. Die Darstellung erfolgte in Form von Kreisdiagrammen unter Einbeziehung des opaken Anteils.

Wertvolle Anregungen fanden sich außerdem in den Arbeiten von UNGER (1983, 1989) über die Gliederung der Oberen Süßwassermolasse sowie von GRIMM (1957, 1973) und ZÖBELEIN (1940), die sich explizit mit den Schwermineralassoziationen im niederbayerischen Raum beschäftigen.

2.7 Bestimmung der organischen Substanz

Die Bestimmung der organischen Substanz in den Proben erfolgte mittels des Glühverlust-Verfahrens (SCHACHTSCHABEL et al. 1992; BERGLUND 1986). Die Aufschlüsse bzw. Bohrkerne wurden horizont- bzw. schichtweise beprobt. Die leeren Tiegel wurden bei 430 °C eine Stunde geglüht, ausgewogen und mit ca. 10–15 g Feinmaterial befüllt. Danach wurden die Proben bei 105 °C 12 Stunden getrocknet und erneut ausgewogen. Zur Bestimmung der organischen Substanz wurden die Tiegel anschließend bei 430 °C 2 Stunden geglüht und der Gewichtsverlust zur Ausgangsprobe durch Auswiegen bestimmt. Aus dem Gewichtsverlust wurde der Anteil der organischen Substanz in Masse-% der Ausgangsprobe rechnerisch ermittelt. Diese Analyse liefert einen Orientierungswert zur Abschätzung des Anteils der organischen Substanz, der aber im Hinblick auf die Fragestellung hinreichend genau ist.

2.8 Bestimmung von Carbonatgehalt und pH-Wert

Die Bestimmung des Carbonatsgehalts erfolgte gasvolumetrisch gemäß DIN 18129 mittels einer Scheibler-Apparatur (KRETSCHMAR 1996). Die pH-Werte der Proben aus den Bodenprofilen wurde mit einer Glaselektrode in 0,01 molarer $CaCl_2$-Lösung bestimmt. Das Verfahren ist beschrieben in KRETSCHMAR (1996).

2.9 Korngrößenanalyse

Ein wichtiger sedimentologischer Parameter ist die Bodenart eines Substrats, das heißt die Zusammensetzung der verschiedenen Korngrößen nach ihren Massenanteilen. Diese Kenngröße kann zur Unterscheidung verschiedener Arten von Deckschichten herangezogen werden und erlaubt Rückschlüsse auf ihre Genese.

Die Ermittlung der Mengenanteile der verschiedenen Korngrößen geschah mittels Nasssiebung. Zunächst wurde die in den Proben enthaltene Organik mittels H_2O_2 zerstört. Hierzu wurde die eingewogene Probe zunächst mit H_2O_2 versetzt. Nach einer Reaktionszeit von 1–2 Tagen wurden die Proben mit destilliertem Wasser gespült, um die entststandenen Oxide zu entfernen. Der Vorgang der H_2O_2-Zugabe und des Spülens wurde dreimal wiederholt. Zum einen dient dieser Bearbeitungsschritt der Vorbereitung der Korngrößenanalyse, da ein zu hoher Anteil organischen Materials bei der Siebung stört, zum anderen kann hier ein Näherungswert für den Gehalt einer Probe an organischem Material erhoben werden. Lediglich als Näherungswert ist dieser deshalb zu verstehen, da bei der Zerstörung mittels H_2O_2 nur die fein verteilte Organik, nicht jedoch gröbere Komponenten erfasst werden.

Anschließend wurden die Proben durch Zugabe von HCl (12%) vollständig entkalkt. Dies geschah, um Verkittungen durch Calciumcarbonat zu beseitigen.

Nach einer gründlichen Spülung der Proben (drei Durchgänge) wurden sie der Siebanalyse unterworfen, in der die Kies- und Sandfraktionen voneinander getrennt wurden. Die Ermittlung des Schluff- und Tongehalts der Proben erfolgte mittels Schlämmung nach der Pipett-Methode nach KÖHN und KÖTTGEN (SCHLICHTING et al. 1995; KRETSCHMAR 1996).

Die erhaltenen Werte für die einzelnen Fraktionen wurden jeweils für eine Lokalität nach Horizonten getrennt als Kornsummenkurven dargestellt. Dies ermöglicht einen schnellen und anschaulichen Vergleich der Substrate der verschiedenen Lokalitäten. Das Konstruktionsprinzip der Kornsummenkurven ist z.B. in KRETSCHMER (1997) beschrieben.

2.10 Datierungen

Ein wesentlicher Punkt der Arbeit liegt darin, eine zeitliche Vorstellung über die Entstehung und Entwicklung der Terrassenlandschaft am unteren Inn zu gewinnen. Zu diesem Zweck wurden über das gesamte Untersuchungsgebiet und auf verschiedene Terrassenniveaus verteilt Altersdatierungen an den Sedimenten durchgeführt.

Wo genügend organisches Material zur Verfügung stand, konnten ^{14}C-Alter bestimmt werden. Die ^{14}C-Datierungen führte Dr. Bernd Kromer von der Forschungsstelle Archäometrie der Heidelberger Akademie der Wissenschaften durch. Sofern nicht anders angegeben, handelt es sich bei den Radiokohlenstoffaltern um kalibrierte Alter in Kalenderjahren vor 1950 (cal. a BP; BP = *before present* d. h. vor heute). Die Kalibrierung erfolgte mit INTCAL98 und CALIB4 (STUIVER et al. 1998). Unkalibrierte Alter sind als ^{14}C-Jahre vor 1950 angegeben (a BP).

Darüber hinaus wurden zahlreiche Lumineszenzdatierungen durchgeführt. Hierbei wurden zwei verschiedene Strategien verfolgt. Zum einen wurden unterschiedliche Terrassenniveaus im gesamten Längsverlauf des Untersuchungsgebiets durch punktuell entnommene

Einzelproben datiert. Dies geschah meistens an geeigneten Aufschlüssen in Kiesgruben.
So können weit voneinander entfernt liegende und geomorphologisch schwer korrelierbare
Terrassenreste miteinander in Zusammenhang gebracht werden und gleichzeitig ergibt sich
ein Bild von der chronostratigraphischen Einordnung der verschiedenen Terrassenniveaus.
Zusätzlich wurden an einigen ausgewählten Stellen mit der Rammkernsonde gewonnene
Deckschichtenprofile hochauflösend beprobt und datiert, mit dem Ziel, nicht nur deren chronostratigraphische Einordnung vornehmen zu können, sondern auch eine Vorstellung über
den zeitlichen Rahmen für ihre Ablagerung zu gewinnen. Die Angabe der numerischen Alter
erfolgt in „Jahrtausenden vor heute" (ka BP).
    Durch die Anwendung sowohl von Radiokohlenstoff- als auch Lumineszenzdatierung ist
es möglich, beide Methoden gegenseitig zu überprüfen. Vor allem ist es wichtig, Altersüber-
schätzungen von unvollständig gebleichten OSL-Proben ausschließen zu können. Kontrolliert man die Fehlermöglichkeiten der Lumineszenzdatierung, dann bietet sie gegenüber der
Radiokohlestoffdatierung auf die Fragestellung bezogen einige Vorteile:

- Unter spätglazialen Paläoumweltbedingungen steht nur wenig organisches Material
  zur Verfügung, das in fluviale Sedimentkörper eingebettet werden und später zur Datierung derselben genutzt werden kann. Da aber davon auszugehen war, dass weite
  Teile der Terrassenlandschaft am Inn bereits im Spätglazial entstanden sind, wurde
  von Anfang an besonderer Wert auf die Lumineszenzdatierung gelegt.

- Durch die Beanspruchung beim Transport in einem hochenergetischen fluvialen Sys-
  tem unterliegt organisches Material einer starken Transportauslese und wird in
  großem Maß aufgearbeitet, so dass es im Sediment (Terrassenkörper) nur in geringen Mengen vorkommt.

- Die Sedimente werden direkt datiert. Es wird das Ablagerungsalter des Sedimentkörpers selbst bestimmt, wohingegen eingelagerte Organik über ihr ^{14}C-Alter immer nur
  ein Proxy-Datum liefern kann.

Die Lumineszenzdatierungen wurden im Labor des Geographischen Instituts der Universität
Köln von Dr. Frank Preusser durchgeführt.

2.11 Zusammenführung der Daten in einem GIS

Um alle aus der vorliegenden Literatur sowie den eigenen Gelände- und Laborarbeiten gewonnenen Daten zusammen zu führen und zu visualisieren, wurden diese in ein GIS-Projekt
auf der Basis des Systems ArcGIS (Version 8.3) der Firma ESRI eingearbeitet. Die Voraus-
setzung dafür ist, dass sämtliche Daten in georeferenzierter Form vorliegen.
    Bei den Probennahme-Punkten für die Datierung wie bei Profilgrabungen, Bohrungen,
Pürckhauer-Einschlägen und Höhenpunkten wurde die notwendige Georeferenzierung im
Gelände mit dem GPS vorgenommen (näheres siehe Kap. 2.4). Die Bohrprotokolle aus
dem Archiv des GLA enthalten ebenfalls Koordinatenangaben. Sämtliche Karten und Pläne,
die in das GIS eingearbeitet werden sollten, mussten zunächst gescannt und anschließend

georeferenziert werden. Als Bezugssystem für sämtliche digitalen Geodaten wurde das in Deutschland übliche Gauß-Krüger-Koordinatensystem auf dem Bessel-Ellipsoid gewählt.

Diese Form der Datenhaltung bietet den Vorteil, dass sie stets aktuell gehalten werden kann, da neu gewonnene Daten leicht integriert bzw. auch bestehende Daten verbessert werden können. Zusammen mit einem Höhenmodell, das vom Bayerischen Landesvermessungsamt erstellt wurde (DGM 25, 50-m-Gitter), sowie den SRTM-Höhendaten des United States Geological Survey, können zudem zu Darstellungszwecken relativ schnell anschauliche Abbildungen abgeleitet werden. Außerdem wurde das GIS als Basis für die Ausgabe der geomorphologischen Karten genutzt.

3 Ergebnisse

Die Beschreibung der Terrassenlandschaft am unteren Inn gliedert sich in zwei Teile. Im südwestlichen Laufabschnitt zwischen Gars und der Mündung der Alz in den Inn etwa 9 km östlich von Neuötting waren die spätglazialen und holozänen Terrassen am Inn schon mehrfach Gegenstand geologischer, pedologischer und geomorphologischer Untersuchungen (vgl. Kapitel 1.8). Eine Überprüfung der Befunde im Gelände ergab, dass die vorliegende Kartierung soweit übernommen werden kann. Deshalb wurde auf eine erneute Detailkartierung dieses Bereichs verzichtet. Zur räumlichen Orientierung dient die Karte in Beilage 10, die das Inntal zwischen Gars und Neuötting abdeckt, sowie Abb. 3.1. Für die unmittelbare Umgebung der Probenlokalitäten liegen Detailkarten in Form der Abbildungen 3.4, 3.12 und 3.16 vor.

Zwischen Gars und Neuötting konzentrierten sich die eigenen Arbeiten demnach auf die Datierung der bereits kartierten Terrassen: Auf der Rauschinger, Ebinger, Wörther, Pürtener und Niederndorfer Terrasse boten sich günstige Aufschlussverhältnisse, und es wurden Proben zur OSL-Datierung entnommen. Außerdem wurde das Schwermineralspektrum der Datierungsproben bestimmt.

Der untere Laufabschnitt (Alzmündung – Neuhaus) mußte zunächst kartiert werden. Dieser Teil des Arbeitsgebiets wird in den Kapiteln 3.2, 3.3 und 3.4 behandelt.

3.1 Die Terrassenfolge zwischen Gars und Neuötting

Die früheste Kartierung der spätpleistozänen und holozänen Innterrassen (Region Ampfing) stammt von KOEHNE (1913). Der Erläuterungsband zu der von ihm vorgelegten geologischen Karte erschien 1916 (KOEHNE und NIKLAS 1916) (Beilage 10, Abb. 3.12 auf Seite 50). Die Region Mühldorf–Neuötting wurde von Franz MÜNICHSDORFER bearbeitet (KOEHNE und MÜNICHSDORFER 1913; MÜNICHSDORFER 1913, 1921, 1923) (Beilage 10, Abb. 3.16 auf Seite 56). Carl TROLL erarbeitete eine Detailkartierung in der unmittelbaren Umgebung von Gars und kartierte den Abschnitt Gars–Mühldorf überblicksmäßig (TROLL 1968) (Abb. 3.4 auf Seite 40). Geomorphologische Überlegungen zur Genese der Terrassen am Inn veröffentlichte Carl TROLL mehrfach (TROLL 1924; 1925a; 1926; 1954; 1957; 1977). Eine Neubearbeitung der Terrassen erfolgte bei der Kartierung des Blattes Mühldorf der GK50 von Bayern (UNGER 1978b) (Beilage 10, Abb. 3.12 und 3.16), die Deckschichten und Böden bearbeitete GROTTENTHALER (1978a; 1978b). Auf deren ausführliche Darstellungen kann an dieser Stelle verwiesen werden.

3.1.1 Die Kirchreiter Terrasse

Die Kirchreiter Terrasse (Beilage 10) ist ein um ca. 3–5 m in die Niederterrassenfläche eingeschnittenes spät-hochglaziales Erosionsniveau, das nur lokal unmittelbar am ehemaligen Gletscherrand ausgebildet ist und von TROLL (1968) beschrieben wurde, von dem auch die Bezeichnung stammt. Die Datierung ins ausgehende Hochglazial stammt ebenfalls von TROLL (1968), der alle übrigen Terrassenniveaus im Spätglazial ansiedelt. Die Kirchreiter

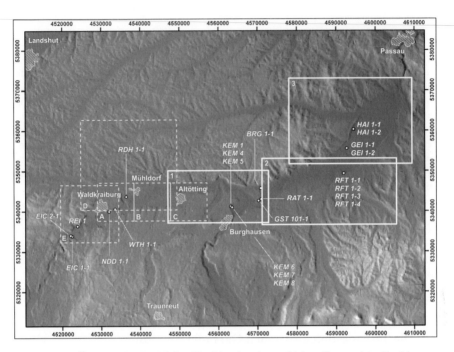

Abbildung 3.1: Übersicht über das Arbeitsgebiet. Die mit gerissener Linie weiß umrandeten Bereiche markieren die bereits kartierten Abschnitte des Inntals: A: KOEHNE (1913), B: KOEHNE und MÜNICHSDORFER (1913), C: MÜNICHSDORFER (1913), D: UNGER (1977), E: TROLL (1968) (Abb. 3.4). Mit durchgezogener Linie umrandet sind die Kartiergebiete der vorliegenden Arbeit: 1: Neuötting–Kirchdorf (Beilage 1), 2: Kirchdorf–Aigen (Beilage 2), 3: Aigen–Neuhaus (Beilage 3). Eine geologisch-geomorphologische Übersicht bietet die Karte in Beilage 10. Die datierten Aufschlüsse und Bohrungen sind durch Punkte und die jeweiligen Probenbezeichnungen dargestellt. Kartengrundlage: SRTM-Höhendaten, United States Geological Survey; ATKIS 500, © Bayerische Vermessungsverwaltung, Nutzungserlaubnis VM 3840 B – 3094.

Terrasse markiert den Beginn der linienhaften Zerschneidung der flächenhaft geschütteten Niederterrasse gleichzeitig mit dem beginnenden Gletscherrückzug von den äußersten Endmoränen. Sie setzt südlich der Ortschaft Unterreit (Typlokalität, TK7840, Kraiburg a. I.) in einer Höhe von ca. 495 m ü. NN mit einer West-Ost-Erstreckung von 1 km an den Jungmoränen an und zieht nach Norden, wobei sie sich auf 1,5 km verbreitert. Im Brombach-Holz oberhalb von Gafengars streicht die Kirchreiter Terrasse in einer Höhe von 465 m ü. NN (60 m über dem Inn) in der Luft aus. Sie besitzt damit auf ihrer Laufstrecke von nur 5 km ein durchschnittliches Gefälle von 6‰.

3.1.2 Die Rauschinger Terrasse

Die Rauschinger Terrasse stellt nach der Kirchreiter Terrasse das zweite Gied der Terrassentreppe nach der Schüttung der würm-hochglazialen Niederterrasse dar. Ihre Oberfläche

Abbildung 3.2: Die Kirchreiter Terrasse nördlich von Unterreit. 3–5 m in die Niederterrassenfläche eingeschnitten markiert sie den Beginn der linienhaften Zerschneidung der NT an der Wende zum Spätglazial. Der
Hof steht auf der Niederterrasse (Blick nach Westen).

liegt um bis zu 45 m tiefer als die der Niederterrasse, in die sie eingeschnitten ist und die am
Rand der Jungmoräne bei Burgstall 495 m und bei Elsbeth immer noch 492 m ü. ü. NN er-
reicht (Beilage 10, Abb. 3.4). In der Region Gars (TK7839, Haag in Obb.) ist sie flächenhaft
vor allem im Waldgebiet der Eichenau ausgebildet und erreicht dort mit ihrer Oberfläche
Höhenlagen um 460–455 m ü. NN. In der Eichenau bildet die Rauschinger Terrasse einen
Umlaufberg, der von einem ehemaligen Mäanderarm des Inns im Niveau der Ebinger Terrasse begrenzt wird (Abb. 3.4). Links des Inns liegen die Höfe Kerschbaum und Wüstl im
Niveau der Rauschinger Terrasse auf ca. 465 m ü. NN (Beilage 10). Dieses Vorkommen
diente TROLL (1968) als Typlokalität für seine „Kerschbaum-Stufe" (= Rauschinger Terrasse) in der Region Gars. Weitere kleinere Vorkommen liegen nördlich des Weilers Stadel auf
465 m ü. NN und an der Reisleite südwestlich von Au am Inn (Beilage 10, Abb. 3.4 auf
Seite 40).

   In der Region Ampfing-Mühldorf findet sich die Rauschinger Terrasse westlich von Pürten am Stadtrand von Waldkraiburg auf 420–425 m ü. NN und liegt damit im Schnitt nur
noch 2–3 m unter der Niederterrasse (UNGER 1978b) (Beilage 10, Abb. 3.12 und 3.16). Zwischen der Typlokalität Rausching und dem Wirtshaus „Ebinger Alm" wird die Rauschinger

Terrasse heute vom Innkanal durchschnitten. Das am weitesten flussabwärts gelegene Vorkommen der Rauschinger Terrasse liegt im Bereich der Ortschaft Furth bei 413–415 m ü.
NN (UNGER 1978b).

Aufschluss Eichenau 2

Probe EIC 2-1 stammt aus dem „Eichenau-Umlaufberg", wo die Schotter in einer Kiesgrube aufgeschlossen sind (zur Lage des Aufschlusses vgl. die Karte in Abb. 3.4). Die Geländeoberfläche am Probennahmepunkt liegt bei 460 m ü. NN, der Probenpunkt liegt 10 m
unter GOF bei 450 m ü. NN. Es wurde eine von einzelnen Schottern durchsetzte, im Mittel ca. 15 cm mächtige Sandzwischenlage beprobt (Abb. 3.3). Die Schotter selbst zeigen
in den unteren Bereichen eine deutliche Kreuz-, nach oben hin eher horizontale Schichtung. Die Datierung der Probe EIC 2-1 ergab ein OSL-Alter der Sande von 51,9±4,9 ka
und liegt damit altersmäßig deutlich über den Erwartungen. Aufgrund geomorphologischer
und stratigraphischer Überlegungen wäre für die Rauschinger Terrasse ein Alter im ausgehenden Hochglazial bzw. im Übergang Hochglazial-Spätglazial – im Sinne BRUNNACKERs
(1959b) – zu erwarten.

Nach der klassischen Auffassung stellt die Rauschinger Terrasse eine Erosionsterrasse
dar, die aus den Schottern der Niederterrasse herausmodelliert wurde. Wenn man nun annimmt, dass die Umlagerungsvorgänge, die nach der würm-hochglazialen Schüttung der
Niederterrassenschotter zur erosiven Herausarbeitung der Oberfläche der Rauschinger Terrasse geführt haben, den Probenpunkt nicht mehr erreicht haben (10 m unter GOF), sollte die
Datierung wenigstens das Alter der Niederterrassenschüttung widerspiegeln. Dies ist aber
offensichtlich auch nicht der Fall.

Im Schwermineralspektrum der Probe EIC 2-1 (Abb. 3.6) zeigt sich mit einem Anteil von
44% eine sehr stark ausgeprägte Dominanz des Granats, was typisch ist für alpine fluviale Sedimente. Die Hornblende ist mit 17%, die Epidotgruppe mit 6% am Gesamtspektrum
vertreten. Dies deutet auf eine starke Transportauslese hin. Der hohe Glimmeranteil (10%)
ist typisch für die stark von zentralalpinen Gesteinen geprägten Sedimente des Inngletscher-
gebiets. Dabei wird der Glimmeranteil in der Schwermineralfraktion tendenziell eher un-
terschätzt, weil die Einzelminerale durch ihre plattige Struktur sowohl bei der Schwere-
trennung als auch bei den verschiedenen Spüldurchgängen des Aufbereitungsprozesses zu
langsam absinken und so aus der Probe entfernt werden. Der Staurolith ist aufgrund seiner
Verwitterungsstabilität ein Zeiger für reife Mineralassoziationen. Sein Anteil von 7% weist
zusammen mit den extrem stabilen Zirkon, Rutil und Turmalin (4%), die für frisches alpines Material untypisch sind, auf die Aufarbeitung älteren Materials (z.B. molassebürtiges
Moränenmaterial) hin.

Aufschluss Reisleite 1

An der „Reisleite" westlich von Au am Inn befindet sich östlich der Staatsstraße 2352 eine Kiesgrube, die in der Rauschinger Terrasse angelegt ist bzw. war. Mittlerweile hat hier
durch den Kiesabbau eine „Reliefumkehr" stattgefunden und der Bereich der Rauschinger
Terrasse, der ehemals eine kleine inselhafte Aufragung zwischen Ebinger Terrasse im Norden, Pürtener Terrasse im Osten, dem Inn im Süden und einem ehemaligen Aueniveau im
Westen bildete, stellt sich heute als Grube dar. Die Geländeoberfläche der Ebinger Terrasse,
die unmittelbar nordwestlich an die nicht mehr vorhandene Rauschinger Terrasse anschließt,

Abbildung 3.3: Probenpunkt EIC 2-1. Der Probenpunkt liegt innerhalb einer grobsanddominierten 15 cm mächtigen Sandzwischenlage 10 m unter GOF. Der Probenpunkt liegt bei 450 m ü. NN, 10 m unter der Geländeoberfläche. Einzelne im Sand enthaltene Mittel- bis Grobkiesgerölle weisen auf eine relativ hohe Fließgeschwindigkeit hin, die insgesamt mäßige Sortierung auf einen kurzen Transportweg. Beides zusammen erklärt möglicherweise das überbestimmte Alter der Probe EIC 2-1.

beträgt 440 m ü. NN. An der Nordwestseite der Kiesgrube konnte ein letzter Rest ungestörter Rauschinger Terrasse beprobt werden. Die Schotter zeigen einen hohen Sandgehalt sowie schlechte Sortierung und Schichtung. 3 m unter der Oberkante der (noch vorhandenen) Terrassenschotter befindet sich in 437 m ü. NN eine 25 cm mächtige Sandzwischenlage, aus der die Datierungsproben REI 1-1 und REI 1-2 entnommen wurden (Abb. 3.5; zur Lage des Aufschlusses vgl. Abb. 3.4).

Es war geplant, das Alter aus Aufschluss Eichenau 2 ein Stück flussabwärts nochmals abzusichern. Probe REI 1-1 ergab ein OSL-Alter von 27,2±2,7 ka, Probe REI 1-2 ein Alter von 32,0±3,3 ka. Auch hier liegen, wie schon in der Eichenau, die gemessenen deutlich über den erwarteten Altern. Wie schon im Fall von EIC 2-1 scheint bei REI 1-1 und REI 1-2 eine Umlagerung von Hochterrassen- und/oder Moränenmaterial bei der Schüttung der Niederterrasse stattgefunden zu haben. Die schlechte Sortierung und Schichtung der Schotter im Aufschluss stützen diese Vermutung. An der Reisleite konnte somit das Bildungsalter der Rauschinger Terrasse nicht bestimmt werden.

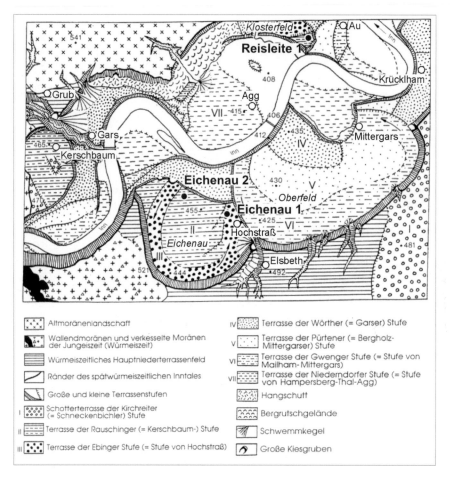

Abbildung 3.4: Die Karte Carl TROLLs (1968) der spät- und postglazialen Terrassentreppe am Endmoränen-durchbruch bei Gars. Hier liegen die Aufschlüsse Eichenau 2 und Reisleite 1 (Rauschinger Terrasse) sowie Eichenau 1 (Ebinger Terrasse). Quelle: HEINE (2001), verändert. Die Ebinger Terrasse (Probe EIC 1-1) weist hier ein OSL-Alter von 15,5±1,7 ka auf.

Abbildung 3.5: Aufschluss Reisleite 1. Schlecht sortierte sandige Schotter mit einer 25 cm mächtigen Sand-zwischenlage (zwischen den gerissenen Linien) 3 m unter GOF auf 437 m ü. NN (GOF = Rest des Niveaus der Rauschinger Terrasse).

An den Schwermineralen der Lokalität (Probe REI 1-3) ist der Granat mit 39% ähnlich stark vertreten wie auf der Rauschinger Terrasse in der Eichenau (Probe EIC 2-1). Die Epidotgruppe folgt mit 17%, die Hornblende nimmt 4% des Spektrums ein. Auch hier liegt wieder ein in einem hochdynamischen Milieu starker Transportauslese ausgesetztes Sediment vor (Granatpeak), das allerdings postsedimentär einer stärkeren chemischen Verwitterung ausgesetzt war, als die Probe aus der Eichenau. Dadurch erklärt sich das leichte Zurücktreten des Granats zugunsten der Epidotgruppe sowie die Abnahme des Hornblende-Anteils.

Auffällig ist der hohe Anteil an stabilen Mineralen (Staurolith 7%, ZRT: 15%). Sie gehören nicht zu typischen Vertretern des alpinen Spektrums und kommen in alpinen Sedimenten primär nur in geringen Mengen vor. Es muss sich also um eine Anreicherung durch Verwitterungsauslese (Molasse-Einfluss) handeln.

Zusammenfassung

Es ergibt sich also für die Befunde in der Eichenau und an der Reisleite folgende Deutung: Bei der Schüttung der Niederterrasse im Würm-Hochglazial wurden bereits am Ort befindliche ältere Schotter (Hochterrasse) bzw. Moränenmaterial aufgenommen, umgelagert und

mit frischem alpinen Material vermischt. Dies wird belegt durch die Schwermineralassoziationen in den Proben, die sehr ähnlich sind: Der Granat-Epidot-Hornblende-Peak weist
auf das alpine Liefergebiet der Sedimente hin. Der vor allem an der Reisleite deutlich erkennbare sekundäre Peak im Bereich der stabilen Minerale (Staurolith sowie Zirkon, Rutil,
Turmalin) sowie das gleichzeitige Vorkommen von leicht verwitterbaren Mineralen (Granat,
Hornblende) belegt die Vermischung von frischem mit älterem Sediment.

Wegen des kurzen Transportweges und der anzunehmenden starken Turbulenz und der
damit verbundenen Trübe wurde das Material nur ungenügend belichtet. So konnte das
OSL-Signal nicht vollständig zurückgestellt werden, woraus sich das hohe Alter der Proben erklärt. In Übereinstimmung mit den vorhergehenden Bearbeitern wird deshalb davon
ausgegangen, dass das Niveau der Rauschinger Terrasse im ausgehenden Hochglazial aus
den Niederterrassenschottern (Kreuzschichtung, teilweise schlechte Sortierung) herauspra-
pariert wurde. Für eine sehr zeitnahe Entstehung der Niederterrassenfläche und der Oberfläche der Rauschinger Terrasse spricht nach BRUNNACKER (1959b) die Ähnlichkeit der
Deckschichten und die in ihnen ausgebildeten Böden. GROTTENTHALER (1978a) bemerkt
jedoch einschränkend, dass wegen des sehr heterogenen Ausgangsmaterials für die Bodenbildung (Hochflutlehm) keine direkten Rückschlüsse von der Entwicklungstiefe der Böden
auf das Alter der darunter liegenden Terrasse möglich sind. Es finden sich generell häufig
tondurchschlämmte Braunerden auf den spätglazialen und den älteren postglazialen Terrassen, auf der Niederterrasse bei Lösslehmbedeckung auch Parabraunerden (GROTTENTHA-
LER 1978b).

3.1.3 Die Ebinger Terrasse

Ähnlich wie die Rauschinger Terrasse ist die Ebinger Terrasse zwischen Gars und der Alzmündung nur noch sehr lückenhaft erhalten. Über weite Strecken wurde sie von den jüngeren Niveaus vollständig erodiert. Vorkommen der Ebinger Terrasse befinden sich in der
Eichenau, wo sie als Mäanderbogen ein Stück Rauschinger Terrasse umfließt (Kap. 3.1.2,
Abb. 3.4). Ihre durchschnittliche Höhenlage beträgt hier 445 m ü. NN. 3 km flussabwärts an
der Reisleite liegt sie bei 440 m ü. NN. Inselhafte Vorkommen liegen beiderseits des Inns
zwischen Rausching und Furth: Südlich Rausching und westlich Ebing (Typlokalität) auf
415 m ü. NN, westlich Frauendorf entlang der Staatsstraße 2092 auf 415 m ü. NN sowie im
Waldstück „Spitzbrand" und nördlich von Furth auf 405 m ü. NN (Beilage 10, Abb. 3.12
und 3.16).

Ein ausgedehnter Rest der Ebinger Terrasse zieht von Mühldorf (Neustadt) über Töging in
nordöstlicher Richtung an die Isen bei Unterhart (Beilage 10). Bei Mühldorf liegt die Ebinger Terrasse westlich des Innkanals in einer Höhe von 405 m ü. NN, bei Töging erreicht sie
400 m ü. NN, bei Unterhart schließlich 395 m ü. NN. Das östlichste von MÜNICHSDORFER
(1913) kartierte Vorkommen der Ebinger Terrasse liegt südlich des Inns zwischen Neuötting
und Alzgern in einer Höhe von 385 m ü. NN.

Wegen des inselhaften Charakters der Ebinger Terrasse ist es schwierig, sichere Gefälls-
berechnungen anzustellen. Vom „Eichenau-Mäander" bis zur Typlokalität bei Ebing beträgt
das Gefälle 1,9‰ auf einer Strecke von 15,7 km (Luftlinie; der tatsächliche Flussverlauf
zur Zeit, als die Ebinger Terrasse angelegt wurde, kann nicht mehr rekonstruiert werden).

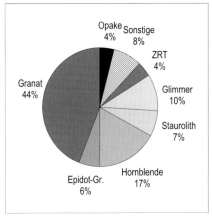
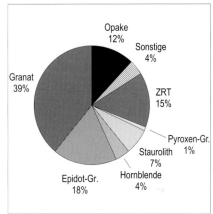

(a) Lokalität Eichenau. Sonstige: Vesuvian 1%, Titanit 1%, Disthen 1%, Baryt 1%, Chloritoid 1%, n.b. 3%.

(b) Lokalität Reisleite. Sonstige: Titanit 1%, n.b. 3%.

Abbildung 3.6: Schwermineralspektren der Rauschinger Terrasse bei Gars. Der hohe Anteil des Granats ist typisch für Sedimente, die einer starken mechanischen Beanspruchung im fluvialen Milieu ausgesetzt waren. Er ist Ergebnis einer Transportauslese. Zirkon, Turmalin und Rutil reichern sich in reifen Sedimenten residual an, wenn diese über längere Zeit (chemischen) Verwitterungseinflüssen ausgesetzt waren. Da Granat unter diesen Bedingungen jedoch leicht verwittert, belegt dessen gleichzeitiges Vorkommen mit den Seifenmineralen der ZRT-Gruppe, dass das beprobte Sediment eine Mischung aus frischen alpinen Ablagerungen und älterem, bereits am Ort vorhandenem Material (Moräne, Hochterrasse, Molasse) ist.

Zwischen Ebing und dem Vorkommen östlich von Neuötting beträgt das Gefälle 1,3‰ auf einer Strecke von knapp 22 km.

Aufschluss Eichenau 1

Probe EIC 1-1 entstammt der östlichen der beiden Kiesgruben, die den „Eichenau-Umlaufberg" aufschließen. Die Geländeoberfläche an der Probenentnahmestelle wird hier jedoch vom Niveau der Ebinger Terrasse („Stufe von Hochstraß" *sensu* TROLL) im „Eichenau-Mäander" gebildet, während Probe EIC 2-1 aus dem Umlaufberg der Rauschinger Terrasse stammt. Der Probenpunkt (Abb. 3.4) liegt in einer Höhe von 435 m ü. NN und damit 20 m unter GOF. Es wurde ein schräg geschichtetes Sandpaket beprobt, das im Aufschluss eine maximale Mächtigkeit von 1,3 m erreichte (Abb. 3.7). Im Übrigen besteht das Terrassensediment aus kreuzgeschichteten mäßig sortierten sandigen Schottern. Die OSL-Datierung der Probe EIC 1-1 ergab mit 15,5±1,7 ka ein Alter im frühen Spätglazial.

Mit 43% Anteil am Spektrum ist bei den Schwermineralen in Probe EIC 1-1 wieder eine deutliche Granatvormacht zur erkennen (Abb. 3.8). Die Epidot-Gruppe ist mir 7% vertreten, der Hornblende-Anteil ist mit 12% relativ hoch. Der gleichzeitig ebenfalls hohe Anteil der

Abbildung 3.7: Aufschluss Eichenau 1. Probenpunkt EIC 1-1 liegt 20 m unter GOF der Ebinger Terrasse in der Eichenau. Die Probe stammt aus einem schräg geschichteten Sandpaket innerhalb von kreuzgeschichteten Terrassenschottern und zeigt ein OSL-Alter von 15,5±1,7 ka.

stabilen Minerale von insgesamt 14% (davon Staurolith 9%, ZRT-Gruppe 5%) unterstreicht wieder die Vermischung von wiederaufgearbeitetem mit frischem alpinen Sediment. Das gleichzeitige Vorkommen von frisch aussehenden Hornblenden und solchen mit starken Lösungsspuren unterstreicht, dass letztere bereits präsedimentär der Verwitterung ausgesetzt waren und deutet damit ebenfalls auf teilweise Umlagerung des vorliegenden Materials hin. Der hohe Anteil an opaken Körnern kommt zumindest teilweise dadurch zustande, dass in der Probe auffällig viele dicke Körner vorhanden waren, die unter dem Mikroskop opak erscheinen.

Das Schwermineralspektrum von EIC 1-1 zeigt mit 54% abermals eine starke Granatdominanz. Die übrigen Anteile ähneln ebenfalls den bisher dargestellten Proben von der Rauschinger Terrasse aus der Eichenau und der Reisleite. In der Gruppe der stabilen Minerale (ZRT) nimmt der Turmalin mit 10% Anteil an der Gesamtprobe die beherrschende Stellung ein (Abb. 3.8).

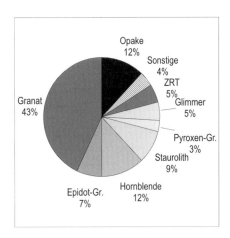

Abbildung 3.8: Schwermineralspektrum der Ebinger Terrasse in der Eichenau. 100 Körner ausgezählt. Sonstige: Titanit 2%, Vesuvian 1%, n.b. 1%.

Zusammenfassung

Ähnlich wie im Fall der Rauschinger Terrasse zeigen die Schwerminerale der Ebinger Terrasse die Aufarbeitung älteren alpinen Materials unter Beimengung frischen, unverwitterten Sediments an. Dies wird sowohl durch die Granatdominanz zusammen mit dem akzessorischen Mineral Staurolith als auch im Habitus der Körner deutlich (präsedimentäre Verwitterung einzelner Hornblende-Kristalle).

Die Datierung macht für die Ebinger Terrasse einen prä-allerødzeitlichen Bildungszeitraum wahrscheinlich. Eine genaue Zuordnung zur Ältesten oder zur Älteren Dryas scheint aber aufgrund methodischer Probleme (mögliche ungenügende Rückstellung des OSL-Signals) und der zu geringen Probendichte zum jetzigen Zeitpunkt nicht möglich.

BRUNNACKER (1959b) korreliert die Ebinger Terrasse mit seiner „Stufe I", die er in die Älteste Dryas stellt und vermutet einen Zusammenhang mit dem Ammersee-Stadium Carl TROLLs (1925b), dem im Inngletschergebiet das Stephanskirchener Stadium entspricht.

3.1.4 Die Wörther Terrasse

Die Verbreitung der Wörther Terrasse ist ebenfalls noch sehr inselhaft, jedoch sind schon deutlich größere Reste erhalten, als das bei der Ebinger Terrasse der Fall ist. Direkt am Endmoränendurchbruch bildet sie das Niveau, auf dem der Ort Gars liegt, weshalb sie bei TROLL (1968) auch unter der Bezeichnung „Garser Stufe" firmiert (Beilage 10, Abb. 3.4). Bei Gars liegt sie in einer Höhe von 445 m ü. NN, bei Gars-Bahnhof erreicht sie noch 440 m ü. NN, bei Krücklham (nördlich der Stufe zur Kirchreiter Terrasse) 432 m ü. NN. Die Einstufung des Klosterfeldes (links des Inns nördlich der Reisleite, westlich von Au am Inn) als Wörther bzw. Garser Stufe durch TROLL (1968) scheint zumindest zweifelhaft. Zum einen ist in der Morphologie keine klare Stufe zur Ebinger Terrasse zu erkennen, zum

anderen liegt die Verebnung des Klosterfelds um 10 m höher als das Vorkommen der Wörther Terrasse rund um Krücklham am gegenüberliegenden Innufer in nur 2 km Entfernung.

Abbildung 3.9: Aufschluss Wörth 1. In einer kleinen Kiesgrube südlich von Rausching sind unter einer flachgründigen Pararendzina (Hanglage) die spätglazialen Schotter der Ebinger Terrasse (nach UNGER 1978a) bzw.
der Wörther Terrasse (nach KOEHNE und NIKLAS 1916) aufgeschlossen. Die Datierung (Probenpunkt durch
Pfeil markiert) ergab ein OSL-Alter von 13,4±1,1 ka. Da die flussaufwärts datierten Reste der Ebinger Terrasse ein deutlich höheres Alter aufweisen als Probe WTH 1-1, scheint die ursprüngliche Kartierung der Terrasse
als Wörther Terrasse (KOEHNE 1913) eher wahrscheinlich.

Bei Aschau-Werk ist ein Rest der Wörther Terrasse in 421 m ü. NN erhalten, an der Typlokalität Wörth erreicht sie noch 413 m ü. NN, bei Obermoosham 405, östlich Oberflossing
noch 400 m ü. NN. Östlich von Mühldorf bildet die Wörther Terrasse eine 7,5 km lange und
maximal einen Kilometer breite Verebnung, die die 1–2 m höher liegende Ebinger Terrasse nach Südosten begrenzt. Im Eichfeld südlich von Hölzling erreicht sie noch eine Höhe
von 400 m ü. NN, östlich Töging noch 395 m ü. NN. Westlich der Alz ist dies das letzte
Vorkommen der Wörther Terrasse (Beilage 10).

Damit weist die Wörther Terrasse zwischen Gars und Krücklham auf einer Strecke von
5,5 km ein Gefälle von 2,4‰ auf, das sich in ihrem weiteren Verlauf bis Töging auf einer
Strecke von 21 km auf 1,8‰ verringert. Was bereits für die Ebinger und die Rauschinger
Terrasse gesagt wurde, muss auch hier gelten: Aufgrund der inselhaften Verbreitung der
Wörther Terrasse kann auch hier kein konkreter Flussverlauf mehr rekonstruiert werden.

Einen Überblick über die Terrassen im Bereich der Typlokalitäten der Schotterstratigraphie nach KOEHNE und NIKLAS (1916) südlich von Mühldorf gibt die Karte in Abbildung 3.16.

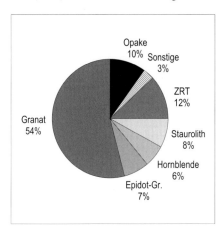

Abbildung 3.10: Schwermineralspektrum der Wörther Terrasse. Da die Datierung der Lokalität Wörth 1 ein wesentlich jüngeres Alter ergab als die Datierungen der Ebinger Terrasse in der Eichenau, wird in der vorliegenden Arbeit der Argumentation der Erstbearbeiter KOEHNE (1913) gefolgt und die Fläche nördlich von Wörth als Wörther Terrasse eingestuft. 100 Körner ausgezählt. Sonstige: Disthen 1%, n.b. 2%.

Aufschluss Wörth 1
Südlich der Ortschaft Rausching, der Typlokalität der Rauschinger Stufe von KOEHNE und NIKLAS (1916), kartiert UNGER (1978b) die Ebinger Terrasse aus, die durch eine 3 m hohe Geländekante von der nach oben anschließenden Rauschinger Terrasse getrennt ist. Von den Erstbearbeitern war dieser Bereich dagegen als Wörther Terrasse kartiert und damit eine Stufe jünger eingeordnet worden (KOEHNE und NIKLAS 1916) (Abb. 3.12 auf Seite 50). Die Grenze zwischen der hier von UNGER (1978b) eingefügten Ebinger Terrasse und der von ihm kartierten Wörther Terrasse lässt er erst unmittelbar nördlich des Weilers Wörth verlaufen. Der Probenpunkt Wörth 1-1 liegt am westlichen Abfall der Wörther Terrasse (im Sinne von KOEHNE und NIKLAS 1916) bzw. der Ebinger Terrasse (im Sinne UNGERS 1978b) zur Pürtener Terrasse (Abb. 3.12 auf Seite 50).

In einer kleinen Kiesgrube ist dort am Terrassenhang der oberste Bereich der Schotterterrasse aufgeschlossen. In ca. 130 cm unter Geländeoberkante (2 m unter der Oberfläche der Terrasse; Lage am Hang!) konnte eine Sandzwischenlage zur Datierung beprobt werden (Abb. 3.9). Die Datierung ergab mit 13,4±1,1 ka ein deutlich jüngeres Alter als Probe EIC 1-1 aus der Ebinger Terrasse des Eichenau-Mäanders. Auch innerhalb des Datierungsfehlers stimmt Probe WTH 1-1 nicht mit den Proben aus der Ebinger Terrasse überein. Dies macht die Einordnung der Lokalität in die Ebinger Terrasse, wie sie von UNGER (1978b) vorgenommen wurde, zweifelhaft. Vielmehr scheinen die Erstbearbeiter KOEHNE und NI-

KLAS (1916) mit ihrer Deutung der Fläche nördlich von Wörth als Wörther Terrasse richtig gelegen zu haben.

Die Geländeoberfläche liegt an der Probenlokalität bei 415 m ü. NN. Aufgrund der Lage des Profils am Hang liegt eine geringmächtige Pararendzina unter Wiese über unverwitterten Terrassenschottern vor. GROTTENTHALER (1978b) kartiert auf der Wörther Terrasse im Flossinger Forst eine 120 cm mächtige, leicht podsolige Braunerde, die sich in der verlehmten Deckschicht (Hochflutsediment) entwickelt hat.

Am Schwermineralspektrum in den datierten Sanden von Lokalität Wörth 1 ist der Granat mit 58% Anteil sehr stark vertreten. Dies spricht zum einen für eine starke Transportauslese, zum anderen zeigt die Granatdominanz an, dass seit der letzten Ablagerung 13,4 ka vor heute keine wesentlichen Verwitterungseinflüsse auf das Material eingewirkt haben, da Granat gegenüber der chemischen Verwitterung sehr instabil ist. Dass jedoch vorverwittertes, wieder aufgearbeitetes Material in der Probe enthalten ist, belegt die gleichzeitige Anwesenheit von 8% Staurolith, der durch seine extreme Verwitterungsresistenz als Zeiger für remobilisiertes (alpines) Sediment gilt (Abb. 3.10).

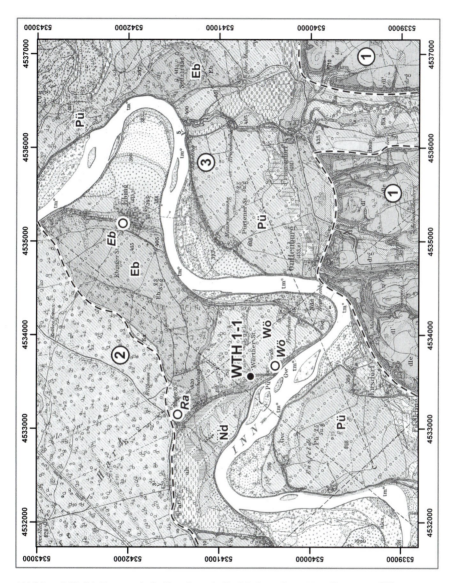

Abbildung 3.11: Die Terrassen in der Umgebung der Typlokalitäten Rausching (*Ra*), Wörth (*Wö*) und Ebing (*Eb*) der klassischen Schotterstratigraphie am Inn (Erstbearbeitung von KOEHNE und NIKLAS 1916). Weitere Erläuterungen siehe Abb. 3.12. Kartengrundlage: © Bayerisches Geologisches Landesamt, © Bayerische Vermessungsverwaltung.

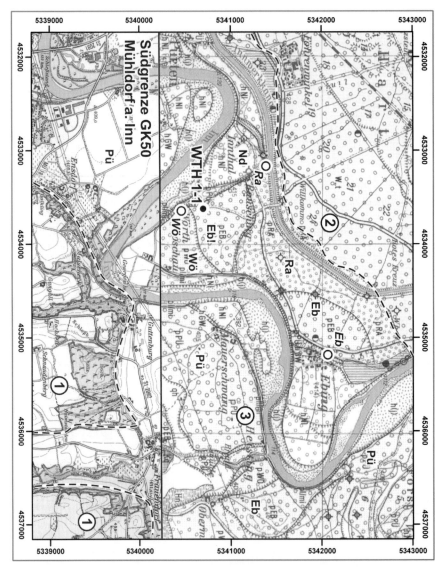

Abbildung 3.12: Die Terrassen in der Umgebung der Typlokalitäten Rausching (*Ra*), Wörth (*Wö*) und Ebing (*Eb*) der klassischen Schotterstratigraphie am Inn (Neuaufnahme durch UNGER 1978a). Von KOEHNE und NIKLAS (1916) wurde die Fläche, die am Aufschluss Wörth 1 datiert werden konnte, als „Wörther Stufe" kartiert, von UNGER (1978a) wurde sie dagegen als „Ebinger Terrasse" klassifiziert. Aufgrund der Datierungsbefunde scheint die Einordnung der Erstbearbeiter KOEHNE und NIKLAS (1916) wahrscheinlicher. 1: Hochterrasse, 2: Niederterrasse, 3: Spät- und postglaziale Terrassen. Ra: Rauschinger T., Eb: Ebinger T., Wö: Wörther T., Pü: Pürtener T., Nd: Niederndorfer T. Zur Lage des dargestellten Kartenausschnitts siehe Beilage 10. Kartengrundlage: © Bayerisches Geologisches Landesamt, © Bayerische Vermessungsverwaltung.

3.1.5 Die Pürtener Terrasse

UNGER (1978b) sieht ebenso wie die vorangehenden Bearbeiter (KOEHNE und NIKLAS 1916; MÜNICHSDORFER 1921, 1923) in der Pürtener Terrasse das letzte in den Niederterrassenschottern angelegte Erosionsniveau. Als Beleg dienen das Vorkommen von Grobkiesen (Durchmesser bis 20 cm) und die stellenweise starke Vermoorung, die die Nähe der wasserstauenden Tertiäroberfläche anzeigt (z.B. im Pollinger Moos). Für die zeitliche Einordnung der Pürtener Terrasse beruft sich UNGER (1978b) auf eine mündliche Mitteilung von H. JERZ und W. GROTTENTHALER (zitiert in UNGER 1978a), die auf der Pürtener Terrasse letztmalig Frostbodenbildungen feststellen und ordnet sie demzufolge als jüngste kaltzeitliche Terrasse ein. Die geomorphologische Situation gibt die Karte in Abbildung 3.16 wider, eine Überblicksdarstellung bietet Beilage 10.

Südwestlich von Gars liegt die Pürtener Terrasse auf 435 m ü. NN. Südlich von Mittergars bildet sie im „Oberfeld" entlang der Kreisstraße MÜ 19 eine breite, zwischen die Wörther und die Gwenger Terrasse eingeschaltete Verebnung in Form eines weit geschwungenen Mäanderbogens. Sie erreicht hier eine Höhe von 430 m ü. NN. Zwei kleinere Vorkommen liegen beiderseits des Inns bei Au unterhalb der Reisleite (links des Inns) und östlich von Mittergars (rechts des Inns) auf jeweils 425 m ü. NN. Zwischen 420 und 425 m ü. NN erreicht das Vorkommen der Pürtener Terrasse westlich von Grafengars. Der wieder deutlich als Mäanderbogen ausgebildete Terrassenrest zwischen Klugham und Lindach (östlich von Aschau-Werk) erreicht Höhen um 420 m ü. NN und ist von deutlich sichtbaren Rinnen durchzogen. Am gegenüberliegenden Ufer findet sich östlich von Gundelprechting ein Rest der Pürtener Terrasse auf 415 m ü. NN. An der Typlokalität Pürten liegt sie bei 413 m ü. NN. Auf dem „Schloßfeld" nördlich von Guttenburg erreicht sie noch 405 m ü. NN. Im Flossinger Forst liegt die Pürtener Terrasse durchschnittlich bei 400 m über ü. NN, nordwestlich von Polling erreicht sie noch 395 m ü. NN.

Zwischen Mühldorf und Neuötting ist die Pürtener Terrasse beiderseits des Inns in zahlreichen Resten erhalten. UNGER (1978b) deutet dies als Beleg für die Konsolidierung des fluvialen Geschehens zur Zeit der Pürtener Terrasse. Östlich von Mühldorf ist die Pürtener Terrasse auf einer Strecke von drei Kilometern der Wörther Terrasse vorgelagert, und liegt in einer Höhe von ca. 392 m ü. NN. Sie erreicht hier eine maximale Breite von 750 m. Im Stadtgebiet von Töging setzt die Pürtener Terrasse nördlich des Inns kurz aus. Am östlichen Ortsrand von Töging erscheint sie wieder in einer Höhenlage von 390 m ü. NN und zieht dann nach Winhöring, ohne sich merklich zu erniedrigen. Südlich des Inns begleitet die Pürtener Terrasse als nur durch einzelne vermoorte Rinnen gegliederter Saum den Nordrand der Niederterrasse zwischen Teising und der Bundesstraße 299. Ihre Höhenlage verringert sich dabei von 390 m ü. NN bei Dietlham westlich von Teising auf 385 m ü. NN bei Eder westlich von Neuötting. Flussabwärts von Neuötting liegt ein Rest der Pürtener Terrasse westlich von Untereschlbach in 380 m ü. NN.

Ein weiteres Kennzeichen der Pürtener Terrasse neben ihrer beinahe geschlossenen Verbreitung beiderseits des Flusses stellt ihre deutlich sichtbare Gliederung in Terrassenflächen und in sie eingesenkte Rinnen dar. Letztere sind teilweise vermoort. Offenbar begann der Fluss, sich stärker auf einzelne Abflussbahnen zu konzentrieren.

Das Gefälle der Pürtener Terrasse beträgt zwischen Bergholz südwestlich von Gars und Pürten (Entfernung: ca. 13 km) 1,7‰, zwischen Pürten und Höchfelden südwestlich von Töging (13 km) 1,6‰ und zwischen Höchfelden und Untereschlbach östlich von Neuötting (10,5 km) noch 1,1‰.

Als typische Bodenbildung beschreibt GROTTENTHALER (1978b) eine podsolige Braunerde, die sich an einem Waldstandort in der ca. 70 cm mächtigen, stark kieshaltigen, sandigen Deckschicht entwickelt hat.

Aufschluss Riedholz 1

Die Pürtener Terrasse ist u.a. in einer kleinen Kiesgrube am Rand des Flossinger Forstes südlich des Weilers Liebhartsberg aufgeschlossen. Hier wurden zur Datierung und schwermineralogischen Untersuchung Proben entnommen.

Die Kiesgrube schließt die Schotter in einer Mächtigkeit von 10 m auf. Die unteren 6–7 m zeigen Kiese in mehr oder weniger laminarer Schichtung, wobei die parallelen Lagen Wellungsstrukturen aufweisen. Zwischen die Schotterlagen sind Sandpakete eingeschaltet, die bis zu 1 m Mächtigkeit erreichen können (Abb. 3.15, links im Bild auf halber Höhe). Einzelne Schotterlagen zeigen Oxidationsspuren in Form brauner Überzüge über den Geröllen (Abb. 3.15, z.B. rechts oberhalb des Baufahrzeugs).

Die horizontal geschichteten Schotter mit Sandzwischenlagen werden nach oben abgeschlossen von einem Schotterkörper, der sich vom unterlagernden Schotter durch einen erhöhten Gehalt an Grobkomponenten absetzt. Dieses Schotterpaket weist horizontale Schichtung auf, Sandzwischenlagen fehlen, dafür ist der Grobschotter in eine Matrix aus reichlich Sand eingebettet (Abb. 3.15).

Der Probenpunkt für die Datierung und die Schwermineralanalyse befindet sich in einem laminierten Sandpaket direkt unterhalb der Grobschotterlage. Die Datierung ergab ein OSL-Alter der Sande von 41,2±2,4 ka. Die Auszählung der Schwerminerale (Abb. 3.14) ergab im Grunde ein ähnliches Spektrum wie die bereits dargestellten Proben. Der Granatpeak ist mit 35% in Probe RDH 1-1 allerdings weniger deutlich ausgebildet. Dafür erreicht die Hornblende mit 18% einen recht hohen Wert. Zusammen mit der Epidot-Gruppe, die mit 13% vertreten ist, bildet die Probe also wieder das typische (zentral-)alpine Spektrum ab. Allerdings scheint in Probe RDH 1-1 bereits primär weniger Granat enthalten gewesen zu sein, da chemische Verwitterungsprozesse zunächst vor allem die Hornblenden angegriffen hätten. Der hohe zentralalpine Anteil wird durch den außergewöhnlich hohen Glimmeranteil (9%) unterstrichen, wobei gehäuftes Auftreten von Glimmern stets auch auf die Aufnahme von Molasse-Sedimenten hinweisen kann.

Zusammenfassung

Aus den Befunden ergibt sich folgende Deutung: Die Grobschotterlage stellt die Basis der Niederterrassenkiese dar, in die die spät- bis postglazialen Terrassen bis einschließlich der Pürtener Terrasse eingeschachtelt sind. Die Vermutung, dass es sich bei den im oberen Wandbereich der Kiesgrube Riedholz 1 aufgeschlossenen Grobschottern tatsächlich um die Basis des Niederterrassenschotters handelt, wird von der Tatsache unterstützt, dass östlich der Grube Riedholz 1 im Bereich des Klughamer und Pollinger Mooses an der Oberfläche der Pürtener Terrasse großflächige Vermoorungen auftreten, die als Beleg für den nahen Tertiäruntergrund gedeutet werden.

Abbildung 3.13: Aufschluss Riedholz 1. Der Probenpunkt liegt unter einer Schicht sandiger Grobschotter. Das Alter der Probe RDH 1-1 (42,2±2,4 ka) im Liegenden der Grobschotterlage spricht dafür, dass es sich bei den groben Kiesen um den „Basiskies"im Sinne von UNGER (1978b) handelt. Der Probenpunkt liegt im Bereich prä-würmhochglazialer (Mittelwürm?) Schotter.

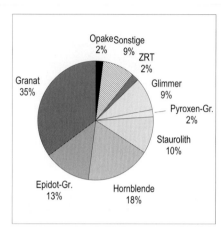

Abbildung 3.14: Schwermineralspektrum der Probe RDH 1-1. Es zeigt sich abermals die typische alpine (Granat-Epidot-Hornblende) Vergesellschaftung von in hochenergetischem Milieu (Granatpeak) transportiertem Material. Neu im Vergleich zu den anderen Proben ist der hohe Glimmeranteil, der sich auf einen besonders hohen Anteil zentralalpinen Gesteins zurückführen lässt. Sonstige: Sillimanit 2%, Chloritoid 2%, Titanit 1%, blaue Amphibole 1%, n.b. 3%.

An der Lokalität Riedholz 1 lagern die Niederterrassenschotter allerdings nicht direkt auf dem Tertiär, sondern auf einer älteren Schotterfüllung, die zwischen dem LGM (= Schüttung der Niederterrasse) und der Schüttung der Hochterrasse abgelagert wurde. Wenn man die Grobschotterlage im oberen Bereich des Aufschlusses als Basis der Niederterrassenschotter anspricht, dann kann es sich bei dem auf 41,2±2,4 ka datierten Sandpaket nicht um während der Niederterrassenschüttung umgelagertes, unvollständig gebleichtes Hochterrassenmaterial handeln, da es sich im Liegenden des Niederterrassenkörpers befindet. Für *in situ* Hochterrassenschotter ist die Probe allerdings wiederum zu jung. Datierungen in der Hochterrasse bei Gunderding (Oberösterreich) ergaben für die Ablagerung der Hochterrassenschotter eindeutig rißkaltzeitliche Alter (vgl. Tabelle 4.1.5 auf Seite 144). Das macht eine Ablagerung der liegenden Schotter in Aufschluss Riedholz 1 zwischen der Schüttung der Hochterrassenschotter und der Bildung der Niederterrasse wahrscheinlich. Die Datierung weist (unterstellt man eine präsedimentäre vollständige Bleichung) auf das Mittelwürm gemäß CHALINE und JERZ (1984). Allerdings läßt sich eine mittelwürmzeitliche Terrassenschüttung bisher nicht mit alpinen Gletscherständen korrelieren. Vielmehr liegen aus den Alpen verschiedene Befunde vor, die auf Eisfreiheit bis in über 2.000 m Höhe zumindest während großer Teile des Mittelwürms hinweisen (SPÖTL und MANGINI 2002; MOREL et al. 1997). Möglicherweise liegt die Kiesgrube Riedholz in einer prä-würmhochglazialen Rinne, ähnlich denen, die von FELDMANN (1991) aus der Münchner Ebene beschrieben wurden. In einer solchen Rinne fand sich Holz, das von GEYH (1983, zitiert in FELDMANN 1991) auf 34.730±550 BP datiert wurde. Der Bildungszeitraum der geomorphologischen Form „Pürtener Terrasse" konnte im Aufschluss Riedholz 1 jedenfalls nicht datiert werden.

Abbildung 3.15: Aufschlusswand der Kiesgrube Riedholz. Im unteren Bereich zeigen die Schotter eine leicht gewellte parallele Schichtung. In die Schotterlagen sind Sandpakete eingeschaltet. Der obere Teil des Aufschlusses setzt sich durch eine mehr horizontale Schichtung der Schotter vom unteren ab. Sandzwischenlagen fehlen, statt dessen sind Sand und Kies durchmischt. Außerdem ist das obere Schotterpaket reich an groben Komponenten.

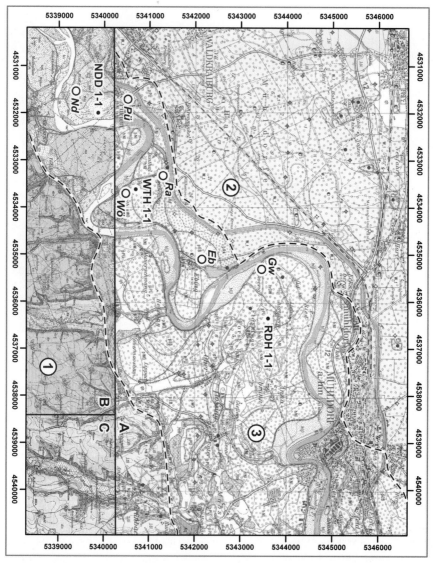

Abbildung 3.16: Die Terrassen südlich von Mühldorf mit den Typlokalitäten der klassischen Schotterstratigraphie nach KOEHNE und NIKLAS (1916). Eingezeichnet sind die Aufschlüsse Wörth 1 (Wörther Terrasse), Riedholz 1 (Pürtener Terrasse) und Niederndorf 1 (Niederndorfer Terrasse, unteres Teilniveau nach UNGER 1978a). 1: Hochterrasse, 2: Niederterrasse, 3: spät- und postglaziale Terrassen (pRA: Rauschinger T., pEB: Ebinger T., pWÖ: Wörther T., pPÜ bzw. Pü: Pürtener T., hGW: Gwenger T., hNI bzw. Ndd: Niederndorfer T.). Typlokalitäten (Kreise): Ra: Rausching, Eb: Ebing, Wö: Wörth, Pü: Pürten, Gw: Gweng, Nd: Niederndorf. Probenlokalitäten sind durch Punkte und die Probenbezeichnung dargestellt. Kartengrundlage: A: UNGER (1977), B: KOEHNE (1913), C: KOEHNE und MÜNICHSDORFER (1913) (alle © Bayerisches Geologisches Landesamt). Zur Lage des Kartenausschnitts siehe Beilage 10.

3.1.6 Die Gwenger Terrasse

Die Gwenger Terrasse ist zwischen Gars und Kraiburg in einigen, teils großflächigen Resten erhalten (KOEHNE 1913; KOEHNE und MÜNICHSDORFER 1913; UNGER 1977, Überblick in Beilage 10, siehe auch Abb. 3.12 und 3.16). Zwischen Kraiburg und Mühldorf ist sie größtenteils von der Niederndorfer Terrasse bzw. der Innaue erodiert, und es finden sich nur kleine Restvorkommen. Zwischen Mühldorf und Neuötting tritt sie wieder deutlicher in Erscheinung. Nach UNGER (1978a), MÜNICHSDORFER (1921) und MÜNICHS-DORFER (1923) stellt die Gwenger Terrasse eine Akkumulationsterrasse dar. Als Beleg dient die Tieferlegung der Tertiäroberfläche unter dem Schotterkörper. Die Gwenger Terrasse weist eine noch intensivere Neigung zur Vermoorung auf, als dies bei der Pürtener Terrasse zu beobachten war. Dies liegt nicht nur an der nahen wasserstauenden Unterlage (limnische Sedimente der OSM in geringer Tiefe unter der Geländeoberfläche), sondern teilweise kommt es auch zu Quellaustritten an der Kante zu den höheren Terrassen, wenn die Tertiäroberfläche dort ausstreicht. Zwischen Gars und Mühldorf ist die Tiefenlage der Tertiäroberfläche unter verschiedenen Terrassenniveaus außerdem durch eine Anzahl von Bohrungen erschlossen (Ein Verzeichnis der ausgewerteten Bohrprotokolle befindet sich im Anhang C auf Seite 205).

Südlich von Gars befindet sich am linken Innufer ein Rest der Gwenger Terrasse in einer Höhenlage von 435 m ü. NN (siehe Abb. 3.4). Gegenüber von Gars unterhalb der Ortschaft Haiden überquert man auf der Staatsstraße 2353 einen kleinen Rest der Gwenger Terrasse in derselben Höhenlage, bevor die Straße weiter führt nach Haiden (auf der Rauschinger Terrasse) bzw. nach Gars-Bahnhof (auf der Wörther Terrasse gelegen) (siehe dazu Beilage 10 sowie TROLL 1968). Zwischen dem Inn östlich von Gars-Bahnhof und Mittergars präsentiert sich die Gwenger Terrasse als weit ausladender Mäanderarm in 425 m ü. NN, der die innen liegenden, höheren Niveaus der Pürtener und Wörther Terrasse nach drei Seiten begrenzt. Hier handelt es sich um die „Mailham-Mittergarser Stufe" nach TROLL (1968). Dieses Niveau findet seine Fortsetzung in der kleinen Verebnung in 418 m ü. NN, auf der das Kloster Au erbaut ist, sowie im nördlichen Bereich des „Heuwinkels" am rechten Innufer gegenüber Untereinöd (Beilage 10 und Abb. 3.4). Bei Bergham am linken Innufer sowie gegenüber rund um Jettenbach bis hin nach Kraiburg ist die Gwenger Terrasse nochmals in großflächigen Vorkommen erhalten, bevor sie bis östlich Mühldorf fast vollkommen verschwindet und der tiefer liegenden Niederndorfer Terrasse Platz macht. Bei Bergham und Jettenbach erreicht die Gwenger Terrasse Höhenlagen zwischen 419 und 417 m ü. NN, bei Gundelprechting südwestlich von Kraiburg noch 416 m ü. NN. Im Ortsbereich von Ebing bildet sie eine schmalen Saum, der zwischen Pürtener und Niederndorfer Terrasse auf 395 m eingeschaltet ist. An der Typlokalität Gweng liegt sie in 392 m ü. NN. Im südwestlichen Stadtgebiet von Mühldorf bildet die Gwenger Terrasse die Verebnung, auf der der Friedhof angelegt wurde (385 m ü. NN). Östlich Weiding liegt sie bei 386 m ü. NN. Zwischen Töging und Neuötting ist die Gwenger Terrasse wieder beiderseits des Inns verbreitet und erniedrigt sich von ca. 385 m ü. NN bei Hart (nördlich des Inns) auf ca. 380 m ü. NN westlich von Kronberg. Östlich von Neuötting erreicht sie bei Fading eine Höhe von 378 m ü. NN, bei Alzgern zwischen 370 und 373 m ü. NN (zur Orientierung siehe Beilage 1, Beilage 10, sowie KOEHNE und MÜNICHSDORFER 1913; MÜNICHSDORFER 1913).

Zwischen Bergham und Mittergars besitzt die Gwenger Terrasse auf 4,5 km ein Gefälle von 2,2‰, im weiteren Verlauf bis Gundelprechting (6,5 km) 1,4‰. Verbindet man die kleineren inselhaften Vorkommen der Gwenger Terrasse zwischen Kraiburg und Weiding und versucht man, sich bei der Berechnung der Laufstrecke ungefähr am heutigen Flusslauf zu orientieren, so ergibt sich wieder ein ungefähres Gefälle von 1,4‰. Zwischen Mühldorf und Mitterhausen bei Alzgern weist die Gwenger Terrasse noch ein Gefälle von 0,9‰ auf (siehe Beilagen 1 und 10).

Von der Gwenger Terrasse beschreibt GROTTENTHALER (1978b) eine 90 cm mächtige Braunerde aus sandigem Schluff bis schluffigem Sand über unverwittertem sandigem Kies. Die Gwenger Terrasse wurde (zuletzt) von UNGER (1978a) ins Holozän eingeordnet. Eine genauere Altersabschätzung war den bisherigen Bearbeitern nicht möglich.

3.1.7 Die Niederndorfer Terrasse

Die Niederndorfer Terrasse nimmt große Teile des Talbodens beiderseits des Inns ein. Zwischen Gars und Jettenbach tritt sie auf den Gleithängen der dort sehr stark ausgeprägten Mäander auf und wird flussseitig von der rezenten Aue begrenzt. Ab Jettenbach werden die Mäanderradien größer, so dass die Niederndorfer Terrasse von hier bis Mühldorf beiderseits des Flusses erhalten ist. Bei ihrer Anlage wurden offensichtlich große Teile der Gwenger Terrasse ausgeräumt. Bei Mühldorf erreicht die Niederndorfer Terrasse ihre größte Breite mit über 2,5 km. Östlich von Mühldorf bis auf die Höhe von Alzgern wurde sie dagegen bei der Ablagerung der jüngsten Sedimente in der Aue erodiert. Hier nimmt die Aue große Teile des Talgrundes ein und erreicht Breiten von ca. 2 km (z.B. östlich von Töging, bei Unterau sowie westlich von Perach, siehe Beilagen 1 und 10). Die östlichsten größeren Vorkommen der Niederndorfer Terrasse liegen rechts des Inns östlich von Untereschlbach auf 370 m ü. NN und flussabwärts davon auf 365 m ü. NN sowie am gegenüberliegenden Innufer bei Perach.

Das Gefälle der Niederndorfer Terrasse beträgt zwischen Gars und Fraham (am nördlichen Innufer südlich von Aschau-Werk, siehe Beilage 10) 1,6‰. Zwischen Fraham und der Typlokalität Niederndorf liegt es bei 1,1‰. Auf der verbleibenden Strecke zwischen Niederndorf und Jaubing (3 km westlich der Alzmündung) verringert sich das Gefälle der Niederndorfer Terrasse auf 0,8‰.

GROTTENTHALER (1978b) beschreibt von der als holozän eingestuften Niederndorfer Terrasse bei Gweng eine 65 cm mächtige Braunerde in schluffigem Feinsand über den sandigen Schottern der Niederndorfer Terrasse.

Aufschluss Niederndorf 1

Die Kiesgrube, die den Aufschluss Niederndorf 1 enthält (Abb. 3.1, 3.12, 3.16 sowie zur großräumigen Übersicht Beilage 10), liegt nördlich von Niederndorf auf einem Terrassenniveau, das von UNGER (1978b) als Niederndorfer Terrasse kartiert wurde. Innerhalb der Niederndorfer Terrasse liegt die Kiesgrube auf dem unteren der hier gut sichtbaren beiden Teilniveaus, die durch eine 5 m hohe Geländestufe voneinander getrennt sind. Die obere Teilterrasse liegt mit ihrer Geländeoberfläche bei 398 m ü. NN (Niederndorf), die untere Teilterrasse liegt bei ca. 393 m ü. NN (Ansatzpunkt der Bohrung der Bohrung Pürten, 115 m südwestlich der Lokalität Niederndorf 1, Daten im Anhang C). In der Bohrung Pürten liegt die Quartärbasis bei 384 m ü. NN. Von KOEHNE (1913) wurde der fragliche Bereich dagegen als Jungalluvium kartiert.

In Abb. 3.17 ist die Schotteroberkante der Niederndorfer Terrasse zu sehen. Im Hangenden der Schotter befanden sich ursprünglich ca. 2 m Sand, die im Rahmen des Kiesabbaus entfernt wurden. Dies ist am Rand der Kiesgrube, etwa 100 m westlich des Aufschlusses NDD 1-1 zu erkennen und wurde auch von Arbeitern im Kieswerk bestätigt. Die die Terrassenschotter überdeckenden Sande waren zum Zeitpunkt der Aufnahme außerdem mit einer Mächtigkeit von ca. 2–3 m in einer Baugrube in St. Erasmus westlich von Niederndorf auf der oberen Teilterrasse aufgeschlossen.

Die Entnahmestelle der Probe NDD 1-1 liegt also mit 389 m ü. NN (gemessen) ca. 3 m unter der ursprünglichen Geländeoberfläche, die sich folglich mit ca. 392 m ü. NN rekonstruieren lässt.

Abbildung 3.17: Aufschluss Niederndorf 1. Am Rand der Kiesgrube sind die sandreichen Kiese der Niederndorfer Terrasse in einer Mächtigkeit von ca. 2 m aufgeschlossen. Einzelne Gerölle erreichen bei insgesamt mäßiger Sortierung Durchmesser bis 15 cm. Im Aufschluss wird eine ca. 25 cm mächtige Sandzwischenlage angeschnitten, der die Datierungsprobe NDD 1-1 entnommen wurde. Die Probe ergab ein Alter von 1,5±0,2 ka und liegt damit in der Spätantike.

Laut Auskunft der Arbeiter sind in die Terrassenschotter häufig Hölzer eingebettet. Es handelt sich dabei aber weniger um ganze Stämme, sondern eher um kleinere Komponenten. In der Umgebung des Aufschlusses konnten allerdings keine Hölzer geborgen werden.

Die Datierung von Probe NDD 1-1 ergab ein Alter von 1,5±0,2 ka. Der jugendliche Charakter des Sediments wird unterstrichen durch das Schwermineralspektrum, an dem die Hornblenden mit 29% vertreten sind. Der Granat nimmt lediglich 33% ein und erreicht damit seinen niedrigsten Wert von allen untersuchten Proben.

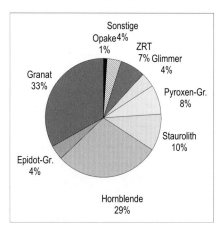

Abbildung 3.18: Schwermineralspektrum der Niederndorfer Terrasse (unteres Teilniveau) bei Niederndorf. Auffälling ist der im Vergleich zu den Proben von den höheren (=älteren) Terrassen hohe Anteil der leicht verwitterbaren Hornblenden. Der Granat als Zeiger für Transportauslese erreicht dagegen seinen niedrigsten Wert von allen untersuchten Proben. In der Schwermineralvergesellschaftung von Probe NDD 1-1 spiegelt sich also das geringe Alter der Niederndorfer Terrasse ebenso wider, wie es durch die Datierung (1,5±0,2 ka) belegt wird. Sonstige: Disthen 1%, Sillimanit 1%, Chloritoid 1%, n.b. 1%

Zusammenfassung

Die Niederndorfer Terrasse ist in den tertiären Untergrund eingesenkt. In den Bohrungen auf der Niederndorfer Terrasse in der Umgebung der Typlokalität liegt die Quartärbasis um 15–20 m tiefer als in Bohrungen auf der benachbarten Niederterrasse im Stadtgebiet von Waldkraiburg bzw. auf der Pürtener Terrasse bei Pürten. Südlich von Ebing ist an einem Steilhang bis in 20 m Höhe über dem Inn Tertiär aufgeschlossen. Das Sediment der Niederndorfer Terrasse besteht aus frischem, grauen, stark sandhaltigen Kies mit einzelnen Sandzwischenlagen, der von einer 2–3 m mächtigen Schicht aus grauem Sand überdeckt wird. Sowohl die Schotter als auch die hangenden Sande sind carbonatreich.

Die Niederndorfer Terrasse gliedert sich in zwei Teilniveaus. Das untere Teilniveau konnte an der Typlokalität der Niederndorfer Terrasse datiert werden. Mit 1,5±0,2 ka weist es ein Alter an der Wende Spätantike / Frühmittelalter auf. Im Schwermineralspektrum ist die leicht verwitterbare Hornblende mit dem höchsten bisher festgestellten Anteil (29%) vertreten. Auch dies passt in das Bild eines sehr jungen Sedimentkörpers.

3.1.8 Zusammenfassung: Die Terrassen zwischen Gars und Neuötting

Die bestehende Kartierung der jungpleistozänen Terrassenfolge zwischen Gars und Neuötting kann durch die eigenen Überprüfungsarbeiten im wesentlichen bestätigt werden. Die Datierungen lieferten für die Rauschinger Terrasse (Proben REI 1-1 und REI 1-2) überbestimmte Werte, die so hoch liegen (jenseits des LGM, dem die Niederterrasse zeitlich zugeordnet wird), dass sie nicht einmal als Maximalalter für die Bildung der in Frage stehenden und aufgrund ihrer geomorphologischen Position ins ausgehende Hochglazial bzw. ins beginnende Spätglazial zu stellenden Terrasse anzusprechen sind. Die Ebinger Terrasse kann über die Datierung EIC 1-1 (15,5±1,7 ka) ins frühe Spätglazial gestellt werden. Probe EIC 2-1 (51,9±4,9 ka) liefert leider einen Wert, der alle Fragen offen lässt. An der Typlokalität der Wörther Terrasse wird durch die Datierung die Kartierung der Erstbearbeiter KOEHNE (1913); KOEHNE und NIKLAS (1916) gestützt (vgl. die Karten in Abb. 3.12). Die von UNGER (1977, 1978a) vorgenommene Auskartierung der Ebinger Terrasse nördlich von Wörth scheint aufgrund der Datierung eher unwahrscheinlich, zumal im Gelände keine klare geomorphologische Grenze zwischen der Ebinger und Wörther Terrasse UNGERs (1977) zu sehen ist: Die Wörther Terrasse ist deutlich jünger als die Ebinger Terrasse, was zur Vermutung Anlass gibt, dass sie einer separaten Terrassenbildungsphase angehört, die von derjenigen der Ebinger Terrasse abgesetzt ist. Das ermittelte Alter von 13,4±1,1 ka weist auf den Übergang Allerød–Jüngere Dryas.

Nach den Befunden bei der geologischen Kartierung der Region Mühldorf sind die Terrassen bis einschließlich der Pürtener Terrasse in den Niederterrassenschotterkörper eingeschachtelt. Auch hier stützen die eigenen Befunde die Ansichten der bisherigen Bearbeiter. Offenbar wird die Niederterrasse selbst stellenweise von älteren Schottern unterlagert, die jünger sind als die Hochterrasse und möglicherweise aus dem Mittelwürm stammen. Dies ergibt sich aus der Datierung in der Kiesgrube Riedholz (Probe RDH 1-1) mit ihrem Alter von 41,2±2,4 ka. Die Niederndorfer Terrasse, die in den tertiären Untergrund eingetieft ist, stellt einen sehr jungen Schotterkörper dar. Das untere der beiden Teilniveaus (nach UNGER 1978a) wurde an der Wende Spätantike / Frühmittelalter abgelagert (Probe NDD 1-1: 1,5±0,2 ka).

Was ihren Schwermineralgehalt angeht, zeigen die Proben sämtlich ein von zentralalpinen Komponenten dominiertes Spektrum: In der Regel bestehen die Schwermineralassoziationen zu zwei Dritteln aus Mineralen, die aus epi- bis mesozonalen metamorphen Gesteinen stammen (Granat, Epidot, Hornblende). Während in allen Proben der Granat die stärkste Fraktion bildet, da er der Transportauslese durch mechanische Beanspruchung am meisten Widerstand entgegen setzt, bilden die als Akzessorien vorkommenden schwer verwitterbaren Minerale (Zirkon, Rutil, Turmalin und Staurolith) einen sekundären Peak, der durch die Beimengung von älterem Sediment erklärt werden kann (Molasse), in dem sich diese stabilen Minerale residual angereichert haben.

3.2 Die Terrassenfolge zwischen Neuötting und Kirchdorf am Inn

Zwischen den Blättern „Neuötting" der Geologischen Karte des Königreichs Bayern (MÜ-
NICHSDORFER 1913) und „Neuhaus" der aktuellen GK25 (UNGER et al. 1985) existierten
bisher keine großmaßstäbigen Aufnahmen der Terrassentreppe am Inn. In der Karte von
BAUMGARTNER und TICHY (1981) werden die spät- und postglazialen Terrassen unter dem
Begriff „Vorterrassen" zusammengefasst. Vorstellungen über eine zeitliche Einordnung der
Terrassen fehlten bisher völlig. Im nordöstlichen Teil der Arbeitsgebiets (unterhalb der Alzmündung) mussten die jungquartären Terrassen also zunächst geomorphologisch kartiert
werden. Zusätzlich wurden Proben zur OSL- und ^{14}C-Datierung entnommen, die eine chronostratigraphische Einordnung der Terrassen erlauben.

In diesem wie in den folgenden Kapiteln (Kap. 3.3 und Kap. 3.4) werden die Ergebnisse
der eigenen geomorphologischen Kartierung dargestellt. Die dazu gehörigen Karten befinden sich im Anhang (Beilagen 1, 2 und 3). Verschiedene Terrassenniveaus konnten mit Hil-
fe der Radiokohlenstoff- bzw. der Lumineszenzdatierung altersmäßig eingeordnet werden.
An den datierten Lokalitäten wurden typische Bodenprofile aufgenommen und pedologisch
wie sedimentologisch bearbeitet. Die Ergebnisse dieser Untersuchungen werden ebenfalls
in diesem Kapitel (bzw. in Kap. 3.3 für die Terrassen zwischen Kirchdorf und Aigen, sowie
in Kap. 3.4 für die Terrassen zwischen Aigen und Neuhaus) diskutiert.

Zur Zusammenschau der geomorphologischen und pedologischen Befunde sowie der Datierungen wurden an ausgewählten Stellen Schnitte durch das Inntal gelegt, die sich ebenfalls im Anhang befinden. Die Lage dieser Talquerprofile geht aus den Übersichtskarten
hervor.

Zur stratigraphischen Gliederung der kartierten spät- und postglazialen Terrassen wurde
auf das sich durch die Datierungen ergebende chronostratigraphische Raster zurückgegriffen. Dieses ist zwar bedingt durch die Datierungsunsicherheiten relativ grob, genügt aber,
um eine Verknüpfung mit Befunden im südlich anschließenden Alpenraum und vor allem
mit den Typlokalitäten des alpinen Spätglazials herzustellen. Auf eine 1:1-Übernahme der
von KOEHNE und NIKLAS (1916) und TROLL (1925a) eingeführten Terrassenstratigraphie
und den dazugehörigen Bezeichnungen wurde für das Inntal unterhalb der Alzmündung be-
wusst verzichtet. Die Gründe hierfür sind folgende: Bereits oberhalb der Einmündung der
Alz sind einzelne Terrassen mehrgliedrig ausgebildet (z.B. die Niederndorfer Terrasse zwischen Niederndorf und Pürten, vgl. Kap. 3.1.7). Dazu kommt, dass mit der Alz und der
Salzach zwei weitere, selbstständige Terrassensysteme in das Inntal vordringen, die aber eine vom Inn unabhängige Eigendynamik aufweisen (GRAUL 1957). Deshalb war unterhalb
der Alz- und in noch stärkerem Maß unterhalb der Salzachmündung damit zu rechnen, dass
die innere Differenzierung einzelner Terrassenniveaus zunimmt, dass also zwei oder mehr
Teilterrassen eines Hauptniveaus im Gelände auftreten, die von unterschiedlichen Flüssen
stammen. Darüber hinaus wird eine Verknüpfung der Terrassen(reste) oberhalb und unterhalb der Alz dadurch stark erschwert, dass die Alz die Innterrassen in ihrem Mündungsbereich praktisch vollständig beseitigt bzw. durch ihre eigenen Terrassen überlagert hat.

Zur Lösung dieses Problems wurde folgendermaßen vorgegangen:

1. Wie bereits erwähnt, wurde auf die Anwendung der in der gletschernahen Region zwischen Gars und Ampfing für den Inn erarbeiteten Terrassen-Nomenklatur für die Terrassen unterhalb der Alzmündung verzichtet.

2. Durch Datierungen wurde

   a) sowohl auf möglichst vielen *verschiedenen geomorphologisch definierten Terrassenniveaus* als auch

   b) über den gesamten *Längsverlauf* des Untersuchungsgebietes

   ein chronostratigraphisches Raster geschaffen, in dem nun

   a) einzelne *Terrassen zeitlich eingeordnet* sowie Terrassenreste im Längsverlauf des Inntals sicher *korreliert* werden können und

   b) sich unterhalb von Alz- und Salzachmündung jeweils mehrere geomorphologisch definierte Teilterrassen (die von verschiedenen, voneinander unabhängigen fluvialen Systemen stammen) zu *chronostratigraphisch gegeneinander abgrenzbaren Komplexen* zusammenfassen lassen.

Diese Terrassenkomplexe können dann, ebenfalls über die Datierungen, *mit der klimatischen Entwicklung* seit dem Würm-Hochglazial *verknüpft* werden, wie sie beispielsweise in den Gletscherständen des alpinen Spätglazials (Bühl, Steinach, Gschnitz, Daun, Egesen) bzw. über verschiedene Archive in benachbarten Einzugsgebieten Süddeutschlands überliefert ist.

3.2.1 Die Niederterrasse

Während die Niederterrasse im Mühldorfer Raum ausschließlich links des Inns verbreitet ist, erreicht sie östlich von Polling rasch eine große Ausdehnung südlich des Flusses, um gleichzeitig auf dessen Nordseite immer schmäler zu werden und bei Winhöring schließlich ganz zu verschwinden (siehe Beilage 10). Durch seine Nordwärtswanderung seit dem Würm-Hochglazial hat der Inn die Niederterrasse hier kräftig erodiert: Zwischen Mühldorf und Eisenfelden (am nördlichen Innufer gegenüber von Neuötting) findet sich heute ein sich stetig verschmälernder Saum von spät- und postglazialen Terrassen. Auf der Höhe von Alzgern war die Ausräumung so stark, dass nördlich des Inns die Aue, die hier eine Breite von 2 km erreicht, bis fast an den Steilanstieg des Tertiärhügellandes heranreicht (Beilagen 1 und 10).

Die südliche Begrenzung der Niederterrasse wird vom Anstieg der Hochterrasse gebildet. Bei Neuötting erreicht die Niederterrasse eine Breite von 3,5 km. Beiderseits von Alz und Salzach springt der Rand der Hochterrasse weit nach Süden zurück, da letztere hier von den Niederterrassenschüttungen des Chiemsee- und des Salzachgletschers durchbrochen wird. Neben der Auflösung der Hochterrasse führt die Einmündung von Alz und Salzach mit ihren eigenen Niederterrassenfluren zu dem Phänomen, dass sich die Niederterrasse im weiteren

Sinne zwischen Altötting und Burghausen in mehrere Teilfelder aufgegliedert: Die „Ampfinger Stufe" stellt die Niederterrasse des Inns dar, die „Altöttinger Stufe" die um 7–12 m höher liegende Niederterrasse der Alz (MÜNICHSDORFER 1923).

Die Niederterrasse der östlich der Alz in den Inn mündenden Salzach, deren an die Jungendmoränen anschließendes Hauptfeld im Weilhartforst liegt (östlich der heutigen Salzach, siehe Beilage 1), weist eine gegenüber der Alzniederterrasse wiederum etwas geringere Höhenlage auf. Eine deutliche Stufe zwischen Alz- und Salzachniederterrasse, wie sie zwischen Altöttinger und Ampfinger Terrasse vorliegt, existiert nicht. Zum einen ist der Höhenunterschied dafür wohl zu gering. Andererseits kann eine möglicherweise einst vorhandene Stufe auch der Erosion nach dem Würm-Hochglazial zum Opfer gefallen sein.

Die Erklärung für die unterschiedliche Höhenlage der Niederterrassen von Inn, Alz und Salzach liegt nach GRAUL (1957) im unterschiedlichen Alter der benachbarten glazialen Serien des Alpenvorlands, die zu verschiedenen Zeitpunkten ihren Maximalstand erreichten, wobei die weiter westlich gelegenen Gletscher weiter ins Vorland vorstoßen und ihren Maximalstand später erreichen als ihre jeweils östlichen Nachbarn. So kann sich das Niederterrassenfeld jedes Gletschers in das seines östlichen Nachbarn, das etwas früher abgelagert wurde, einschneiden.

Der Schwemmfächer der Alzniederterrasse weist zwischen der Alz und der Salzach eine geomorphologische Gliederung in drei Teilniveaus auf, die im Daxenthaler Forst zusammenlaufen: Der östliche Holzfelder Forst wird durch eine Geländekante von 2–3 m Höhe durchzogen. Sie setzt bei Lengthal südlich der Staatsstraße 2108 Mehring–Burghausen am Nordfuß des Hechenbergs an und verläuft über 3,5 km deutlich erkennbar in nordnordöstlicher Richtung, wobei ihre Höhe sich verringert, bis sich die Kante im Daxenthaler Forst ganz verliert. Eine weitere Geländekante verläuft im westlichen Holzfelder Forst von Hohenwart ebenfalls mehr oder weniger parallel zur Alz in Richtung NNO und weist Höhen um 2 m auf. Diese Stufe verliert sich nordwestlich des „Steinernen Kreuzes" etwa 600 m nördlich des Nördlichen Hauptgeräumt. Diese beiden Geländekanten sind als Zeugnis des beginnenden Einschneidens der Alz in ihre würmhochglaziale Niederterrasse zu deuten.

Das Gefälle der Inn-Niederterrasse („Ampfinger Terrasse") beläuft sich westlich von Altötting auf 1,3‰ (MÜNICHSDORFER 1923). Zwischen der Alz und der Kante zur Ampfinger Terrasse dacht sich die Altöttinger Terrasse (Alz-Niederterrasse) als Schwemmfächer gegen das Gefälle des Inntals nach Westen mit 1,7‰ ab. Ihr Gefälle in S-N-Richtung beträgt im Alztal ca. 3,8‰, um sich in derselben Richtung nach Eintritt in das Inntal auf 3,1‰ auf den bis zur Terrassenkante bei Alzgern verbleibenden 2,9 km zu verringern. Für die hochwürmzeitliche Alz ergibt sich an ihrer Mündung in den Inn also ein etwa dreimal so starkes Gefälle wie das ihres Vorfluters (MÜNICHSDORFER 1923). Die Höhe der Oberfläche der Salzach-Niederterrasse verringert sich im Weilhartforst auf einer Distanz von 6 km um 22 m, was einem Gefälle von 3,7‰ entspricht. Erst unterhalb der Einmündung des Mattigtales, das durch den Lachforst südlich von Braunau nachgezeichnet wird (Beilage 2), nimmt die Niederterrasse wieder ein „normales", das heißt dem Inntal folgendes Gefälle an (dieser Bereich ist Thema von Kapitel 3.3): Zwischen Hart südlich von St. Peter und Gundholling (Beilage 2) senkt sich ihre Oberfläche um 17 m, was auf einer Strecke von 5.600 m ein Gefälle von 3,0‰ ergibt. Es ist also eine erneute Gefällsversteilung der Niederterrasse östlich der Einmündung von Alz, Salzach und Mattig in das Inntal zu verzeichnen. Hieran lässt sich die stauende Wirkung der starken eigenen Niederterrassenschüttungen dieser bedeutenden Nebenflüsse des Inns ablesen, die mit ihren schwemmfächerartig von Süden einmündenden Niederterrassen diejenige ihres Vorfluters Inn überlagern.

Der hochglaziale (?) Türkenbachschwemmfächer
Nördlich des Inns ist beiderseits des tief eingeschnittenen Türkenbachtals nordöstlich von Stammham eine Verebnung in 380 m ü. NN ausgebildet, die als durchschnittlich 500 m breite Leiste an das Tertiärhügelland angelehnt ist. Ihre Erstreckung in West-Ost-Richtung beträgt etwa 3,7 km. Zwischen Vogled und Mehlmäusel wird sie vom Türkenbach zerschnitten. Westlich von Oberjulbach wird die Kante dieses 380-m-Niveaus durch einen aus dem Tertiärhügelland herunterziehenden Schwemmfächer verwischt. Von der nach unten anschließenden, großflächig ausgebildeten Terrasse ist das 380-m-Niveau durch eine ca. 5 m hohe Kante abgesetzt. Bei der 380-m-Fläche handelt es sich um einen Schwemmfächer des Türkenbachs, der – nach seiner Höhenlage zu urteilen vermutlich niederterrassenzeitlicher Entstehung – von dem spätglazialen 370-m-Niveau (SGa3-Terrasse) angeschnitten wird (siehe Beilage 1). Möglicherweise wird der Schwemmfächer auch von niederterrassenzeitlichen Sedimenten des Inns unterlagert, was aber ohne geeignete Aufschlüsse nicht überprüft werden konnte. Für die Herkunft des Materials an der Oberfläche des 380-m-Niveaus aus dem Tertiärhügelland spricht das Sand-dominierte, verbraunte Sediment, wie es westlich des Türkenbachs im Straßeneinschnitt bei Vogled aufgeschlossen ist. Handbohrungen bei Oberjulbach ergaben bis zu 2 m mächtigen verbraunten sandigen Lehm (Kolluvium aus dem Tertiärhügelland), in dem eine Braunerde entwickelt ist. Zur Absicherung der auf dem morpholgischen Befund beruhenden Annahme wurden Proben zur Schwermineralanalyse entnommen (zur Lokalisierung siehe Beilage 1). Eine Probe (TUB 1-1) entstammt einer kleinen Kiesgrube im SGa3-Niveau unmittelbar südlich des 380-m-Niveaus, etwa 50 m nördlich der Bahntrasse, die zweite Probe (TUB 2-1) wurde nahe Vogled entnommen, wo die Richtung Stammham führende Straße den „Türkenbachschwemmfächer" in einem Straßenanschnitt aufschließt.

Aufschluss Türkenbach 2
Sein Schwermineralgehalt belegt, dass das Sediment des hochglazialen (?) „Türkenbachschwemmfächers" in Probe TUB 2-1 (Abb. 3.19) aus der Hangendserie bzw. dem Südlichen Vollschotter stammt. Während sich das Geröllspektrum und selbst der Habitus des frisch erscheinenden Südlichen Vollschotters (L3 der Oberen Süßwassermolasse) nur wenig von den quartären Sedimenten des Inns unterscheidet (GRIMM 1957), und er deswegen nach GRAUL (1937) und GRAUL und WEISENEDER (1939) wohl einem tertiären Vorläufer des Inns zuzuordnen ist, lassen sich in den Schwermineralassoziationen doch deutliche Unterschiede zu den bisher betrachteten Proben aus den Innterrassen zwischen Gars und Mühldorf ausmachen, wo das Tertiärhügelland als Sedimentlieferant nicht in Frage kommt.

Der Südliche Vollschotter erreicht im unteren Türkenbachtal und westlich davon mit 80–90 m seine größten Mächtigkeiten. Zwischen Perach und der Mündung des Türkenbachs in den Inn baut er im Bereich der in Süd-Nord-Richtung verlaufenden, in den Quarzrestschotter eingeschnittenen „Peracher Rinne" den Steilhang des Hügellands und damit die nordseitige Begrenzung der Terrassenlandschaft auf (GRIMM 1957). Die beeindruckendsten Aufschlüsse im Vollschotter stellen mit Sicherheit die „Dachlwände" östlich von Perach dar, wo durch

die Abdrängung des Inns nach Norden durch die von Süden einmündende Alz das Tertiärhügelland unterschnitten wurde und die Vollschotter in Form einer 80 m hohen Steilwand
aufgeschlossen sind.

Probe TUB 2-1 zeigt ein deutliches Granat-Hornblende-Epidot-Maximum, wobei auf den
Granat lediglich 23%, die Hornblende 15% und den Epidot 14% des Gesamtspektrums entfallen. Fasst man die Epidot-Gruppe zusammen, so erreicht sie durch den Zoisit-Anteil von
8% sowie den Klinozoisit, der mit 5% vertreten ist, sogar als Ganzes den zweiten Rang im
Gesamtspektrum (27%). Die Granate zeigen häufig Korrosionserscheinungen. Die Epidote
liegen in Form von großen Körnern vor und sind von der Verwitterung nur wenig angegriffen. Es ergibt sich also ein recht frisches Gesamtbild. Der sekundäre Peak bei den stabilen
Mineralen (Turmalin 9%, Rutil 9%) deutet darauf hin, dass im Hinterland bereits Quarzrestschotter angeschnitten werden, in denen diese Minerale durch Verwitterungsauslese angereichert wurden. Der linksseitige Zufluss des Türkenbachs, der Tanner Bach, erschließt
Sedimente östlich der Peracher Rinne, womit ein Eintrag aus dem Bereich der Quarzrestschotter erklärbar wird (siehe Beilage 1).

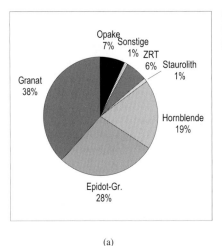 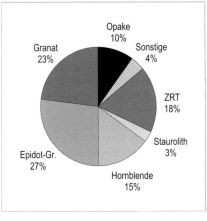

(a)   (b)

Abbildung 3.19: Schwermineralvergesellschaftungen des Türkenbachschwemmfächers und der SGa3-
Terrasse bei Vogled. Die SGa3-Terrasse schließt sich unmittelbar nach Süden an. Probe TUB 2-1 (b) zeigt
das Spektrum der Südlichen Vollschotter, wie es GRIMM (1957) beschreibt. Die Epidot-Gruppe dominiert
die Assoziation mit 27% Anteil, gefolgt vom Granat (23%) und der Hornblende (15%). Untypisch für die
relativ frischen Südlichen Vollschotter sind die Seifenminerale Turmalin (9%) und Rutil (9%), die mit hoher
Wahrscheinlichkeit aus den nach Norden und Osten anschließenden, intensiv verwitterten Quarzrestschottern
stammen. Probe TUB 1-1 (a) spiegelt in ihrem Schwermineralspektrum die Vermischung von quartärem Inn-
schotter (dokumentiert über den Granatpeak) mit Material aus dem nahegelegenen, aus den Vollschottern der
Peracher Rinne aufgebauten Tertiärhügelland wider (hoher Anteil der Epidot-Gruppe und der Hornblende).
Sonstige: TUB 1-1: n.b. 1%; TUB 2-1: Disthen 1%, Titanit 2%, Chloritoid 1%.

Aufschluss Türkenbach 1

Die Kiese im Aufschluss Türkenbach 1 machen durch ihre grau-blaue Farbe einen frischen Eindruck. Probe TUB 1-1 (Abb. 3.19) aus dem SGa3-Terrassenniveau südlich des Türkenbachschwemmfächers zeigt ein ganz ähnliches Spektrum wie TUB 2-1. Granat mit 38% Anteil wird gefolgt von Hornblende (19%) und Epidot (14%). Zoisit und Klinozoisit sind mit fünf respektive neun Prozent im Spektrum vertreten. Deutlichster Unterschied zu TUB 2-1 ist das Zurücktreten der stabilen Minerale (Turmalin 5%, Staurolith 1%). Wieder spricht einiges dafür, dass hier der Türkenbach mit seinem Vollschotter-dominierten Material stark am Aufbau des Sedimentkörpers beteiligt war. Habitus und Verwitterungsgrad der Körner in Probe TUB 1-1 gleichen denen von Probe TUB 2-1.

3.2.2 Die Terrassen des frühen Spätglazials (SGa1–SGa3)

Das frühe Spätglazial wird im Raum zwischen Neuötting und der Einmündung der Salzach durch drei geomorphologisch klar unterscheidbare Terrassenniveaus repräsentiert. Sie erhielten die Bezeichnungen SGa1 („älteres Spätglazial 1") bis SGa3. Die Nummerierung erfolgte vom höheren zum tieferen Niveau. Die Terrassen SGa1 und SGa2 sind nur lokal in den Mündungsbereichen der großen Tributäre Alz und Salzach ausgebildet. Die erste Terrasse unterhalb des Niederterrassenniveaus, die sich wieder im gesamten Inntal außerhalb der Nebentäler verfolgen lässt, ist die SGa3-Terrasse. Die Einstufung ins Spätglazial erfolgte vor allem über die deutlich tiefere Lage der Terrassenoberflächen von SGa1–SGa3 im Vergleich zur hochglazialen Niederterrassenfläche. Das Mindestalter der Terrassen des frühen Spätglazials für den Bereich Neuötting–Kirchdorf liefert die OSL-Datierung BRG 1-1, in einer Kiesgrube zwischen Berg und Julbach auf dem SGa3-Niveau gelegen, mit 14,5±1,4 ka (siehe Beilage 1).

Die SGa1-Terrasse

Das SGa1-Niveau erreicht nur eine sehr begrenzte räumliche Verbreitung. Es ist nur an einer Stelle am österreichischen Ostufer der Salzach gegenüber den Burghauser Wackerwerken ausgebildet. Dort liegt am äußersten Nordwestrand des Weilhartforstes südlich von Überackern eine schmale Terrassenleiste in ca. 389 m ü. NN, die gegen die Salzachniederterrasse, die hier Höhenlagen von 405–408 m ü. NN erreicht, deutlich abgesetzt ist. An ihrer nordseitigen Kante liegt die Ortschaft Kreuzlinden in 388 m ü. NN 45 m über dem Spiegel der Salzach.

Die SGa2-Terrasse

Die SGa2-Terrasse erreicht gegenüber der SGa1-Terrasse schon eine etwas größere räumliche Verbreitung. Sie ist sowohl an der Alz wie an der Salzach nachweisbar. Die Verebnung des „Holzfeldes" südlich von Mittling in 387 m ü. NN gehört ebenso zu diesem Niveau wie der äußerste Nordwestzipfel des Daxenthaler Forstes. Die SGa2-Fläche ist hier durch eine 4–6 m hohe Stufe von der südlich anschließenden Niederterrasse getrennt und weist innerhalb des Alztals ein Gefälle in Süd-Nord-Richtung in Höhe von durchschnittlich 3,7‰

auf. Das steile Gefälle ist typisch für die Alzterrassen und findet sich auch bei den jüngeren Niveaus wieder.

An der Salzach liegen Reste des SGa2-Niveaus in 382 m ü. NN südlich von Berg (österreichisches Ostufer der Salzach) und als schmaler Saum von ca. 190 m Breite in 375 m ü. NN (30 m über Salzach-Mittelwasser, 15 m unter dem NT-Niveau) über dem linken Ufer nördlich von Kemerting (Beilage 1).

Die SGa3-Terrasse

Das SGa 3-Niveau ist das erste unterhalb des hochglazialen NT-Niveaus, das außerhalb der Nebentäler (Alz und Salzach) auftritt. Nördlich des Inns schließt die SGa3-Terrasse nach Süden direkt an das Tertiärhügelland an, ausgenommen zwischen Vogled und Oberjulbach, wo sie den Türkenbachschwemmfächer (s.o.) unterschneidet. Nördlich des Inns lässt sich das gegenüber der Salzachmündung im „Hart" in durchschnittlich 370 m ü. NN gelegene Niveau innaufwärts bis Stammham verfolgen, wo seine Begrenzung zur nächst tieferen Terrasse in Form einer 1–2 m hohen Geländekante in spitzem Winkel auf ersteren zuläuft (Beilage 1). Gegenüber der Türkenbachmündung ist das SGa3-Niveau in direkter Nachbarschaft zur südwestlich anschließenden Niederterrasse ausgebildet. Gegenüber den Terrassen SGa1 und SGa2 weist die SGa3-Terrasse, dort wo sie im Inntal verläuft, bereits ein deutlich geringeres Längsgefälle auf: Zwischen Aiching (westlich des Inns gegenüber Marktl) und Viehhausen in NW-SO-Richtung senkt sich ihre Oberfläche auf einer Strecke von fünf Kilometern von 378 m ü. NN auf 370 m ü. NN (Gefälle: 1,6‰). Nördlich des Inns westlich von Simbach (siehe Beilage 2) weist die Terrasse ein Oberflächengefälle von 1,7‰ auf einer Strecke von 5,8 km auf. Der ins Alztal hinaufreichende Teil der SGa3-Terrasse, der – ausschließlich links des Flusses ausgebildet – die Niederterrasse zwischen Emmerting und dem Ausgang des Alztals ins Inntal als maximal 200 m breiter Saum begleitet und der erst südlich Emmerting größere Breiten erreicht (bis ca. 900 m), besitzt zwischen Emmerting und Maierhof (unweit südlich der Alzmündung, siehe Beilage 1) ein im Vergleich deutlich stärkeres Gefälle von 3,4‰ auf einer Strecke von 4,5 km.

Am besten aufgeschlossen sind die Schotter der SGa3-Terrasse in dem großflächigen Vorkommen nördlich des Inns gegenüber der Salzachmündung zwischen dem Türkenbach und Simbach am Inn. Der Türkenbach durchschneidet die Terrassenschotter in einer Mächtigkeit von zehn Metern. Darunter ist er noch mehrere Meter tief in die liegenden Schichten der Brackwassermolasse eingetieft (PITTNER 1973). Bohrung Simbach B4 (Daten im Anhang C auf Seite 205, Lokalisierung auf Beilage 1 sowie Schnitt N–O in Beilage 5) erreichte die Quartärbasis bei 359 m ü. NN und damit 10 m unter Geländeoberfläche. Bohrung Simbach AM 14 (südöstlich von Hitzenau, siehe Beilage 1) erreicht das Tertiär bereits in 6 m unter Geländeoberfläche. Das Ausdünnen der Schotter über den wasserstauenden Sedimenten der Brackwassermolasse (*Oncophora*-Schichten) wird auch durch die Vermoorung von Teilbereichen der SGa3-Terrasse nahe des Anstiegs zum Tertiärhügelland zwischen Julbach und Hitzenau unterstrichen. Die nach Osten ansteigende Oberfläche der wasserstauenden *Oncophora*-Schichten trägt darüber hinaus durch Zufuhr von Hangzugswasser aus dem Tertiärhügelland zur Vermoorung bei: Östlich von Oberjulbach steht die Brackwassermolasse mit Höhenlagen ihrer Oberkante von über 380 m ü. NN im Unterhang des Steilabfalls des

Tertiärhügellandes über Tage an (GRIMM 1957). Die Abnahme der Schottermächtigkeiten nach Osten über der Tertiäroberfläche zeigen die Talquerprofile in Beilage 5, für die unter anderem Bohrprotokolle des Bayerischen Geologischen Landesamts ausgewertet wurden.

In der Kiesgrube Berg am Ostrand des „Hart" (Lokalität BRG 1, Beilage 1) liegt die Oberkante der Schotter der SGa3-Terrasse bei 369, die Sohle der Kiesgrube bei 360 m ü. NN. Hier war es möglich im oberen Bereich der SGa3-Schotter Proben zur OSL-Datierung und Schwermineralbestimmung zu entnehmen. Wo die Deckschichten größere Mächtigkeiten erreichen, sind in dem verlehmten sandig-schluffigen Substrat Parabraunerden entwickelt (Profil 23 am Nordrand des „Hart", Daten im Anhang B, siehe Beilagen 1 und 5), meist stößt man jedoch auf mehr oder weniger flachgründige Braunerden mit hohem Kiesanteil ab 50 cm unter Geländeoberfläche (z.B. Profil 24, Anhang B und Beilage 1). Die größeren Feinmaterialmächtigkeiten im Nordteil der Terrasse sind wahrscheinlich auf Materialzulieferung aus dem Tertiärhügelland aus dem Türkenbachtal heraus zurückzuführen.

Aufschluss Berg 1

Der Aufschluss Berg 1 (BRG 1) liegt am Westrand der Kiesgrube Berg der Firma Pinzl, südlich von Julbach. Die Terrassenschotter sind 9 m mächtig aufgeschlossen, die Quartärbasis wird von der Grube nicht erreicht. Es fällt ein hoher Anteil an Quarzgeröllen auf, die, zusammen mit den häufig zu beobachteten Eisenoxidüberzügen auf einzelnen Geröllen, auf einen Eintrag von Norden aus dem Tertiärhügelland hindeuten. Es käme dann, wie schon bei Aufschluss Türkenbach 1 der Türkenbach als Lieferant von tertiärem Schotter in Betracht. Zur Datierung und Schwermineralbestimmung wurde die Probe BRG 1-1 entnommen. Mit ihrem Alter von 14,5±1,4 ka liegt sie zeitlich am Übergang Älteste Dryas–Bølling. Innerhalb des Datierungsfehlers ergibt sich eine gute Übereinstimmung mit Probe EIC 1-1 aus der Eichenau (15,5±1,7 ka). Damit entspricht das 370-m-Niveau von Berg der „Stufe von Hochstraß" im Sinne TROLLS (1968) bzw. Ebinger Terrasse im Sinne von KOEHNE und NIKLAS (1916) (vgl. auch Abb. 1.9 auf Seite 23). Mit diesem durch die Datierungen hergestellten Zusammenhang steht auch der geomorphologische Befund in Einklang: Das östlichste Vorkommen der (von MÜNICHSDORFER 1923 noch als solche kartierten) Ebinger Terrasse liegt östlich von Neuötting auf 385 m ü. NN. Nördlich des Inns liegt die Ortschaft Perach auf einer Terrasse in derselben Höhe. Auch dieser Terrassenrest gehört zum SGa3-Niveau. Ab der Alzmündung lässt sich die SGa3-Terrasse wieder in geschlossener Verbreitung bis zur Lokalität BRG 1 verfolgen.

Das Schwermineralspektrum der Probe BRG 1-1 (Abb. 3.21) zeigt einige interessante Abweichungen zu den bisher betrachteten Proben aus den Innterrassen aus der Umgebung von Gars und Mühldorf. Auffällige Parallelen ergeben sich hingegen im Vergleich mit der Probe aus dem Aufschluss Türkenbach 1 (ebenfalls von der SGa3-Terrasse, vgl. Kap. 3.2.1) sowie mit der Probe vom Türkenbachschwemmfächer (TUB 2-1). Der Granat ist nur zu 37% vertreten, an zweiter Stelle steht die Hornblende mit einem Anteil von 18% gefolgt von der Epidot-Gruppe (14%). Damit wird die Assoziation zwar abermals von der alpinen Granat-Hornblende-Epidot-Garnitur beherrscht, jedoch weist das Mischungsverhältnis auf einen starken Materialeintrag aus dem Tertiärhügelland hin und zeigt die typische Mineralvergesellschaftung des Südlichen Vollschotters (GRIMM 1957). Dies wird durch einen Vergleich mit Probe TUB 2-1 aus dem Bereich des Türkenbachschwemmfächers deutlich. Die

Abbildung 3.20: Aufschluss Berg 1. Der Aufschluss liegt am Westrand der Kiesgrube der Firma Pinzl südlich von Julbach. Die Schotteroberkante liegt bei 369 m ü. NN, die ehemalige Geländeoberfläche bei ca. 370 m ü. NN. Die Bodendecke wurde für den Kiesabbau entfernt. Die Höhe der Aufschlusswand beträgt 9 m. Probe BRG 1-1 stammt aus einer ca. 60–70 cm mächtigen, schräg geschichteten Sandzwischenlage 4 m unter Schotteroberkante (zwischen den gerissenen Linien). Die Schotter sind sortiert und geschichtet. Quarzgerölle sind häufig, einzelne Partien zeigen hydromorphe Merkmale in Form von Eisenoxidüberzügen auf den Geröllen. Einzelne Gerölle erreichen Durchmesser bis über doppelte Faustgröße. Die beprobten schräg geschichteten Sande (4 m unter Schotteroberkante = 365 m ü. NN) weisen ein OSL-Alter von 14,5±1,4 ka auf.

teils sehr groben Schotter (bis doppelte Faustgröße) – typisch für den südlichen Vollschotter – sind ebenfalls ein Indiz für eine starke Beteiligung von Sedimenten des Türkenbachs am Aufbau des SGa3-Schotterkörpers im Aufschluss Berg 1. Allerdings findet offensichtlich eine Vermischung mit frischem Sediment des Inns statt, die sich in einem gegenüber TUB 2-1 erhöhten Granatanteil bemerkbar macht (ähnlich wie in Probe TUB 1-1 aus dem SGa3-Niveau an der Bahnlinie Marktl–Simbach).

Der Anteil der stabilen Minerale aus der ZRT-Gruppe ist mit 17% sehr hoch, wobei es sich hier beinahe ausschließlich um Turmalin handelt, der allein 15% am Gesamtspektrum ausmacht. Dieser hohe Turmalinanteil muss auch mit beigemischten Molassesedimenten erklärt werden, die aber nicht aus dem Südlichen Vollschotter stammen können. Hohe Anteile von Turmalin sind eher für den Quarzrestschotter typisch, der möglicherweise vom Tanner Bach (Beilage 1) erschlossen wird. Vom Habitus her zeigen zahlreiche Körner starke Verwitterungsspuren (Ätzgruben), was zusammen mit der starken Anreicherung von Turmalin ebenfalls für ein Einwirken der Verwitterungsauslese spricht.

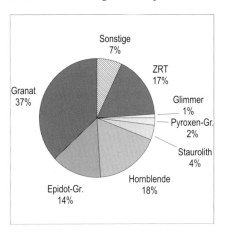

Abbildung 3.21: Schwermineralspektrum der SGa3-Terrasse bei Berg. Neben dem für fluviale Sedimente alpiner Herkunft typischen, hohen Granatanteil fällt vor allem der hohe Prozentsatz auf, den die Seifenminerale Zirkon, Turmalin und Rutil erreichen. Allein der Turmalin erreicht 15%. Die starke Turmalin-Anreicherung ist typisch für die Sedimente der Quarzrestschotter Ostniederbayerns und deutet auf einen Eintrag von Material aus diesem Gebiet hin, das in den Terrassenkörper eingebaut wurde. Als Lieferbahn kommt der 4 km westlich der Lokalität in den Inn mündende Türkenbach in Frage. Sonstige: Disthen 2%, Lawsonit 1%, Andalusit 1%, n.b. 3%.

3.2.3 Die Terrassen des jüngeren Spätglazials (SGj1)

Das jüngere Spätglazial ist im Gebiet zwischen Alz und Salzach durch eine Terrasse vertreten, die in ihrer Höhenlage zwischen dem SGa3-Niveau und den holozänen Terrassenniveaus liegt. Die Einstufung ins ausgehende Spätglazial erfolgte über die Datierung eines Aufschlusses bei dem Weiler Geigen (Beilage 3, Lokalität GEI 1, im Text auf S. 123), die eine Entstehung während der Jüngeren Dryas wahrscheinlich macht. Das bei Geigen datierte Terrassenniveau lässt sich innaufwärts bis an die Salzachmündung verfolgen, was eine geomorphologische Korrelation ermöglicht. Das Mindestalter für die Terrasse liefern Datierungen in den Deckschichten des SGj1-Niveaus im Ausgang des Salzachtals (Bohrungen Kemerting 1, 4, 5, Beilage 1).

Die SGj1-Terrasse

Nordwestlich von Holzhausen (Beilage 1) setzt die Terrasse als 200 m breite Verebnung auf einer Höhe von 370 m ü. NN am Steilabfall zur 20 m tiefer gelegenen Aue an. In einer Breite von 150–300 Metern begleitet sie in Form weit geschwungener Mäander über eine Strecke von ca. 3 km die nach oben anschließende SGa3-Terrasse, wobei ihre Oberflächenhöhe sich auf 367 m verringert (Gefälle: 1,0‰). Ihre Sprunghöhe zum SGa3-Niveau beträgt 3–5 m. Die Kante der SGa3-Terrasse zur SGj1-Terrasse wird zwischen Holzhausen und Eisching zweimal durch von der Niederterrasse herunterziehende, die SGa3-Terrasse querende und schließlich auf dem SGj1-Niveau auslaufende Schwemmfächer verwischt, die in den Tälchen von Stockach und Berg ansetzen. Zwischen Viehhausen und Haiming (westlich der Salzachmündung, Beilage 1) erreicht sie eine größere Verbreitung und vereinigt sich mit ihrem aus dem Salzachtal herunterziehenden Äquivalent. Letzteres weist zwischen Kemerting und Viehhausen eine Breite von 400–600 m auf und unterschneidet unter deutlicher Mäanderbildung das SGa3-Niveau (südlich Kemerting) die Niederterrasse und das SGa2-Niveau (bei Hochreit). Die Oberfläche der SGj1-Terrasse liegt im Salzachtal bei Kemerting auf durchschnittlich 370 m ü. NN, beim Zusammentreffen mit der SGj1-Terrasse des Inns nordwestlich von Haiming bei ca. 365 m ü. NN (Gefälle: 1,7‰).

Im Inntal ist die SGj1-Terrasse zwischen Alz und Salzach nur als etwa ein Kilometer langer, maximal 70 m breiter Saum ausgebildet, der die SGa3-Terrasse im „Hart"-Wald von den holozänen Terrassen trennt.

Zur sedimentologischen und pedologischen Aufnahme der Deckschichten und zu deren Datierung wurden auf dem SGj1-Niveau nordwestlich von Kemerting drei Bohrungen mit der Rammkernsonde niedergebracht (KEM 1, KEM 4, KEM 5, vgl. die Karte in Beilage 1 und das Talquerprofil P-Q in Beilage 5). Die Bohrungen liegen im distalen Bereich der SGj1-Terrasse, an der Außenseite eines ehemaligen Mäanderarms. Etwa 50 Meter westlich der Bohrpunkte liegt der 30 m hohe Steilhang der Niederterrasse, die hier Höhen um 400 m ü. NN erreicht. Die Bohrungen wurden im Abstand von 5–10 m senkrecht zum ehemaligen Flussverlauf niedergebracht.

Bohrung Kemerting 1

Bohrung Kemerting 1 (KEM 1, Daten in Abb. 3.22) setzt in einer Höhe von 370 m ü. NN an und erreicht eine Endteufe von 2 m. Die Terrassenschotter, deren Oberkante in Bohrung KEM 1 bei 368 m ü. NN liegt, werden von einer 169 cm mächtigen Deckschicht überlagert. Den Übergang von den verwitterten Terrassenschottern (VI elCv) zur Deckschicht bildet eine Schicht frisch aussehenden, sandigen Schotters (V elC).

Die sandigen Schotter werden durch einen scharf ausgebildeten Fazieswechsel von stark tonigem Schluff getrennt, der in den bereits abgeschnürten Mäanderarm als Stillwassersediment abgesetzt wurde (IV Sd). Im Zuge der fortschreitenden Verlandung kommt es zur Vermoorung des Altwasserarms, die in Form des III fAa-Horizontes im Bohrkern überliefert ist. Der III fAa-Horizont weist ein ^{14}C-Alter von 7.740–7.665 cal a BP auf und datiert damit ins ältere Atlantikum. Der anmoorige Horizont wird von einer weiteren tonig-schluffigen Sedimentschicht bedeckt (II Sd). Das OSL-Alter des II Sd-Horizontes von $15,1 \pm 1,7$ ka ist deutlich zu hoch. Eine Erklärung könnte darin liegen, dass der Schluff während des Transports durch Tonpartikel verkittet war, also in Aggregatform verlagert wurde, wodurch die einzelnen Körner während des Transports nur eine ungenügende Bleichung erfuhren. In Aggregatform transportierte Schluffe wurden beispielsweise von MÜSCHENBORN (2000) bei ihrer Arbeit über den Schwebstofftransport an der Elsenz (Kraichgau) beobachtet. Ein Fazieswechsel hin zu gröberem Material zeigt eine erneute Veränderung der Sedimentationsbedingungen an: Das sandig-lehmige Material im Hangenden der tonigen Schluffe (M-

Sw) stellt ein Kolluvium dar, das vom nahen Niederterrassenhang stammt. Aufgrund der wasserstauenden Wirkung der Schluffe im Liegenden unterliegt es einer Pseudovergleyung, die sich durch eine Rostfleckung des Horizontes bemerkbar macht. Der M-Sw weist ein OSL-Alter von 5,4±0,6 ka auf. Nach oben wird das Profil von einem 40 cm mächtigen Ah-Horizont abgeschlossen.

Bohrung Kemerting 4
Bohrung Kemerting 4 (KEM 4 in Beilage 1, Daten in Abb. 3.23) setzt in 370 m ü. NN an und erschließt bei einer Endteufe von 2 m einen 155 cm mächtigen Deckschichtenkomplex über sandigen Terrassenschottern (IV lCn). Im Gegensatz zu KEM 1 zeigen die Schotter an der Basis von KEM 4 keine Verwitterungsspuren in Form von Oxid-Überzügen. Die schluffig-sandige Matrix weist einen hohen Carbonatgehalt auf (c4 nach AG BODEN). Unmittelbar im Hangenden der Terrassenschotter folgt in Teufe 131–155 cm ein anmooriger Horizont (III fAa), der über ^{14}C auf 8.160–8.020 cal a BP datiert werden konnte und somit dem III fAa aus Bohrung Kemerting 1 (Teufe 141–158 cm) entsprechen dürfte. Über dem Anmoor-Horizont folgt wie in Bohrung KEM 1 ein toniger Schluff (II Sd), der die endgültige Verlandung der Rinne anzeigt. Darüber liegt mit dem M-Sw erneut ein sandig ausgebildetes, pseudovergleytes Kolluvium, das von einem humosen Horizont (Ah) nach oben abgeschlossen wird.

Bohrung Kemerting 5
Bohrung Kemerting 5 (KEM 5 in Beilage 1, Daten in Abb. 3.24) setzt in 370 m ü. NN an und erreicht nach 171 cm die unverwitterten Terrassenschotter (V lCn). Im Hangenden der unverwitterten Schotter befinden sich zwischen cm 171 und cm 134 verwitterte Terrassenschotter, die dunkle Oxid-Überzüge aufweisen und deren sandige Matrix entkalkt ist (IV lCv). Mit den verwitterten Schottern endet bei Teufe 134 cm die Schotterterrasse in Bohrung Kemerting 5. Darüber folgt eine Deckschicht, die den gleichen Aufbau wie diejenige in den Bohrungen KEM 1 und KEM 4 zeigt: Über einem anmoorigen Horizont (III fAa) folgt eine tonig-schluffige Schicht (II Sd), mit der die Verlandung des ehemaligen Mäanderarms abgeschlossen wird. Im Hangenden der Verlandungssequenz befindet sich wieder ein lehmig-sandiges Kolluvium (M-Sw), in dessen obersten 26 cm ein Ah-Horizont entwickelt ist. Das Profil ist bis in eine Tiefe von 171 cm (Beginn des unverwitterten Schotters) entkalkt.

Eine synoptische Darstellung der Bohrungen KEM 1, 4 und 5 gibt Abb. 3.25, das Talquerprofil P-Q in Beilage 5 stellt die Bohrungen im räumlichen Kontext des Salzachtals dar.

Die SGj1-Terrasse im Ausgang des Salzachtals: Zusammenfassung
Die SGj1-Terrasse an der Salzach trägt eine Deckschicht, die ins ältere Atlantikum datiert werden kann. Das ergibt für die Schotterterrasse im Liegenden ein Mindestalter im Boreal. Die stratigraphische Position der SGj1-Terrasse und ihre geomorphologische Korrelation mit einer innabwärts in den Terrassenschottern über OSL datierten Terrasse lassen allerdings ein wesentlich höheres Alter der Schotterterrasse (Jüngere Dryas) vermuten. Möglicherweise wurde die Schlinge im frühen Holozän von (extremen?) Hochwässern überströmt. Der Versuch, die tonig-schluffige Verlandungsfazies in Bohrung Kemerting 1 mit OSL zu da-

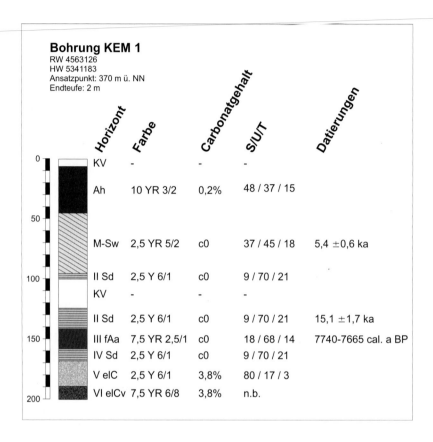

Bohrung KEM 1
RW 4563126
HW 5341183
Ansatzpunkt: 370 m ü. NN
Endteufe: 2 m

Tiefe	Horizont	Farbe	Carbonatgehalt	S/U/T	Datierungen
0	KV	-	-	-	
	Ah	10 YR 3/2	0,2%	48 / 37 / 15	
50	M-Sw	2,5 YR 5/2	c0	37 / 45 / 18	5,4 ±0,6 ka
100	II Sd	2,5 Y 6/1	c0	9 / 70 / 21	
	KV	-	-	-	
	II Sd	2,5 Y 6/1	c0	9 / 70 / 21	15,1 ±1,7 ka
150	III fAa	7,5 YR 2,5/1	c0	18 / 68 / 14	7740-7665 cal. a BP
	IV Sd	2,5 Y 6/1	c0	9 / 70 / 21	
	V elC	2,5 Y 6/1	3,8%	80 / 17 / 3	
200	VI elCv	7,5 YR 6/8	3,8%	n.b.	

Abbildung 3.22: Bohrung Kemerting 1. Die Bohrung erschließt einen 169 cm mächtigen Deckschichtenkomplex über den Terrassenschottern. Das Liegende der Deckschicht besteht aus einer tonig-schluffigen Lage, über der ein anmooriger Horizont folgt. Das Anmoor wird überdeckt von einer zweiten schluffig-tonigen Schicht. Im Hangenden dieser Verlandungssequenz befindet sich ein ca. 1 m mächtiges pseudovergleytes Kolluvium. Die Vermoorung fand im älteren Atlantikum statt. Das Kolluvium stammt aus dem frühen Subboreal. Die OSL-Datierung der feinkörnigen Verlandungsfazies im II Sd-Horizont ergibt ein überbestimmtes Alter. Das Mindestalter der Terrasse liegt demnach im Boreal. Die stratigraphische Position der SGj1-Terrasse lässt aber ein wesentlich höheres Alter vermuten.

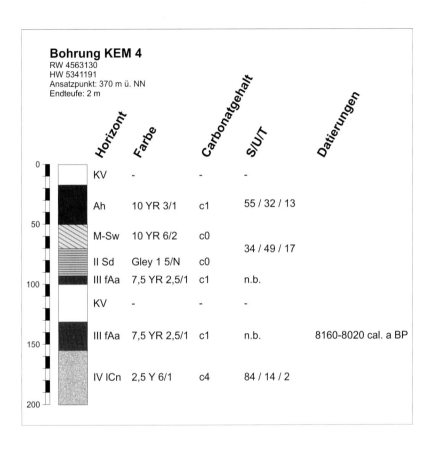

Abbildung 3.23: Bohrung Kemerting 4. Die Schichtenfolge ähnelt der in Bohrung Kemerting 1. Über den Terrassenschottern liegen die Reste eines Verlandungsmoors aus dem frühen Atlantikum (8.160–8.020 cal a BP). Darüber schließt eine tonig-schluffige Lage die Verlandungssequenz ab. Im Hangenden findet sich wieder ein pseudovergleytes, lehmig-sandiges Kolluvium.

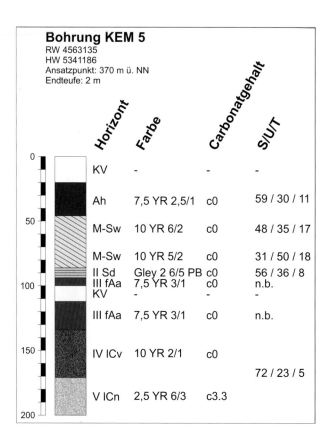

Abbildung 3.24: Bohrung Kemerting 5. Über den Terrassenkiesen, die in ca. 130 cm Tiefe erreicht werden, liegen wieder Reste des bereits in den Bohrungen Kemerting 1 und 4 angetroffenen Verlandungsmoores. Wieder wird das Anmoor von einer tonig-schluffigen Schicht bedeckt. Darüber liegt wieder ein Kolluvium aus lehmigem Sand.

tieren, weist durch die extreme Altersüberbestimmung auf das methodische Problem der Lumineszenzdatierung hin, dass das OSL-Signal der datierten Körner präsedimentär vollständig zurückgestellt („gebleicht") werden muss. Offensichtlich ist dies unter den Bedingungen sehr langsam fließenden bis stehenden Wassers nicht immer gegeben, mit denen für die Sedimentation des in KEM 1 beprobten II Sd-Horizonts gerechnet werden muss. Eine denkbare Erklärung wäre, dass die Schluffteilchen durch Tonpartikel zu Aggregaten verkittet waren, die sich durch die beim Transport auftretende mechanische Beanspruchung nicht lösten.

Nach dem endgültigen Ende der Verlandung des Salzachmäanders wird die aus tonigem Schluff mit zwischengeschalteten anmoorigen Horizonten bestehende Verlandungssequenz im beginnenden Subboreal durch ein sandiges Kolluvium überdeckt (Abb. 3.25).

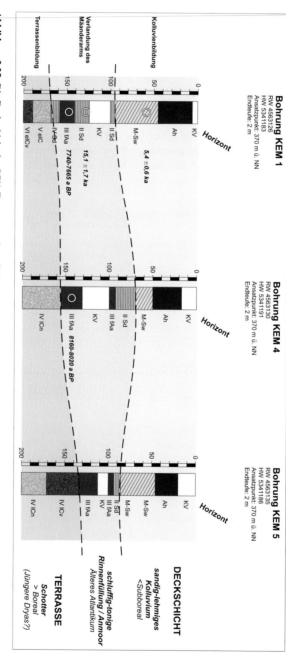

Abbildung 3.25: Die Deckschicht der SGj1-Terrasse nordwestlich von Kemerting. Mächtigkeit, Aufbau, Datierung und landschaftsgeschichtliche Deutung der Deckschicht der SGj1-Terrasse nordwestlich von Kemerting.

3.2.4 Die Terrassen des frühen Holozäns (Ha1–Ha4)

Das ältere Holozän nimmt zwischen der Mündung von Alz und Salzach einen breiten Raum ein. Es ist als ausgedehnter Terrassenkomplex überliefert, der sich aus insgesamt vier Teil-terrassen zusammensetzt, die mit den gegebenen Datierungsmöglichkeiten nicht näher dif-ferenziert werden konnten. Insgesamt liegen elf Altersbelege (^{14}C und OSL) vor, die sich auf zwei der vier Teilterrassen sowie auf Lokalitäten im Inntal wie in den Mündungen von Alz und Salzach verteilen. Die Terrassensedimente wurden an Aufschlüssen in verschie-nen Kiesgruben beprobt und zur Ansprache der Deckschichten wurden Bohrungen nieder-gebracht. Die Bezeichnung der Terrassen erfolgte analog zu den Spätglazial-Terrassen mit Ha1 („älteres Holozän 1") bis Ha4 vom höheren zum tieferen Niveau.

Die Ha1-Terrasse

Die Ha1-Terrasse liegt am Bahnhof von Marktl auf 369 m ü. NN und ist bis westlich von Stammham im Gelände erkennbar, wo sie von der SGa3-Terrasse begrenzt wird. Südlich des Inns liegt ein Rest der Ha1-Terrasse östlich von Holzhausen, mit einer Sprunghöhe von 3–4 m gegen das SGj1-Niveau abgesetzt, auf der der genannte Ort liegt. Die Terrasse erreicht hier Höhenlagen um 366 m ü. NN. Gegenüber der Salzachmündung befindet sich im „Hart" nördlich des gleichnamigen Weilers ein Rest der Ha1-Terrasse auf ca. 363 m ü. NN, durch eine 5 m hohe Kante von der SGj1-Terrasse getrennt. Im Salzachtal liegt ein Rest der Ha1-Terrasse westlich von Neuhofen unterhalb des Hörndlbergs auf 372 m ü. NN sowie bei Kemerting (367 m ü. NN) und Moosen (366 m ü. NN). Im Salzachtal ist die Mäanderbildung sehr deutlich ausgebildet, jedoch zeigen auch die Terrassenreste im Inntal eine Tendenz dazu, wenn auch mit wesentlich größeren Radien.

Ein wichtiges Kennzeichen der Ha1-Terrasse ist ihre enge geomorphologische Verknüp-fung mit dem nach unten anschließenden Ha2-Niveau. Stellenweise verschwindet die Kan-te zwischen beiden Terrassen völlig (so zum Beispiel nordwestlich der Salzachmündung rechts des Inns bei Neuhäusl oder links des Inns östlich von Seibersdorf, siehe Beilage 1). Andernorts ist die Terrassenkante allerdings so deutlich ausgebildet, dass man von zwei geo-morphologisch selbstständigen Terrassen sprechen muss. Die Einordnung der Ha1-Terrasse in den Früh-Holozän-Komplex geschieht also im wesentlichen aufgrund der geomorpholo-gischen Indizien: Die trennenden Merkmale zu den höheren Terrassen sind viel deutlicher als die Gemeinsamkeiten mit dem nach unten anschließenden Niveau. Altersbelege für die Ha1-Terrasse selbst liegen nicht vor.

Führt man eine grobe Gefälleberechnung über die verschiedenen isolierten Reste im Inn-tal durch, so ergibt sich zwischen Marktl (Bahnhof) und dem „Hart" östlich Seibersdorf auf 8,6 km Strecke ein Gefälle von ca. 0,7‰.

Die Ha2-Terrasse

Zwischen Niedergottsau (gegenüber der Türkenbachmündung) und Winklham (nordwest-lich der Salzachmündung, siehe Beilage 1) liegt die Ha2-Terrasse in einer Höhe von durch-schnittlich 360 m ü. NN und weist ein Gefälle von 0,3‰ auf. Ihre Oberfläche liegt im Schnitt

5 m tiefer als die der Ha1-Terrasse. Im Waldgebiet der „Spannlohe" gegenüber der Einmündung des Türkenbachs in den Inn (Beilage 1) verschwindet ihre Kante zur Ha1-Terrasse
jedoch. Hier zeigt die Ha2-Terrasse eine eigentümliche Aufwölbung ihrer Oberfläche. Wahrscheinlich handelt es sich hier um den distalen Teil eines Schwemmfächers, der vom Türkenbach in südwestlicher Richtung auf das Ha2-Niveau geschüttet wurde und der heute vom
Türkenbachtal durch den Inn getrennt wird, der sich seither um weitere 15 m eingeschnitten
hat.

Östlich von Seibersdorf baut das Ha2-Niveau weite Teile des nach Süden auf die Salzachmündung vorspringenden Sporns auf. Bei Deindorf (südöstlich der Türkenbachmündung,
Beilage 1) liegt die Oberfläche der Ha2-Terrasse noch bei 364 m ü. NN, bei Bergham bei
360 m ü. NN, südlich von Berg schließlich noch bei 357 m ü. NN. Unmittelbar östlich von
Seibersdorf geht die Ha2-Terrasse ohne Kante in die Ha1-Terrasse über. Eine klare Terrassenkante beginnt sich erst östlich des Weilers Hart zu entwickeln. Sie wird allerdings schnell
sehr markant und erreicht südlich von Berg, wo das Ha1-Niveau auskeilt, eine Sprunghöhe von 6 m. Dieser Befund passt zu den Beobachtungen aus der Spannlohe, nur 1,5 km
von Deindorf entfernt am gegenüberliegenden Ufer des Inns. Ein Ha2-zeitlicher Schwemmfächer des Türkenbachs zieht über das Ha1-Niveau hinweg und läuft auf das Ha2-Niveau
aus. Das erklärt sowohl das starke Gefälle der Ha2-Terrasse zwischen Deindorf und Bergham (1,25‰), das sich im weiteren Verlauf rasch abschwächt, als auch die Aufwölbung
der Ha2-Terrassenoberfläche zwischen Niedergottsau und Winklham: Hier wird die eigent-
liche Ha2-Oberfläche von den aus dem Türkenbachtal eingetragen Sedimenten verhüllt und
aufgehöht.

Profil Gstetten 1
Günstige Aufschlussbedingungen zur Aufnahme von Deckschichten und Bodenbildung der
Ha2-Terrasse ergaben sich zwischen Bergham und Gstetten in einer dortigen Kiesgrube. Am
östlichen Rand der Kiesgrube wurde eine Schürfgrube zur Ansprache von Decksediment
und Boden angelegt (Lokalität GST 1, Abb. 3.26 und Beilage 1). Die Höhe der Geländeoberfläche beträgt 360 m ü. NN. Über dem unverwitterten Kies, der in 100 cm unter GOF
angetroffen wurde (II elC), liegt ein verwitterter Kieshorizont mit einer durchschnittlichen
Mächtigkeit von 30 cm, der aufgrund seines Tongehalts als II Btv angesprochen wurde (vgl.
dazu die Kornsummenkurve, Abb. A.1). Der II Btv greift zapfenförmig in den liegenden
II elC ein. Über dem verwitterten, sandigen Kies befindet sich ein ca. 30 cm mächtiger
verbraunter, sandig-lehmiger Horizont, der erste Anzeichen von Tonilluvation aus dem da-
rüberliegenden Horizont zeigt, weswegen ersterer als Btv, letzterer als Al-Bv angesprochen
wurde. Das Profil wird von einem 20 cm mächtigen Ap nach oben abgeschlossen. Es liegt
also eine tondurchschlämmte Braunerde bzw. initiale Parabraunerde vor.

Zur Bestimmung des Schwermineralgehalts der Deckschicht in Profil Gstetten 1 wurde
eine Mischprobe aus allen Bodenhorizonten (Probe GST 1-5/8) gebildet. Die Schwermine-
ralassoziation des Decksediments in Profil Gstetten 1 (Abb. 3.28b) zeigt wieder das bekannte
Granat-Epidot-Hornblende-Spektrum, wobei der Granat 35%, die Epidot-Gruppe 18% (Epidot: 8%, Zoisit: 5%, Klinozoisit: 5%), die Hornblende 21% einnimmt. Unter den stabilen
Mineralen dominiert wieder der Turmalin (7%), der Staurolith ist mit 4% am Spektrum vertreten. Damit zeigt die Probe abermals die typische Schwermineralvergesellschaftung der

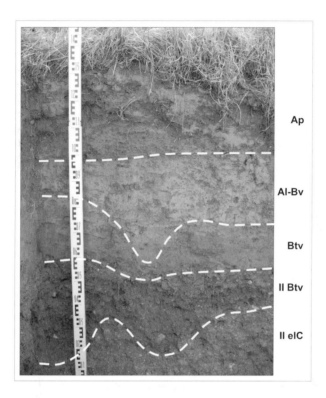

Abbildung 3.26: Profil Gstetten 1. Das Profil befindet sich auf der Ha2-Terrasse am nördlichen Innufer gegenüber der Einmündung der Salzach zwischen den Ortschaften Bergham und Gstetten. In einem 75 cm mächtigen sandigen Lehm über Schottern, die in ihren oberen 30 cm deutliche Spuren von Verwitterung zeigen, ist eine tondurchschlämmte Braunerde entwickelt, die sich im Übergangsstadium zur Parabraunerde befindet. Die sedimentologischen und pedologischen Parameter sind in Tabelle 3.1 dargestellt. Die ausführlichen Daten der Korngrößenanalyse befinden sich in Tabelle A.1. Die Kornsummenkurven der einzelnen Horizonte des Profils stellt Abb. A.1 dar.

quartären Terrassen, wobei allerdings der hohe Hornblende-Anteil auffällt. Zahlreiche Körner zeigen starke Verwitterungsspuren, teilweise wurde dadurch auch deren Bestimmung
unmöglich gemacht. Dies ist nicht ungewöhnlich, da die Probe aus dem Bereich der Bodenbildung stammt, wo die Verwitterungseinflüsse besonders stark sind. Diesem Faktor
ist sicherlich auch die relative Ausmerzung des Granats zuzuschreiben. Der hohe Anteil
von Hornblende und Epidot-Gruppe trotz des offensichtlichen Verwitterungsangriffs belegt
einen Einfluss der Sedimentfahne aus dem Türkenbachtal mit ihrem Vollschotter-Signal im
Deckschichtenprofil Gstetten 1 (vgl. die Werte von Profil Berg 1 (BRG 1), Abb. 3.21).

Tabelle 3.1: Sedimentologische und pedologische Daten des Profils Gstetten 1. Die ausführlichen Ergebnisse
der Korngrößenanalyse sind in Tabelle A.1 dargestellt.

				RW	4570400	HW	5342516	Höhe	360 m		
	H.-Grenze				Carbonat	Bodenart	Organik				
Horizont	[cm]	Farbe	pH		[%]	(FB)	[%]		Gefüge	Proben-Nr.	
Ah	-30	2,5 Y 4/3	4,7		0,1	Slu	0,32		kru	GST 1-5	
Al-Bv	-60	2,5 Y 5/4	4,7		0,1	Ls2	0,07		sub	GST 1-6	
Btv	-75	2,5 Y 5/4	4,7		0,1	Ls2	0,07		sub	GST 1-6	
IIBt	-95	10 YR 4/4	5,0		1,1	Lts	–		sub-ein	GST 1-7	
II elC	95+	n. b.	7,0		9,6	n. b.	–		ein	GST 1-8	

Aufschluss Gstetten 101

Da an der Ostseite der Kiesgrube keine geeignete Stelle für die Entnahme einer Datierungsprobe vorhanden war, musste hierzu auf die Westseite ausgewichen werden, wo eine Sandzwischenlage in 130 cm unter der Oberkante der Schotter (=ca. 357 m ü. NN) beprobt
werden konnte (Abb. 3.27). Die beprobte Sandlage, die eine Laminierung im mm-Bereich
aufweist, trennt ein schräg geschichtetes Kiespaket im Liegenden von einer horizontal geschichteten Kiesschicht im Hangenden, die das Profil nach oben abschließt. Das Decksediment wurde an dieser Stelle im Rahmen des Kiesabbaus entfernt. Die Schotter zeigen mäßige Sortierung, einzelne Gerölle erreichen Durchmesser über Faustgröße. Die Datierung
ergab ein OSL-Alter der Sande von 10,6±1,2 ka, was auf eine Entstehung der Ha2-Terrasse
im Präboreal hindeutet. Der Schwermineralgehalt von Probe GST 101-1 (Abb. 3.28) ist
von einer deutlichen Granatvormacht beherrscht (49%), was eine extreme Transportauslese
anzeigt. Die Epidot-Gruppe wie auch die Hornblende treten mit 12% bzw. 11% deutlich zurück. Die stabilen Minerale, mit insgesamt 10% am Spektrum vertreten, werden erneut vom
Turmalin (9%) beherrscht. Staurolith ist mit einem Anteil von 4% in der Probe enthalten.

Probenpunkt Gstetten 1-9

Probe GST 1-9 stellt eine Schwermineral-Einzelprobe aus dem basalen Bereich der Kiesgrube dar (vgl. Abb. 3.27). Hier stehen verbreitet verfestigte Sande an, die in großen Brocken
aus der Aufschlusswand brechen. In Abbildung 3.27 sind solche Brocken rechts neben
dem Bagger zu sehen. Das Schwermineralspektrum zeigt deutliche Unterschiede zu Probe GST 101-1 aus dem oberflächennahen Schotter, aus dem auch das präboreale OSL-Alter

stammt. Die Epidot-Gruppe dominiert deutlich mit 34% (Epidot: 21%, Klinozoisit: 8%, Zoisit: 5%), gefolgt von Hornblende (18%) und Granat (11%). Damit ist das Spektrum am ehesten mit den Proben vom Türkenbach vergleichbar und repräsentiert die Assoziation der Südlichen Vollschotter. Auffällig ist der hohe Anteil Titanit (10%), den GRIMM (1957) zu den „untypischen" Mineralen zählt, die weder für die jungtertiären Schüttungen aus den Alpen noch für die aus dem Moldanubikum als charakteristisch angesehen werden können. Die Fraktion der stabilen Minerale (11%) wird wieder vom Turmalin (8%) dominiert, der, wie bereits bei der Diskussion der Proben vom Türkenbach (S. 66) angesprochen wurde, am ehesten den im nördlichen Hinterland des Tanner Bachs (siehe Beilage 1) anstehenden Quarzrestschottern zugeordnet werden kann. Insgesamt spricht einiges dafür, dass im unteren Bereich der Kiesgrube Gstetten tertiäre Schotter aufgeschlossen sind.

Die Ha3-Terrasse

Die Ha3-Terrasse ist nur in kleinen, inselhaften Resten erhalten, was ihre Kartierung anhand geomorphologischer Überlegungen erschwert. Insbesondere die Korrelation von Terrassenresten über die Einmündung der Alz hinweg ist schwierig.

Nördlich der Salzachmündung, zwischen Bergham und Ramerding bildet die Ha3-Terrasse einen schmalen, maximal 180 m breiten Saum, der auf einer Länge von 1,3 km zwischen die Ha2- und die Ha4-Terrasse geschaltet ist. Handbohrungen ergaben hier eine sandig-schluffige Deckschicht mit Mächtigkeiten zwischen ein und zwei Metern, vergleichbar denen der Ha2-Terrasse.

Nordwestlich von Niedergottsau (gegenüber der Türkenbachmündung, siehe Beilage 1) liegt ein kleiner Rest des Ha3-Niveaus in 360 m ü. NN (10 m über dem Inn). Unmittelbar östlich der Alzmündung gehört die Verebnung zwischen Oberpiesing und Dornitzen zur Ha3-Terrasse. Dort wird sie allerdings durch etliche aus dem Alztal herunterziehende und nur lokal verfolgbare Terrassenkanten in zahlreiche Teilniveaus aufgelöst. Im Alztal besitzt die Terrasse ebenso wie alle anderen Terrassenniveaus ein wesentlich steileres Gefälle als im Inntal.

Westlich der Alz gehört – vorbehaltlich aller geomorphologischen Korrelationsprobleme, die durch die Einmündung der Alz entstehen – die Terrasse von Alzgern zum Ha3-Niveau. Diese Terrasse wurde von MÜNICHSDORFER (1923) als Gwenger Terrasse kartiert. Ob allerdings nur die Ha3-Terrasse oder der gesamte Ha-Komplex der Gwenger Terrasse im Sinne MÜNICHSDORFERs (1923) entspricht, kann an dieser Stelle und aufgrund der vorliegenden Daten nicht entschieden werden.

Die Ha4-Terrasse

Die Ha4-Terrasse erreicht wieder eine größere Ausdehnung und ist sowohl am Inn als auch im Ausgang des Salzachtals nachweisbar. In beiden Verbreitungsgebieten konnten die Sedimente datiert werden. Am Inn wurde in einer Kiesgrube eine Probe aus einer Sandzwischenlage der Terrassenschotter entnommen, an der Salzach konnten die Deckschichten in Bohrkernen datiert werden.

Abbildung 3.27: Kiesgrube Gstetten, Übersicht. Übersicht über die Kiesgrube Gstetten mit Profil Gstetten 1 und Aufschluss Gstetten 101 sowie dem Probenpunkt Gstetten 1-9. Der Blick ist nach Osten gerichtet. An der Westwand der Grube liegt das Profil Gstetten 101. In 130 cm unter Schotteroberkante liegt hier der OSL-Probenpunkt GST 101-1 (10,6±1,2 ka). Die Schwermineralvergesellschaftung in Probe GST 101-1 weist über ihre extreme Granatvormacht auf starke Transportauslese hin (vgl. Abb. 3.28). Die Einzelprobe GST 1-9 stammt von knapp oberhalb der Basis der Kiesgrube und zeigt das typische Spektrum der Südlichen Vollschotter, vergleichbar mit denen aus den Proben TUB 1-1 und TUB 2-1 von Türkenbach (S. 66) und wie es von GRIMM (1957) beschrieben wird. Die Grube befindet sich also mit ihrer Basis in 348 m ü. NN möglicherweise bereits im Tertiär. Das Deckschichtenprofil Gstetten 1 liegt im linken Bildbereich und ist nicht zu sehen, da es nach Osten exponiert ist. Die Schwermineralzusammensetzung zeigt Ähnlichkeiten zu der in Profil Gstetten 101, jedoch werden als modifizierende Faktoren zum einen der Einfluss einer Sedimentfahne aus dem Türkenbach (erkennbar an der für die Vollschotter typischen Zusammensetzung) sowie die Einwirkung der Verwitterung (Ausmerzung des Granats) deutlich.

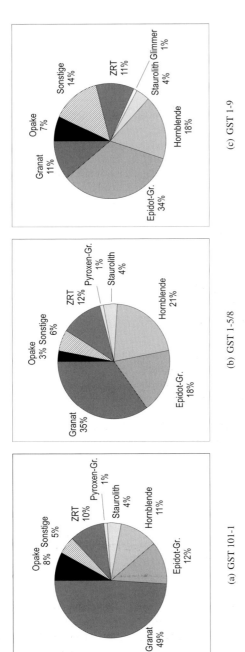

(a) GST 101-1

(b) GST 1-5/8

(c) GST 1-9

Abbildung 3.28: Die Schwermineralvergesellschaftungen der Proben aus der Kiesgrube Gstetten im Vergleich. Probe GST 101-1 (a) zeigt das übliche Bild der unverwitterten quartären Terrassenschotter: Die extreme Granatdominanz wird begleitet von Epidot und Hornblende. Die Anwesenheit von Turmalin, der zu 9% vertreten ist, deutet auf den Einfluss des nahen Tertiärhügellands als Sedimentliefergebiet hin. Turmalin hat sich als Seifenmineral vor allem in den Quarzrestschottern angereichert, deren Signal über den Tanner Bach in das Inntal gelangt. Probe GST 1-5/8 (b) stammt aus dem Bereich der Bodenbildung. Der Granat bildet zwar immer noch die stärkste Fraktion, jedoch sind auch Hornblende und Epidot zu bedeutenden Anteilen im Spektrum vertreten. Dies lässt zwei Rückschlüsse zu: Zum einen wird der im fluvialen Milieu sehr resistente Granat durch den Verwitterungsangriff bei der Bodenbildung zerstört. Zum anderen dokumentiert sich über die hohen Anteile von Epidot und Hornblende der Einfluss des Türkenbachs als lokal bedeutender Sedimentlieferant. Epidot und Hornblende sind typische Minerale des Südlichen Vollschotters, der im Bereich der Türkenbachmündung in besonders großer Mächtigkeit ansteht. Noch deutlicher wird das Vollschotter-Signal in Probe GST 1-9 (c), die aus dem basalen Bereich der Kiesgrube stammt. Sonstige: GST 101-1: Disthen 1%, Lawsonit 1%, Sillimanit 1%, n.b. 2%; GST 1-5/8: Titanit 10%, Pumpellyit 2%, Chloritoid 1%, n.b. 1%; GST 1-9: Titanit 3%, Disthen 1%, n.b. 2%; GST 1-5/8: Titanit 3%, Disthen 1%, n.b. 2%, Chloritoid 1%, n.b. 1%.

Die Ha4-Terrasse am Inn

In Gstetten (unmittelbar östlich der Salzachmündung, siehe Beilage 1) setzt die Ha4-Terrasse im Süden mit einer Breite von 1,5 km und in einer Höhe von 10 m über Mittelwasser am Inn an und verläuft im Bogen unter ständiger Verringerung ihrer Ost-West-Erstreckung zunächst in nördlicher Richtung bis zur Ortschaft Neuramerding, wo sie nur noch eine Breite von ca. 130 m erreicht. Bei Neuramerding biegt die Terrasse in ihrem Verlauf in innparallele Richtung (Nordost) ab und verbreitert sich wieder auf durchschnittlich 1–1,5 km.

Im Westen bzw. Nordwesten wird die Ha4-Terrasse zwischen dem Innufer im Süden und der Kiesgrube „Ratgeber" von der Ha2-Terrasse begrenzt, von der sie durch eine 7 m hohe Stufe getrennt ist. Zwischen der Kiesgrube „Ratgeber" (Lokalität RAT 1 in Beilage 1) und der Ortschaft Ramerding wird die Westbegrenzung des Ha4-Niveaus von der Ha3-Terrasse gebildet, die sich nur etwa einen Meter über das Ha4-Niveau erhebt. Zwischen Ramerding und Berg bildet wieder die Ha2-Terrasse die Nordwestbegrenzung. Bei Berg läuft die Ha2-Terrasse spitzwinklig aus. So wird die Ha4-Terrasse östlich von Berg nach Norden von der SGa3-Terrasse begrenzt. Deren Oberfläche liegt bei Kirchdorf 13 m über derjenigen der Ha4-Terrasse.

Nach Süden wird die Ha4-Terrasse westlich von Gstetten vom Inn begrenzt. Zwischen Gstetten und Ritzing grenzt nach Osten bzw. Südosten zunächst die Hj1-Terrasse an, deren Oberfläche hier eine Höhenlage zwischen 346 und 348 m über ü. NN besitzt. Nordöstlich von Ritzing fällt die Ha4-Terrasse ohne zwischengeschaltete Niveaus direkt in die (ausgedeichte) Aue ab, die hier Höhenlagen um 340 m aufweist.

Aufschluss Ratgeber 1

Die Ha4-Terrasse ist in der Kiesgrube „Ratgeber" (Lokalität RAT 1, Beilage 1) zwischen Gstetten und Bergham aufgeschlossen (TK 7743 Marktl am Inn; Abb. 3.29). Die Geländeoberfläche liegt hier bei ca. 353 m ü. NN, die Sohle der Kiesgrube liegt bei 346 m ü. NN. Eine in ca. 2 m unter Schotteroberkante (= ca. 348,5 m ü. NN) entnommene Probe (RAT 1-1) aus einer etwa 60 cm mächtigen Sandzwischenlage ergab ein OSL-Alter von $10,0\pm0,8$ ka und ist damit gleich alt wie Probe GST 101-1 aus der Ha2-Terrasse ($10,6\pm1,2$ ka) in unmittelbarer Nähe. Die Oberflächen dieser beiden Terrassen liegen immerhin ca. 7 m auseinander. Dies ist ein weiterer Beleg für die hohe Geomorphodynamik, die im Zusammenspiel der verschiedenen am Aufbau der Innterrassen beteiligten fluvialen Systeme entsteht und die innerhalb kurzer Zeit eine ganze Serie von Terrassen hervorbrachte.

Über ihre Höhenlage lässt sich die Ha4-Terrasse von Ratgeber mit einem Terrassenniveau am linken Ufer der Salzach, nördlich des Weilers Neuhofen in etwa 7,5 km Entfernung korrelieren. Dort wurden Bohrungen in den Deckschichten niedergebracht, die an ihrer Basis Maximalalter aus dem frühen Holozän aufweisen und so den Altersbeleg aus der Kiesgrube Ratgeber stützen (Bohrungen KEM 6, 7 und 8).

Profil Ratgeber 2

Am Rand der Kiesgrube ist das Deckschichtenprofil Ratgeber 2 aufgeschlossen (RAT 2 in Beilage 1, RW 4570965 / HW 5342999). Über den unverwitterten Terrassenschottern (II elC), die in einer Tiefe von 105 cm unter Geländeoberfläche angetroffen wurden, schließen in einer Mächtigkeit von 5 cm verwitterte Schotter an (II Bv). Darüber folgt die sandige Deckschicht, die sich in einen Bv (-100 cm bis -30 cm) und einen Ah (oberhalb -30 cm) un-

Abbildung 3.29: Aufschluss Ratgeber 1. Der Aufschluss liegt in einer Terrasse nordöstlich der Salzachmündung.

terteilen läßt. In der lehmig-sandig bis schluffig-sandigen Deckschicht ist somit eine Braunerde entwickelt (Abb. 3.30, Tab. 3.2). Die gute Sortierung des sandigen Sediments (Kornsummenkurve in Abb. A.2) sowie die im Profil erkennbare Laminierung machen eine fluviale Entstehung wahrscheinlich. Das Profil ist bis in eine Tiefe von 105 cm entkalkt und weist pH-Werte im mäßig sauren Bereich um 5,5 auf. Mit Erreichen des unverwitterten Schotters geht ein sprunghafter Anstieg des pH-Wertes auf 8,4 einher.

Tabelle 3.2: Sedimentologische und pedologische Daten der Profils Ratgeber 2. Die ausführlichen Ergebnisse der Korngrößenanalyse sind in Tabelle A.2 dargestellt.

	RW	4570965	HW	5342999	Höhe	353 m		
	H.-Grenze			Carbonat	Bodenart	Organik		
Horizont	[cm]	Farbe	pH	[%]	(FB)	[%]	Gefüge	Proben-Nr.
Ah	-30	10YR 4/3	5,4	0,1	Sl2	0,3	kru-sub	RAT 2-7
Bv (oben)	-100	10 YR 4/4	5,6	0,1	Su2	0,1.	sub-ein	RAT 2-8
Bv (unten)		10 YR 4/4	5,4	–	Ss	–	ein	RAT 2-9
II Bv	-105	10YR 5/6	5,4	0,1	Su2	–	ein	RAT 2-10
II elC	105+	10 YR 4/4	8,6	11,3	Ss	–	ein	RAT 2-11

(a)   (b)

Abbildung 3.30: Profil Ratgeber 2. Das Profil liegt nördlich des Inns westlich der Ortschaft Gstetten (Flurname Ratgeber) auf der Ha4-Terrasse auf 353 m ü. NN. In der ca. 1 m mächtigen sandigen Deckschicht ist eine Braunerde entwickelt. Die Ergebnisse der Feldansprache sowie die Laborwerte sind in Tabelle 3.2 zusammengestellt. Abbildung (b) zeigt die Laminierung des sandigen Sediments, die zusammen mit der guten Sortierung des Substrats (erkennbar am steilen Verlauf der Kornsummenkurven, vgl. Abb. A.2) den fluvialen Charakter der Ablagerung belegt. Die Ergebnisse der Korngrößenanalyse finden sich in Tabelle A.2. Die Kornsummenkurven der einzelnen Horizonte stellt Abbildung A.2 dar.

Die Schwermineralvergesellschaftung der Deckschicht (Probe RAT 2-9, Abb.3.31) zeigt den Einfluss der Verwitterung im Bereich der Bodenbildung durch die Zurückdrängung des Granats. Auffällig ist das Vorkommen des Zirkons mit 4%, der von GRIMM (1957) und ZÖBELEIN (1940) zu den typischen Mineralen moldanubischen Ursprungs gezählt wird und deswegen in dieser Position etwas überrascht. Die ebenfalls relativ hohen Anteile von Turmalin (6%) und Staurolith (7%), die beide alpinen Ursprungs, aber in frischen Sedimenten sehr selten sind, machen einen Einfluss des Tertiärhügellands (Quarzrestschotter) als Sedimentliefergebiet wahrscheinlich.

Die Ha4-Terrasse an der Salzach

Nordöstlich von Haiming bildet die Ha4-Terrasse die dem Weiler Winklham vorgelagerte, in 354 m ü. NN bzw. 10 m über Inn und Salzach gelegene Terrasse. Haiming selbst liegt größtenteils auf der Ha4-Terrasse. Ein größerer Rest der Ha4-Terrasse liegt, als idealtypischer

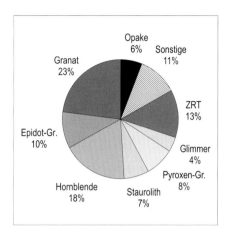

Abbildung 3.31: Schwermineralspektrum der Deckschicht in Profil Ratgeber 2. Der rezente Verwitterungsein-fluss wird durch die Reduzierung des Granatanteils deutlich. Staurolith und Turmalin deuten auf Sedimentein-trag aus dem Tertiärhügelland hin, da sie in frischen alpinen Sedimenten vergleichsweise selten sind. Sonstige: Chloritoid 6%, Titanit 2%, Sillimanit 1%, n.b. 4%.

Mäanderbogen ausgebildet, nördlich der Ortschaft Neuhofen in einer durchschnittlichen Höhe von 360 m ü. NN. Auf der Innenseite des ehemaligen Mäanders liegt die Gelände-oberfläche bei 363 m ü. NN, um in Richtung des ehemaligen Prallhangs auf 360 m abzu-fallen. Die Bohrungen Kemerting 6, 7 und 8 wurden analog zu den Bohrungen Kemerting 1, 4 und 5 (470 m nordwestlich gelegen) in einer Linie quer zur (ehemaligen) Fließrichtung niedergebracht. Kemerting 6 liegt nahe der 7 m hohen Kante zum Ha2-Niveau, auf dem sich die Ortschaft Kemerting befindet, im oder in der Nähe des angenommenen Rinnentiefsten (ehemaliger Stromstrich), die Bohrungen Kemerting 7 und Kemerting 8 wurden im Abstand von 5–10 m gleithangaufwärts niedergebracht.

Bohrung Kemerting 6
Bohrung KEM 6 (Abb. 3.32) setzt bei einer Höhe von 360 m ü. NN an und erreicht eine End-teufe von 6 m. Die Obergrenze der verwitterten Terrassenschotter (VIII lCv) liegt bei einer Tiefe von 565 cm (etwa 354 m ü. NN). Darüber schließt sich eine von Mittelsand beherrschte Lage an (VII lCv), die genauso wie die liegenden Schotter kalkfrei ist und Eisenoxiddyna-mik zeigt. Eine OSL-Datierung im VII lCv in 545 cm Tiefe ergab ein Alter von 8,2±0,8 ka. Nach oben folgt bis Kerntiefe 263 cm ein einheitlich grauer, ebenfalls von Mittelsand domi-nierter Horizont (VI lCn), der im Gegensatz zu den Horizonten im Liegenden nun Carbonat aufweist (0,9% in bei Tiefe 545 cm, 15,6% bei Tiefe 339 cm). Er zeichnet sich durch eine sehr gute Sortierung aus, wobei die Korngrößen im Vertikalprofil innerhalb des Horizonts infolge eines pendelnden Stromstrichs leichten Schwankungen unterliegen (vgl. die Korn-summenkurven in Abb. A.9, Proben KEM 6-9, KEM 6-8, KEM 6-7). Der gesamte Horizont zeigt eine Laminierung des Substrats im Millimeterbereich. Im VI lCn-Horizont wurden

vier OSL-Datierungen durchgeführt: Eine Datierung bei Tiefe 453 cm ergab 14,9±1,4 ka, bei 430 cm ergab sich ein Alter von 15,6±1,1 ka, bei 350 cm eines von 9,3±0,9 ka und bei 270 cm schließlich eines von 7,1±0,8 ka.

Die starke Streuung der Daten und die hohen Alter der tiefer gelegenen Proben bereiten Schwierigkeiten bei der Interpretation. So können die Alter sicherlich nur als Maximalalter verstanden werden, wobei immer die Problematik der ungenügenden Rückstellung des prä-sedimentären OSL-Signals bedacht werden muss. Das ^{14}C-Alter von 3.525–3.430 cal a BP aus Horizont VI lCn, das aus fein verteilten Pflanzenflittern gewonnen wurde, die über ei-ne Kernstrecke von 26 cm verteilt waren (Tiefe 419–445 cm), ist ebenfalls schwierig zu interpretieren.

Eine vorläufige Verlandung des Flussarms dokumentiert sich im kalkfreien, stark schluffi-gen V lC (Probe KEM 6-6 in Abb. A.9) mit seinen deutlich feineren Korngrößen und seiner schlechteren Sortierung. Die etwas dunklere Färbung im Vergleich mit dem Liegenden VI lC rührt von seinem Gehalt an fein verteiltem organischen Material her.

Im nach oben anschließenden IV lC konnte eine etwa 0,5 cm mächtige Lage feinen Pflanzenhäcksels, eingebettet in toniges Sediment (Kerntiefe 233 cm), über ^{14}C auf 6.550–6.365 cal a BP datiert werden. Der kurzen Verlandungsphase folgt eine erneute Reaktivie-rung des fluvialen Geschehens, die sich in der Sedimentation gröberer Korngrößen und einer besseren Sortierung im IV lC-Horizont (Tiefe 89–244 cm) niederschlägt. Ein OSL-Alter im IV lC (Tiefe 217 cm, unmittelbar über der ^{14}C-datierten Organik) liegt mit 12,3±1,0 ka er-neut deutlich zu hoch, während ein weiteres OSL-Datum aus dem oberen Bereich des IV lC (Tiefe 130 cm) mit 7,0±0,8 ka ein innerhalb der Fehlergrenzen mit dem ^{14}C -Datum aus demselben Horizont übereinstimmendes und damit glaubhafteres Ergebnis liefert.

Die endgültige Verlandung des Flussarmes dokumentiert sich im nach oben anschließen-den Kernbereich mit einer Verschiebung des Korngrößenspektrums in den schluffig-tonigen Bereich bei gleichzeitig abnehmendem Sortierungsgrad (Probe KEM 6-3). Das organische Material im II Sd+III fAa besitzt ein ^{14}C-Alter von 3.210–3.050 cal a BP. Nach oben wird das Profil von einem pseudovergleyten Kolluvium aus sandigem Lehm abgeschlossen. Der M-Sw weist ein OSL-Alter von 4,4±0,6 ka auf, das innerhalb der Fehlergrenzen im Ver-gleich mit dem ^{14}C-Alter aus dem unmittelbar darunter liegenden II Sd+III fAa leicht über-bestimmt, aber immer noch glaubwürdig erscheint.

Die Interpretation des Kernes und der aus ihm gewonnenen Altersdaten ist also nicht ganz ohne Schwierigkeiten. Dennoch ist eine landschaftsgeschichtliche Deutung möglich, wenn gewisse Einschränkungen mitbedacht werden. Folgende Interpretation der Bohrung Kemerting 6 scheint möglich und hinreichend plausibel:

1. Die *Sedimentation der Terrassenschotter* war spätestens im ausgehenden Boreal be-endet. Aus dem frühen Atlantikum ist bereits eine sandige Deckschicht erhalten, die in eine Rinne im distalen Bereich eines Mäanderarms auf der Schotterterrasse abge-lagert wurde (8,2±0,8 ka in Tiefe 545 cm). Die Oberkante der Schotter liegt in der Rinne bei 354 m ü. NN.

2. Ein *erster fluvialer Sedimentationszyklus* nach Abschluss der Bildung der Schotterter-rasse füllt die Rinne sehr rasch mit ca. 3 m Sand auf (7,1±0,8 ka in Tiefe 270 cm).

Der Abschluss des ersten Sedimentationszyklus wird durch die tonig-schluffige Verlandungsfazies des V lC angezeigt (Tiefe 244–263 cm).

3. Es kommt zu einer Reaktivierung der Rinne, die einen *zweiten fluvialen Sedimentationszyklus* in Gang setzt. Am Anfang des zweiten Zyklus kommt es noch einmal für kurze Zeit zu einer Verlandung, die in der tonigen Lage bei Tiefe 233 cm dokumentiert ist und die über die in ihr eingebettete Organik auf das jüngere Atlantikum datiert werden kann (6.550–6.365 cal a BP). Nach dieser kurzen Sedimentationspause erfolgt wieder eine rasche Auffüllung (7,0±0,8 ka in Tiefe 130 cm). Der zweite Verlandungshorizont hat seine Obergrenze bei 68 cm unter GOF und enthält anmooriges Material, das ins späte Subboreal datiert.

4. Der *dritte* in Bohrung Kemerting 6 dokumentierte *Sedimentationszyklus* ist kolluvialer Natur, erkennbar an dem gröberen Sediment und der schlechteren Sortierung. Das Kolluvium weist ein OSL-(Maximal-)Alter im Subboreal auf.

Die OSL-Daten aus Kern Kemerting 6 zeigen wieder die schon aus den Bohrungen KEM 1 bis KEM 5 bekannten Probleme. Offenbar wurde das Sediment während des Transports häufig nur unzureichend belichtet, was eine Altersüberbestimmung zur Folge hat. Durch die Verknüpfung von ^{14}C-Daten mit den OSL-Datierungen kann dieses Problem aufgedeckt und in gewissen Grenzen auch kontrolliert werden.

Bohrung Kemerting 7
Bohrung Kemerting 7 (KEM 7, Beilage 1) liegt 10 m südöstlich von Bohrung Kemerting 6. Der Ansatzpunkt befindet sich wieder auf 360 m ü. NN, allerdings werden die Terrassenschotter schon bei 385 cm unter Geländeoberfläche erreicht. Der oberste Bereich der Schotter (VI clCv), den die Rammkernsonde noch erreicht, zeigt Verwitterungsspuren in Form von Eisenoxidüberzügen über den Geröllen. Allerdings reagiert die Matrix auch stark auf den Salzsäuretest, was zusammen mit den Verwitterungsmerkmalen bedeutet, dass es sich um eine sekundäre Aufkalkung handelt. Nach oben schließt sich ein stark kalkhaltiger, fast aus reinem Mittelsand bestehender Bereich an (V lCn), der bis cm 244 reicht. Die Horizonte IV lC (199–244 cm unter GOF) und III lC (157–199 cm unter GOF) besitzen zwar das gleiche Korngrößenspektrum und dieselbe, hervorragende Sortierung (Abb. A.10, S. 180) wie V lCn, zeigen jedoch Spuren von Verwitterung (Braunfärbung) und sind entkalkt. Ein anmooriger Horizont (II fAa) markiert die endgültige Verlandung der Rinne in Bohrung Kemerting 7. Das organische Material besitzt ein ^{14}C-Alter von 4.880–4.705 cal a BP und ist damit älter als die anmoorigen Sedimente aus Kern KEM 6, die allerdings auch einen Meter höher angetroffen wurden. Offensichtlich befindet sich Bohrung Kemerting 7 in einer Rinne in der Deckschicht, in der der Eintrag der organischen Sedimente früher einsetzt als im Bereich der benachbarten Bohrung Kemerting 6.

Analog zu Bohrung Kemerting 6 trennt der anmoorige Horizont auch in Bohrung Kemerting 7 zwei in ihrem Sedimentcharakter völlig verschiedene Kernbereiche. Unterhalb des Anmoor-Horizonts liegen sehr gut sortierte Mittelsande, darüber schlecht sortierter, schluffiger Lehm (Abb. A.10 im Anhang). Auch hier unterliegt dieses als Kolluvium anzusprechende Sediment der Pseudovergleyung, bedingt durch die wasserstauende Wirkung des tonig-schluffigen II fAa. Der bei der Bohrung durchschlagene Stein im Ah in 23 cm Tiefe scheint Teil eines aus Meliorationsgründen auf die feuchte Wiese, in der sich die Bohrung befindet, aufgebrachten künstlichen Auftrags zu sein, der anschließend mit dem Original-Ah wieder bedeckt wurde.

Bohrung Kemerting 8
Bohrung Kemerting 8 liegt 5 m südöstlich von Bohrung Kemerting 7 und setzt in 360 m ü. NN an. Die verwitterten Terrassenschotter (VI clCv) werden in 372 cm Tiefe erreicht. Wie in Bohrung Kemerting 7 sind sie sekundär aufgekalkt. Über ihnen folgt ein frisch aussehender, kalkhaltiger Horizont (V lCn), der bis in 246 cm unter GOF reicht und in den mehrere Lagen feinen Pflanzenhäcksels eingelagert sind. Bei Tiefe 280 cm wird die Abfolge von einer kurzzeitigen Verlandung, markiert durch ein 3 cm mächtiges Tonband mit feinen Pflanzenflittern, unterbrochen. In 365 cm Tiefe ergab sich ein Alter von 6.450–6.335 cal a BP, in 350 cm Tiefe eines von 6.775–6.420 cal a BP. Damit weisen die hier angetroffenen Pflanzenreste dasselbe Alter auf wie diejenigen aus Bohrung Kemerting 6 bei Tiefe 233 cm. Das bedeutet, dass zur Zeit der Einlagerung der Pflanzenreste das Rinnentiefste in der Nähe von Bohrung Kemerting 8 gelegen haben muss. Vorher abgelagertes Decksediment war also beinahe bis auf die Schotteroberfläche wieder abgetragen.

Nach oben schließt sich ein kalkfreier, leichte Verwitterungsspuren zeigender Horizont (IV lC) an, der nach oben feiner wird. In seinem Hangenden folgt ein schluffig-feinsandiger III Sd. Der Übergang zum Kolluvium ist in Kern Kemerting 8 nicht so scharf wie in den benachbarten Bohrungen. Eine deutlich ausgeprägte Verlandungsfazies und eine anmoorige Schicht fehlen. Der M-Sw ist im unteren Bereich sandig, im oberen Teil schluffig-lehmig. Erneut unterscheidet sich der M-Sw von den liegenden Horizonten deutlich durch seinen wesentlich geringeren Sortierungsgrad (Abb. A.11 im Anhang).

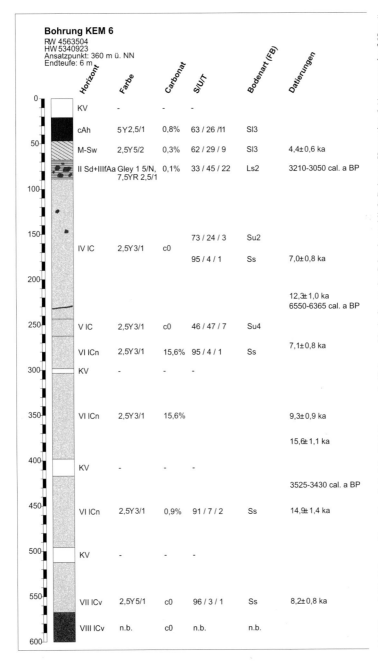

Abbildung 3.32: Bohrung Kemerting 6. Auf der Ha4-Terrasse nördlich von Neuhofen an der Salzach erschließt Bohrung Kemerting 6 (Ansatzpunkt: 360 m ü. NN, Endteufe: 6 m) eine 565 cm mächtige Deckschichtenabfolge über der Schotterterrasse. Die Deckschicht dokumentiert (mindestens) zwei fluviale Sedimentationszyklen und wird nach oben von einem Kolluvium abgeschlossen.

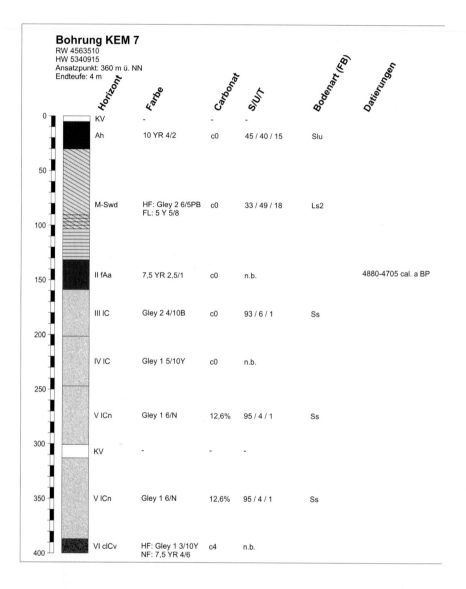

Abbildung 3.33: Bohrung Kemerting 7, gegen KEM 6 um 10 m den Gleithang des ehemaligen Mäanderarms der Salzach hinauf versetzt niedergebracht, erreicht nur noch eine Endteufe von 4 m. Bei 385 cm unter GOF werden die Terrassenschotter erreicht. Die Abfolge der Sedimente ist sehr ähnlich wie in Bohrung KEM 6. Besonders markant: der anmoorige Horizont an der Grenze (markiert durch Unterschiede in Korngrößen und Sortierungsgrad) des sandigen Decksediments (Rinnenfüllung) zum Kolluvium.

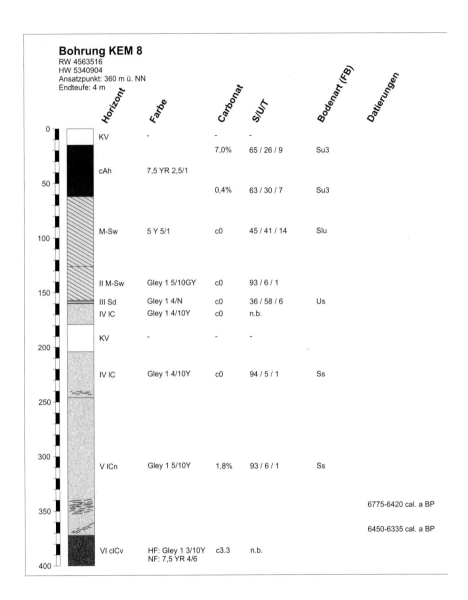

Abbildung 3.34: Bohrung Kemerting 8. Die Bohrung liegt gegenüber KEM 7 um fünf Meter gleithangauf-wärts. Die Terrassenschotter werden in 372 cm Tiefe erreicht. Hier fehlt die anmoorige Schicht, die Trennung zwischen einer fluvialen Rinnenfüllung und einem Kolluvium im Top ist aber dennoch deutlich ausgeprägt.

Interpretation der Bohrungen KEM 6–KEM 8

Obwohl einige der OSL-Datierungen wohl überbestimmt sind, ergibt sich aus den drei nebeneinander niedergebrachten Bohrungen ein ungefähres Bild der Entwicklung der Ha4-
Terrasse an der Salzach: Die Bildung der Schotterterrasse war spätestens im Boreal abgeschlossen. Da die Schotteroberkante aber in ihrer Höhe mit der in der Kiesgrube Ratgeber
datierten Terrasse korreliert, ist ein präboreales Alter der Schotter wahrscheinlich. Es folgt
eine schnelle Akkumulation von gut sortierten und geschichteten Sanden, die durch die Datierungen sowohl der Sande selbst als auch der eingelagerten Organik in mehrere Phasen
unterteilbar ist. Dabei ist zu beobachten, dass das Rinnentiefste des Mäanderarms einer
Pendelbewegung unterlag. Möglicherweise stammt die sandige Rinnenfüllung aber auch
gar nicht von der Salzach, sondern wurde über von der Niederterrasse herabströmende (heute verlandete) Bäche eingetragen, die lediglich alte Salzachrinnen nutzten. Die endgültige
Verlandung der Tiefenlinie wird von einer tonig-schluffigen Lage markiert, die mit anmoorigen Ablagerungen verzahnt ist und über die der Verlandungsprozess ins Jüngere Atlantikum
eingeordnet werden kann. Das Top bildet in allen drei Bohrungen ein schlecht sortiertes,
pseudovergleytes Kolluvium, das ein OSL-(Maximal-)Alter im Subboreal aufweist.

Aufschluss Alzberg 1

Westlich der Alz sind die Schotter der Ha4-Terrasse in einer Kiesgrube nahe des Gehöfts
Alzberg aufgeschlossen (AZB-1 in Beilage 1). Die Geländeoberfläche liegt bei 373 m ü.
NN. Die Schotter zeigen im Aufschluss lagenweise hydromorphe Merkmale in Form von
Oxidüberzügen auf den Geröllen. In 7 m unter Schotteroberkante (364 m ü. NN) weist
die westliche Aufschlusswand mehrere auffällige, horizontbeständige kreisrunde Löcher auf
(Abb. 3.35), die teilweise Holzreste enthalten. Die Hohlräume blieben offensichtlich zurück,
nachdem die ursprünglich in den Schotterkörper eingebetteten Baumstämme verwittert waren. Die ^{14}C-Datierung von Holzresten aus dem Aufschluss ergab ein kalibriertes Alter von
11.235–11.175 Kalenderjahren vor 1950. Damit bestätigen die ^{14}C-Alter aus der Kiesgrube
Alzberg das über die Lumineszenzdatierung bestimmte präboreale Alter der Ha4-Terrasse.

Zusammenfassend lässt sich also festhalten, dass die Terrassen Ha1 bis Ha4 vermutlich
alle im Präboreal entstanden sind.

3.2.5 Die Terrassen des jüngeren Holozäns (Hj1)

Zwischen der ins Präboreal datierten Ha4-Terrasse und der Aue liegt ein weiterer Terrassenkomplex (Hj), das wegen seiner teilweise fließenden Übergänge in die Aue ins jüngere Holozän gestellt wurde. Östlich von Alzgern liegt die Oberfläche der Hj1-Terrasse bei
durchschnittlich 365 m ü. NN und fällt nach außen auf 363 m ü. NN ab. Nördlich von
Jaubing beträgt die Sprunghöhe zur Aue 1–2 m, etwa einen Kilometer weiter östlich im Bereich der „Lohe" nördlich Mittling geht das Hj1-Niveau ohne klar erkennbare Stufe in die
Aue über. Dieser Rest der Hj1-Terrasse wurde von MÜNICHSDORFER (1923) als Niederndorfer Terrasse kartiert. Wie schon bei der Ha4-Terrasse ist auch im Fall der Hj1-Terrasse
gut zu erkennen, dass sie von einem mäandrierenden Fluss gebildet wurde. Sie erodiert die
höheren Niveaus in Form von weit geschwungenen Bögen. Im Bereich von Jaubing (östlich
von Alzgern) zeigt die Terrasse in ihrem distalen Bereich, nahe der Kante zu den höheren
Niveaus eine starke Neigung zur Vernässung. In tonigem Sediment, das hier im Zuge der

Abbildung 3.35: Aufschlusswand in der Kiesgrube Alzberg. Die Hohlräume enthielten Reste von Baumstämmen aus dem Präboreal (11.235–11.175 Kalenderjahre vor 1950). Die Schotter weisen hydromorphe Merkmale auf.

Verlandung des ehemaligen Hauptarms abgelagert wurde, sind Gleye entwickelt. Die Vernässung der distalen Terrassenbereiche ist eine Gemeinsamkeit mit der Ha4-Terrasse von Alzgern.

An der Einmündung von Alz und Salzach und unmittelbar östlich davon zeigt die Hj1-Terrasse sehr schön, wie sehr die einmündenden Flüsse die Erosionskraft des Inns flussabwärts verstärken. Während die Hj1-Terrasse bei Jaubing und Perach noch ohne oder mit nur einer sehr niedrigen Stufe zur Aue abfällt, liegt sie bei Marktl, das auf der Hj1-Terrasse liegt, 8 m über dem Aueniveau. Südöstlich von Seibersdorf liegt eine schmale Leiste im Hj1-Niveau mit 352 m ü. NN nur noch 2 m über der Aue. Die Hj1-Terrasse östlich von Ramerding bei Flusskilometer 65 unterhalb der Salzachmündung liegt bei ca. 347 m ü. NN und damit etwa 5–6 m über der Ritzinger Au.

Die Tiefenlage der Quartärbasis zwischen Neuötting und der Alzmündung
Ein weiterer Grund für die teilweise starke Vernässung der Hj1-Terrasse ist möglicherweise in der nahen Tertiäroberfläche zu suchen. Im Ortsbereich von Perach liegt auf der Hj1-Terrasse die Bohrung Perach CF 3. Sie setzt bei 370 m ü. NN und trifft in 355 m ü. NN auf die Tertiäroberfläche. Ähnliche Verhältnisse sind für den Raum Jaubing (Hj1) und Alzgern (Ha4) zu vermuten, die nur etwa eineinhalb Kilometer südlich liegen. Ein weiterer Beleg für die Tiefenlage der Quartärbasis liegt auf der Niederterrasse etwa 500 m südlich der Kirche von Alzgern. 200 m südlich der Kante der NT zu den tieferen Niveaus liegt Bohrung Alz-

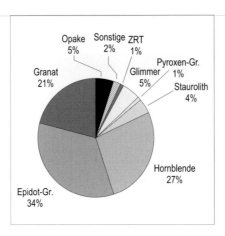

Abbildung 3.36: Die Schwermineralvergesellschaftung der Terrassensande in Aufschluss Alzberg 1. Die Vergesellschaftung zeigt ein Epidot-Hornblende-Granat-Spektrum. Unter den Akzessorien nimmt der Staurolith mit 4% den größten Anteil ein, Glimmer sind mit 5% am Spektrum vertreten. Sonstige: Baryt 2%, n.b. 5%.

gern 1. Sie setzt in einer Höhe von 405 m ü. NN an und durchteuft 49 m quartäre Schotter, bis sie in 356 m ü. NN das Tertiär erreicht. Dies ist ein Beleg sowohl für die mächtige kaltzeitliche Aufschotterung (vor allem der Alz, in deren Mündungsbereich die Bohrung liegt) als auch für die intensive prä-würmzeitlichen Erosion an dieser Stelle. Die Tieferlegung der Tertiäroberfläche unter der Aue belegt Bohrung Perach CF 1, die in der Aue nördlich von Alzgern in 363 m ü. NN ansetzt und bei 345 m ü. NN das Tertiär erreicht.

Der Rolle der Alz mit ihrem starken Gefälle und der daraus resultierenden Erosionsenergie belegt der Vergleich der eben zitierten Bohrungen aus dem Alzmündungsgebiet mit verschiedenen Bohrungen aus dem Raum Alt- und Neuötting nur wenige Kilometer innaufwärts, wo der würmzeitliche Einfluss der Alz nicht mehr wirksam wurde (belegt durch den Erhalt der Hochterrasse südlich der Bohrungen): Bohrung Kastl 2 erreicht das Tertiär 24 m unter GOF (386 m ü. NN), Bohrung Kastl 1 in 25 m unter GOF (380 m ü. NN). Im Inn bei Neuötting liegt das Tertiär 10 m unter dessen Sohle (355 m ü. NN; Bohrung Neuötting Staustufe) und damit in vergleichbarer Tiefe wie in der nordwärts angrenzenden Aue im Ortsbereich von Eisenfelden (Bohrung Neuötting: Tertiäroberfläche bei 353 m ü. NN, 15 m unter GOF). Eine synoptische Darstellung der Schottermächtigkeiten und der Tiefenlage der Quartärbasis zwischen Neuötting und Kirchdorf bieten die Talquerprofile in Beilage 5 (zur Lage der Talquerprofile siehe Beilage 1).

3.3 Die Terrassenfolge zwischen Kirchdorf am Inn und Aigen am Inn

Der Laufabschnitt des Inntals zwischen dem südwestlich von Simbach gelegenen Kirchdorf und Aigen am Inn nimmt eine Zwischenstellung zwischen den beiden anderen betrachteten Schwerpunktgebieten ein (Karte in Beilage 2, synoptische Talquerprofile in Beilage 6). Er liegt zum einen östlich der Einmündung der großen Tributäre Alz und Salzach, die jeweils ausgedehnte eigene Terrassensysteme aufgebaut haben, und andererseits noch westlich der weiten Öffnung des Inntals in den „Schärdinger Trichter". Auch in diesem mittleren Abschnitt des unteren Inntals ist eine beständige Nordwanderung des Flusses zu erkennen: Deckenschotterreste, Hoch- und Niederterrasse sind nur südlich des Inns vorhanden. Die älteste nördlich des Inns erhaltene, durchgehend zu verfolgende Terrasse ist die SGa3-Terrasse.

Zwei größere Nebenflüsse münden im Gebiet zwischen Kirchdorf und Aigen von Süden in den Inn: Bei Braunau wird die Terrassenlandschaft von der Mattig durchbrochen, die in ihrem Mündungsbereich die Innterrassenlandschaft durch ihre eigenen Schüttungen überprägt, allerdings in weit geringerem Maß als Alz und Salzach. Zehn Kilometer flussabwärts mündet die Mühlheimer Ach. Von Norden münden bei Simbach und Prienbach die jeweils gleichnamigen Bäche, bei Ering der Kirnbach in den Inn. Alle drei Bäche haben sich in schmalen, tiefen Rinnen in die Terrassen eingeschnitten. Östlich von Malching zieht ein Schwemmfächer aus dem Tertiärhügelland herunter und legt sich über die vorgelagerten Terrassen.

Südwestlich von Ranshofen bei Braunau sind die mächtigen Niederterrassenschotter in tiefen Kiesgruben aufgeschlossen. Eine Tendenz zur Vernässung zeigt sich auf den spät- und postglazialen Terrassen vor allem südlich des Inns. Sie kann als Hinweis auf die Nähe zur Tertiäroberfläche dienen.

3.3.1 Die Niederterrasse

Die Niederterrasse ist im Gebiet zwischen Kirchdorf und Aigen nur südlich des Inns ausgebildet. Im Lachforst südlich von Ranshofen liegt ihre Oberfläche bei durchschnittlich etwa 385 m ü. NN. Der Lachforst bildet ähnlich wie der Weilhartforst nochmals einen – allerdings im Vergleich mit letzterem wesentlich flacheren – Schwemmkegel, der von einem die Nordostflanke des würmzeitlichen Salzachgletschers drainierenden Entwässerungssystem geschüttet wurde. In Süd-Nord-Richtung beträgt sein Oberflächengefälle zwischen dem Ort Enknach südlich von Ranshofen (398 m ü. NN) am Fuß der Hochterrasse und Ranshofen an der Kante der Niederterrasse (380 m ü. NN) 18 m und damit auf einer Strecke von 3,9 km etwa 4,6‰ (vgl. auch Profil L-M in Beilage 6).

Inntalabwärts lässt sich die Niederterrasse bis an den Taleinschnitt der Mühlheimer Ach verfolgen. Dort endet die Inntal-Niederterrasse. Östlich der Mühlheimer Ach grenzt die Hochterrasse direkt an die spät- und postglazialen Terrassen an. Niederterrassenäquivalente finden sich allenfalls in den Nebentälern (z.B. an der Pram südlich von Schärding). Zwischen Ranshofen und St. Peter am Hart erniedrigt sich die Oberfläche der Niederterrasse von 380 auf 372 m ü. NN und besitzt damit auf der 6 km langen Strecke ein Gefälle von 1,3‰. Dieser Bereich liegt noch in der Scheitelzone des Lachforst-Schwemmfächers. Auf dessen Ostflanke nimmt das Gefälle deutlich zu: Zwischen St. Peter (372 m ü. NN) und Gundholling (355 m ü. NN) beträgt es 2,2‰.

Die südliche Begrenzung der Niederterrasse wird von der Hochterrasse gebildet. Diese zeigt im Vergleich mit der Niederterrasse ein deutlich lebhafteres Relief, das durch die

zahllosen periglazialen Solifluktionstälchen entsteht, die in die Hochterrassenfläche zurückgreifen. Die mittlere Höhenlage der Hochterrasse beträgt südlich von Ranshofen zwischen
410 und 420 m ü. NN, östlich der Mattig noch um 400 m ü. NN, woraus sich eine Sprunghöhe zur Niederterrasse von 20–30 m ergibt. Die Kante der Hochterrasse zur Niederterrasse ist
allerdings weit weniger scharf ausgebildet als diejenige der Niederterrasse zu den spät- und
postglazialen Terrassen, die nördlich an sie angrenzen. Hierin ist die Wirkung spätglazialer
frostdynamischer Prozesse zu erkennen. Bei Oberrothenbuch (Beilage 2) südwestlich von
Ranshofen fällt die Niederterrasse in Form einer steilen, 30 m hohen Stufe zur Ha4-Terrasse
ab (vgl. auch Talquerprofil N-O in Beilage 5). Bei Blankenbach grenzt die Niederterrasse an
die SGj1-Terrasse und bildet hier einen ca. 20–25 m hohen Steilrand.

Südlich und östlich von Braunau befinden sich beiderseits des Mattigtals Terrassenreste,
die nur eine lokale Verbreitung besitzen und zwischen die Niederterrasse und die beiderseits
des Inns weit verbreitet nachweisbare SGa3-Terrasse eingeschaltet sind. Sie vermitteln in
der Höhenlage zwischen der Niederterrasse und der SGa3-Terrasse und sind, da sie über
weite Strecken mit keinen anderen Terrassenresten korrelierbar sind, genetisch der Mattig
zuzuordnen. Östlich von Guggenberg bei St. Peter am Hart grenzt die Niederterrasse wieder
in Form eines 15 m hohen Steilrandes an die SGa3-Terrasse des Inns. Bei Gundholling
(westlich der Mühlheimer Ach) hat sich die Sprunghöhe NT–SGa3-Terrasse bereits auf ca.
10 m verringert.

Die Niederterrasse trägt eine mächtige (100–130 cm) sandig-schluffige Deckschicht. Wie
KLOB und FRONZ (1998) zeigen konnten, ist der charakteristische Bodentyp der Niederterrasse die Parabraunerde (vgl. Tab. 3.3). Der hohe Schluffgehalt (58% im Al von Profil II,
Tab. 3.3) spricht nach KLOB und FRONZ (1998) für eine äolische Bildung. Allerdings befinden sich auch Kiesel im Profil. Diese erklären KLOB und FRONZ (1998) durch eine Beteiligung von fluvialer Umlagerung bei der Genese der Deckschicht. Vielmehr handelt es
sich aber wohl um aufgefrorene Steine aus dem kiesigen II Bt (verwitterter Schotterhori-
zont). TERHORST et al. (2002) konnten durch Datierungen von Lössen an der Kante der
Hochterrasse bei Gunderding (6,5 km östlich von Profil II) eine hohe Lössakkumulations-
rate im Spätglazial (14,2±1,2–15,7±1,6 ka) nachweisen. Der Zeitraum der von TERHORST
et al. (2002) datierten intensiven Lössdynamik deckt sich mit dem Zeitfenster für die Bildung der 15 m unterhalb der NT liegenden SGa3-Terrasse, wie sie im Rahmen der vorliegenden Arbeit in der Kiesgrube Berg datiert wurde (Aufschluss Berg 1, Probe BRG 1-1,
Abb. 3.20). Eine weitere Datierung der SGa3-Terrasse, die denselben Bildungszeitraum für
die SGa3-Terrasse wahrscheinlich macht, liegt aus einer Kiesgrube bei Mühlheim vor. Der
Inn muss also bereits kurz nach der Akkumulation der Niederterrasse mit einer starken Ein-
schneidung in seine hochglazialen Sedimente begonnen haben: Ein Hinweis darauf, dass
die Maximalstände der Gletscher des letzten glazialen Maximums nur sehr kurz andauerten
und bereits mit dem beginnenden Gletscherrückzug eine intensive Zerschneidung der über-
höhten Bereiche im Gletschervorfeld einsetzte. Im Fall Berg ist die Situation zwar aufgrund
der schwemmfächerartig von Süden einmündenden Salzachniederterrasse schwierig abzuschätzen, jedoch darf bei einer Extrapolation der Niederterrassenfläche nach Norden sicherlich mit einer Höhendifferenz zwischen NT und SGa3 von 15–20 m gerechnet werden. Bei
St. Peter beträgt der Höhenunterschied (s.o.) zwischen NT und SGa3 ca. 15 m. Das heißt,
dass die Niederterrasse zur Zeit der Benutzung der SGa3-Terrasse schon trockengefallen

war und so einerseits das SGa3-Niveau als Ausblasungsgebiet, andererseits die Niederterrasse – genauso wie die nach Süden anschließende Hochterrasse – als Akkumulationsgebiet für den spätglazialen Löss zur Verfügung stand. Der räumliche Zusammenhang ist in der Karte in Beilage 2 und dem Talquerprofil I-K in Beilage 6 dargestellt.

Tabelle 3.3: Daten des Profils II aus KLOB und FRONZ (1998). Das Profil zeigt eine Parabraunerde in sandig-schluffiger Deckschicht auf der Niederterrasse südlich St. Peter am Hart.

	RW	4581620	HW	5346200	Höhe	372 m	
Horizont	H.-Grenze	Farbe	Carbonat	Bodenart (FB)	Skelett	Gefüge	
Ap	-15	2,5Y 4/4	c0	Uls	mG1	kru	
Al	-34	2,5Y 6/4	c0	Lu	mG1	sub	
Bt	-70	10YR 6/6	c0	Lts	mG1	sub	
II Bt	-129	10YR 4/4	c1	Ts2	mG5, gG3	sub	
II elC	129+	–	c3	mS	mG5, gG3	ein	

3.3.2 Die Terrassen des frühen Spätglazials (SGa1–SGa3)

Das ältere Spätglazial zwischen Kirchdorf und Aigen wird hauptsächlich durch das beiderseits des Inns ausgebildete SGa3-Niveau vertreten. Diese Terrasse konnte bei Mühlheim in einer Kiesgrube auch datiert werden. Beiderseits der Mattig, die östlich von Braunau in den Inn mündet, finden sich Terrassenreste, die keinem anderen Niveau im umgebenden Inntal zugeordnet werden können. Hierbei handelt es sich um schwemmfächerartig von der Mattig ins Inntal vorgeschüttete Sedimente. Aufgrund ihrer Höhenlage sind sie auf einen Inn zwischen der hochglazialen Niederterrasse und der SGa3-Terrasse eingestellt. Wegen der tieferen SGa3-Terrasse, die wieder eindeutig im ganzen Inntal fassbar ist, wurden sie als SGa1 und SGa2 bezeichnet.

Die SGa1-Terrasse

Bei der SGa1-Terrasse handelt es sich um eine östlich der Mattig der NT vorgelagerte Leiste, die in ihrer Streichrichtung ENE eine Längserstreckung von 1.600 m und an ihrem Westende am Abfall zur Mattig bei Jahrsdorf (am südöstlichen Stadtrand von Braunau östlich der Mattig) eine Breite von 400 m hat. Zwischen der Mattig und dem Umspannwerk Jahrsdorf ist ihre Kante zur SGa2-Terrasse nicht mehr nachweisbar, da genau in diesem Bereich die Trasse der Bundesstraße 309 verläuft. Aus demselben Grund scheitert ein Nachweis der SGa1-Terrasse westlich der Mattig. Die mehrspurige B 309 mit drei Anschlussstellen südlich von Braunau macht eine Trennung von SGa1 und SGa2 hier unmöglich.

Östlich des Umspannwerks besitzt sie bei einer Oberflächenhöhe von 358 m ü. NN eine Sprunghöhe zur SGa2-Terrasse von 3 m. 750 m weiter östlich läuft sie allerdings bereits an der Straße Nöfing–St. Peter auf dem SGa2-Niveau aus.

Wie die Bodenaufnahme von KLOB und FRONZ (1998) zeigt, trägt die SGa1-Terrasse nur eine geringmächtige Feinsedimentauflage. Vielmehr sind die von ihnen angesprochenen Böden in ihrem gesamten Profil stark von Kies durchsetzt (vgl. Tab. 3.4). Die Matrix besteht aus schluffigem Sand, wobei der Schluffgehalt mit Annäherung an den Niederterrassenhang ansteigt, was als Beleg für den Eintrag von Material aus der Niederterrassendeckschicht zu werten ist. Außerdem ist zu berücksichtigen, dass die Mattig bei ihrer Mündung in den Inn ständig nach Osten abgedrängt wurde. So kommt auch sie selbst als Eintragsbahn für das Feinsediment in Frage. In den schluffreicheren Substraten besteht eine Tendenz zur Lessivierung, die in den sandigeren Bereichen fehlt. So werden in Abhängigkeit vom Ausgangssubstrat auf demselben Terrassenniveau Braunerden und Parabraunerden nebeneinander angetroffen.

Tabelle 3.4: Daten des Profils IV aus KLOB und FRONZ (1998). Das Profil zeigt eine stark kiesige Braunerde in schluffig-sandiger Matrix auf der SGa1-Terrasse östlich von Jahrsdorf.

	RW	4581000	HW	5346900	Höhe	357 m	
				Bodenart			
Horizont	H.-Grenze	Farbe	Carbonat	(FB)	Skelett	Gefüge	
Ol	+2	–	–	–	–	–	
Ah	-5	2,5Y 4/4	c0	Su2	mG4, fG3, gG2	ein	
Bv	-60	2,5Y 5/6	c0	Su2	mG4, fG3, gG3	ein	
elC	60+	–	c2	mS	gG4, fG3, mG3	ein	

Die SGa2-Terrasse

Die SGa2-Terrasse bildet westlich der Mattig eine drei Kilometer lange, ENE streichende Leiste, die südwestlich des Braunauer Ortsteils Neue Heimat an der Niederterrasse ansetzt und sich bis zur Mattig auf ca. 800 m verbreitert. Vermutlich sind in diesem Terrassenrest auch Reste des SGa1-Niveaus enthalten, das östlich der Mattig kartiert werden konnte. Allerdings wird der geomorphologische Nachweis des SGa1-Niveaus westlich der Mattig durch die dichte Überbauung verhindert. Die durchschnittliche Höhenlage der SGa2-Terrasse westlich der Mattig liegt bei 363 m ü. NN. In ihrem westlichen Abschnitt fällt sie in einer ca. 8 m hohen Stufe zum SGj1-Niveau ab, auf dem sich der Stadtteil Neue Heimat befindet. Östlich der Anschlussstelle Braunau Zentrum im Bereich von Braunau Haselbach fällt sie mit einer 5–6 m hohen Stufe zur SGa3-Terrasse ab.

Östlich der Mattig setzt die SGa2-Terrasse bei Dietfurth an der Stufe zum Mattigtal an. Sie liegt hier in einer Höhe von 355 m ü. NN und ist mit einer Stufe von 2–3 m Höhe gegen die SGa3-Terrasse abgesetzt. Die Terrasse zieht nördlich am Umspannwerk Jahrsdorf vorbei, um bei Moos auf dem SGa3-Niveau auszulaufen.

Die Feinsedimentauflage der SGa2-Terrasse an der Mattig ist ebenfalls nur sehr geringmächtig. Es sind wiederum stark kiesige Braunerden entwickelt (Tab. 3.5).

Tabelle 3.5: Daten des Profils V aus KLOB und FRONZ (1998). Eine stark kiesige Braunerde auf der SGa2-Terrasse östlich von Dietfurth. Die Braunerde ist in schluffig-sandigen Terrassenschottern angelegt.

	RW	4581000	HW	5347020	Höhe	355 m	
					Bodenart		
Horizont	H.-Grenze	Farbe	Carbonat	(FB)	Skelett		Gefüge
Ap	-19	2,5Y 3/3	c0	Su2	fG2, mG1		kru
Bv	-79	2,5Y 4/2	c0	Su3	fG5, mG3		sub
II Bv	79+	2,5Y 4/2	c0	Su2	fG4, mG3, gG2		sub

Östlich der Mühlheimer Ach befindet sich ein weiterer Rest der SGa2-Terrasse. Im Süden wird er von der Hochterrasse begrenzt (Sprunghöhe der Stufe: 28–30 m), nach Norden schließt sich die SGa3-Terrasse an. Die Sprunghöhe zwischen SGa2 und SGa3 beträgt im Raum Mühlheim 1–2 m. Südwestlich des Weilers Graben läuft die SGa2-Terrasse in spitzem Winkel auf die Kante der Hochterrasse zu und endet dort.

Aufschluss Mühlheim 1
Östlich der Ortschaft Mühlheim befindet sich eine Kiesgrube, deren nordwestlicher Teil in der SGa3-Terrasse angelegt ist und die in ihrem Südwestbereich in die SGa2-Terrasse zurückgreift. Am äußersten Südwestrand der Grube im Bereich der SGa2-Terrasse befindet sich der Aufschluss Mühlheim 1. Aus der Abbauwand der Kiesgrube wurden wenige Meter nebeneinander zwei Proben entnommen. Probe RFT 1-1 stammt aus einer Sandzwischenlage in 4,2 m unter Schotteroberkante (= ca. 340 m ü. NN), Probe RFT 1-2 aus einer Sandlage in 2,2 m unter Schotteroberkante (= ca. 342 m ü. NN). Die Deckschicht ist ca. 1–1,5 m mächtig. Die Schotter im Aufschluss zeigen lagenweise mehr horizontale bzw. schräge Schichtung. Teilweise sind Rinnenstrukturen zu erkennen.

Probe RFT 1-1 ergab ein Alter von 22,3±2,5 ka, Probe RFT 1-2 eines von 16,2±1,7 ka. Bei dem Schotter im Liegenden handelt es sich also möglicherweise um den Niederterrassenschotter mit einem hochglazialen Sedimentationsalter. Im Spätglazial kam es zunächst zur Zerschneidung der Niederterrasse und zu großflächigem Abtrag der Schotter. Die SGa2-Terrasse wurde aus den Niederterrassenschottern herauspräpariert. Im aktiven Flussbett wurden dabei Schotter umgelagert. Im Bereich der Umlagerung wurde das Sediment belichtet und ermöglicht so die Datierung der Umlagerungsphase.

Im Aufschluss konnte allerdings keine Terrassenbasis in Form einer Grobschotterlage zwischen dem alten und dem jungen Schotter erkannt werden, wie sie von anderen Autoren für vergleichbare Fälle beschrieben wird. Geht man aber davon aus, dass Probe RFT 1-1 nicht überbestimmt ist, dann muss man in Anbetracht der beiden weit auseinander liegenden Alter zwei verschiedene Schotterkörper annehmen, die zu unterschiedlichen Zeiten abgelagert wurden.

Das Schwermineralspektrum der beprobten Sande in den Terrassenschottern (Abb. 3.37) zeigt den Granat mit 20% wieder mengenmäßig an erster Stelle, allerdings weit weniger dominant als in den bisher untersuchten Proben aus den Terrassenschottern. Die Epidot-Gruppe folgt mit 19%, wobei Epidot (6%), Zoisit (6%) und Klinozoisit (7%) zu annähernd gleichen Anteilen vertreten sind. Vor allem die hohen Werte, die die Epidot-Gruppe erreicht, und die bisher immer eine Zulieferung aus dem Tertiär nahe legten, lassen einen starken Einfluss der bei ihrer Mündung nach Osten umgelenkten Mühlheimer Ach vermuten, die mit ihren Quellflüssen in den Kobernaußer Wald bzw. den Hausruck zurückgreift. Unterstützt wird diese Vermutung durch die hohen Werte, die die stabilen Minerale erreichen (18%). Innerhalb der stabilen Minerale dominiert der Turmalin mit 12%, gefolgt von Rutil (5%) und Zirkon (1%).

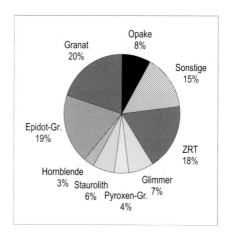

Abbildung 3.37: Schwermineralspektrum der SGa2-Terrasse in Aufschluss Mühlheim 1. Der Granat bildet zwar die größte Fraktion, seine Dominanz ist aber weit weniger deutlich ausgeprägt als in den bisher betrachteten Proben aus den Terrassensedimenten. Der hohe Anteil der Minerale der Epidot-Gruppe deutet auf eine Beteiligung tertiären Materials beim Aufbau des Terrassenkörpers hin. Dieses kann über die Mühlheimer Ach, die aus dem Kobernaußer Wald kommt, in die Innterrassen eingetragen worden sein. Sonstige: Titanit 9%, Dumortierit 4%, Baryt 2%.

Profil Mühlheim 1

Am Rand der Kiesgrube Mühlheim (Lokalität RFT 1, Beilage 2) ergaben sich günstige Aufschlussverhältnisse zur Beprobung der Deckschicht und zur Aufnahme eines Boden-profils. Die verwitterten Terrassenschotter (III lCv) wurden in 130 cm Tiefe angetroffen. In der Feinmaterialdeckschicht darüber ist eine Braunerde entwickelt. In den Feinmaterialho-rizont (II Bv + III lCv) direkt über dem Schotter sind taschen- bis tropfenförmig Kiespakete aus dem III lCv eingearbeitet. Dies belegt die Mitwirkung frostdynamischer Prozesse bei der Entstehung des Profils. Die Matrix des II Bv + III lCv besteht aus schwach sandigem Lehm. Im deutlich tonigeren Bv, der sich nach oben anschließt, befinden sich bei -40, -55 und -75 cm Tiefe eingeregelte Steine, die ebenfalls die bereits im II Bv + III lCv festgestellte Frostdynamik belegen. Ein 30 cm mächtiger Ap schließt das Profil nach oben ab. Farblich unterscheidet er sich kaum vom Bv, kann aber über Korngrößen- und Gefügeänderung dia-gnostiziert werden.

Abbildung 3.38: Profil Mühlheim 1. In der 130 cm mächtigen Feinmaterialdeckschicht ist eine Braunerde entwickelt, die deutliche Spuren von Kryoturbation zeigt. In den II Bv ist tropfenförmig Material des III lCv eingewürgt. Der Bv enthält eingeregelte Steine.

Am Schwermineralspektrum hat die Epidot-Gruppe den deutlich größten Anteil mit 38% (Epidot: 26%, Zoisit: 8%, Klinozoisit: 4%), gefolgt vom Granat mit 19%. Die Hornblende ist mit nur einem Prozent vertreten. Die stabilen Minerale nehmen insgesamt 15% ein (Zirkon: 1%, Rutil: 6%, Turmalin: 8%). Es wurde zwar bisher in allen Deckschichtenproben eine Verringerung des Granatanteils durch Verwitterungseinflüsse beobachtet, allerdings noch nie in dem in Probe RFT 1-6/9 beobachtbaren Maß. Zusammen mit dem extrem hohen Anteil von Mineralen der Epidot-Gruppe spricht der geringe Granatanteil eher für eine bereits im unverwitterten Material abweichende Verteilung. Hier dokumentiert sich der Einfluss der Mühlheimer Ach beim Aufbau der Decksedimentschicht, die in ihrem Mittel- und Oberlauf neben mittel- bis altpleistozänen Sedimenten auch das Tertiär des Kobernaußer Waldes anschneidet.

Mit OSL-Datierungen konnte die Deckschicht durch zwei Proben datiert werden. Probe RFT 1-3 stammt aus 100 cm unter GOF und ergab ein Alter von 14,8±1,0 ka, Probe RFT 1-4 wurde in 40 cm unter GOF entnommen und ergab 13,3±1,1 ka. Die Deckschicht der SGa2-Terrasse von Mühlheim hat damit das gleiche Alter wie die SGa3-Terrasse bei

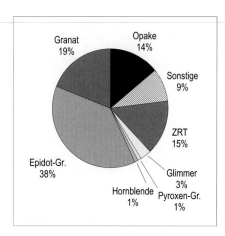

Abbildung 3.39: Profil Mühlheim 1, Schwermineralspektrum. Das Schwermineralspektrum zeigt einen deutlichen Peak der Epidot-Gruppe (38%), gefolgt vom Granat (19%). Es konnte lediglich eine Hornblende in der Probe gezählt werden. Offensichtlich wurde ein großer Teil des hier abgelagerten Feinmaterials von der Mühlheimer Ach aus den südlich gelegenen Deckenschottern und Tertiärgebieten (Kobernaußer Wald) antransportiert. Ein Epidot-Granat-Hornblende-Spektrum weist auf eine Herkunft des Substrats aus der Hangendserie bzw. den Südlichen Vollschottern hin. Der hohe Turmalin-Anteil macht eine Beteiligung der Quarzrestschotter wahrscheinlich. Sonstige: Sillimanit 3%, Glaukophan 2%, Chloritoid 1%, n.b. 3%.

Tabelle 3.6: Sedimentologische und pedologische Daten der Profils Mühlheim 1. Die ausführlichen Ergebnisse der Korngrößenanalyse sind in Tabelle A.3 dargestellt.

	RW	4591967	HW	5349518	Höhe	341 m		
	H.-Grenze			Carbonat	Bodenart	Organik		
Horizont	[cm]	Farbe	pH	[%]	(FB)	[%]	Gefüge	Proben-Nr.
Ap	-25	2,5Y 4/3	6,0	0,1	Slu	0,15	bro	RFT 1-6
Bv	-100	2,5Y 4/3	5,4	0,1	Lt2	0,05	sub-bro	RFT 1-8
II Bv + III Bv	-130	10YR 5/6	6,6	–	Ls2	0,03	sub-ein	RFT 1-7
III ICv	130+	10YR 4/4	6,9	0,1	St2	–	ein	RFT 1-9

Berg (Lokalität BRG 1, Beilage 1). Diese Ergebnisse fügen sich gut in das Bild der bisher vorliegenden Datierungen aus der näheren Umgebung ein: Die SGa2-Terrasse wurde in der Ältesten Dryas gebildet (Probe RFT 1-2). Es folgt eine Phase der Erosion, nach deren Ende bzw. in deren Zuge die SGa3-Terrasse gebildet wird (Probe BRG 1-1, Beilage 1). Von der SGa3-Terrasse wird Löss ausgeblasen, der sich heute auf der Hochterrasse (Profil Gunderding in TERHORST et al. 2002) genauso wiederfinden lässt wie auf der Niederterrasse (Profil II in KLOB und FRONZ 1998). In Profil Mühlheim ist allerdings der Sandanteil zu hoch, vor allem sind auch Mittel- und Grobsand enthalten, so dass hier eher von einer Umlagerung des Feinmaterials durch fluviale Prozesse ausgegangen werden muss. Das Schwermineral-spektrum lässt dabei einen starken Einfluss der Mühlheimer Ach vermuten (zur Einordnung der SGa2-Terrasse und der Lokalität RFT 1 siehe auch das Talquerprofil G-H in Beilage 6).

Die SGa3-Terrasse

Die SGa3-Terrasse ist großflächig beiderseits des Inns verbreitet. Nördlich des Inns wird die SGa3-Terrasse zwischen Kirchdorf und Simbach im Norden vom Tertiärhügelland und im Süden von der Ha4-Terrasse begrenzt, von der sie durch eine 10 m hohe, steile Stufe getrennt ist. Die Schottermächtigkeit der SGa3-Terrasse beträgt in Bohrung Simbach AM 14 6 m (vgl. auch Beilage 6, Schnitt L–M). Östlich von Simbach fällt die SGa3-Terrasse direkt zur Aue ab. Bei Erlach (etwa 1,5 km östlich von Simbach an der Kante der SGa3-Terrasse gelegen) beträgt die Sprunghöhe SGa3–Aue 16 m. Bei Prienbach liegt die Oberfläche der SGa3-Terrasse auf einer Höhe von 356 m und fällt mit einer ca. 10 m hohen Stufe zum südlich anschließenden SGj1-Niveau ab.

Zwischen Jetzing und Kühstein ist der Rand des Tertiärhügellands in Form einer ca. 4 km breiten und 800 m tiefen Bucht nach NNW zurückversetzt. Es handelt sich möglicherweise um einen alten Mäander des SGa3-Niveaus. Aus dem Tertiärhügelland ziehen zwei Bäche herunter: das Lohbächlein im Westen und der Kirnbach im Osten. Die Einschnitte der beiden Bäche sowie die Terrassen des SGj-Komplexes erodieren hier die SGa3-Terrasse weitgehend. Östlich des Kirnbachs setzt sie westlich von Kühstein auf einer Höhe von 350 m ü. NN wieder ein. Zwischen Kühstein und Malching bildet die SGa3-Terrasse eine 300–600 m breite Leiste zwischen dem Tertiärhügelland im Norden und der SGj2-Terrasse im Süden. Bei Malching liegt die SGa3-Terrasse noch bei 345 m ü. NN und ca. 8 m über dem SGj2-Niveau. Östlich der Ortschaft wird die Grenze SGa3–SGj2 von einem aus dem Tertiärhügelland geschütteten Schwemmfächer verwischt.

Südlich des Inns setzt die SGa3-Terrasse mit einer 5–6 m hohen Stufe im Ortsbereich von Braunau Haselbach in einer Höhe von 357 m ü. NN an und zieht in Richtung ENE, um nach etwa einem Kilometer zur Mattig abzufallen. Nach Norden wird sie hier durch eine 6 m hohe Stufe vom SGj1-Niveau getrennt, auf dem der Braunauer Stadtteil Neue Heimat liegt. Östlich des Mattigtals setzt die SGa3-Terrasse bei Dietfurth wieder ein. Nach Süden wird sie zunächst von der SGa2-Terrasse der Mattig begrenzt (Sprunghöhe: maximal 3 m), bis diese bei Moos auf ihr ausläuft. Östlich von Moos wird die Südgrenze der SGa3-Terrasse von der Niederterrasse gebildet (Sprunghöhe: 15 m bei Öppling, 10 m bei Gundholling). Die SGa3-Terrasse unterschneidet die Niederterrasse in einer relativ geraden Linie. Sie selbst wird an ihrer Nordgrenze von alten Mäanderbögen unterschnitten. Hier ist also eine Umstellung im Fließverhalten des Inns erkennbar. Östlich von Nöfing grenzt die SGa3-Terrasse im Norden an das Ha4-Niveau (Sprunghöhe: 8 m), zwischen Bogenhofen und Kaltenau an die SGj1-Terrasse (Sprunghöhe: 5 m). Zwischen Kaltenau und Mining fällt die SGa3-Terrasse mit einer 17 m hohen Stufe zur Aue, zwischen Mining und Frauenstein zur Hj1-Terrasse ab (Sprunghöhe: 9 m). Zwischen Frauenstein und Mamling sowie östlich der Mühlheimer Ach bis in den Ortsbereich von Mühlheim grenzt die SGa3-Terrasse im Norden an die SGj2-Terrasse (Sprunghöhe: 5–8 m). Östlich von Mühlheim bis zum Weiler Graben fällt die SGa3-Terrasse mit einer 10 m hohen Stufe zur Gaishofener Au ab. Nord-östlich von Ufer ist zwischen die in der Stauwurzel des Kraftwerks Egglfing-Obernberg versunkene Aue und die SGa3-Terrasse nochmals eine bis zu 200 m breite Leiste der Hj1-Terrasse geschaltet (Sprunghöhe SGa3–Hj1: 5–7 m). Nordöstlich von Katzenbergleithen läuft die SGa3-Terrasse südlich des Inns aus.

Das Gefälle der SGa3-Terrasse beträgt zwischen Berg (370 m ü. NN) und Simbach-Lengdorf (360 m ü. NN) auf einer Strecke von 4,8 km 2,1‰, zwischen Dietfurth (353 m ü. NN) und Mamling (344 m ü. NN) auf einer Strecke von 7,4 km noch 1,2‰. Das mittlere Gefälle des Inns zwischen den Staustufen Simbach-Braunau und Ering-Frauenstein beträgt 0,77‰ (Strecke: 13 km).

3.3.3 Die Terrassen des jüngeren Spätglazials (SGj1, SGj2)

Der SGj-Komplex besteht aus zwei Teilterrassen (SGj1 und SGj2), die nur stellenweise durch eine 2 m hohe Stufe voneinander getrennt sind. Über weite Strecken ist jedoch nur jeweils ein SGj-Niveau im Gelände nachweisbar. Dies deutet darauf hin, dass die beiden Teilterrassen offensichtlich sehr zeitnah zueinander entstanden. Die zeitliche Einordnung ins jüngere Spätglazial geschieht über eine Datierung in einer Kiesgrube im nördlichen Schwerpunktgebiet (Aigen–Neuhaus). Von dort aus lassen sich die SGj-Terrassen aber gut im Gelände innaufwärts verfolgen und mit den im Gebiet Kirchdorf–Aigen kartierten Terrassenresten korrelieren.

Die SGj1-Terrasse

Südwestlich von Ranshofen liegt ein Rest der SGj1-Terrasse in 360 m ü. NN als schmale Leiste zwischen der Niederterrasse und der Ha4-Terrasse. Zur Niederterrasse beträgt die Sprunghöhe 25 m, zur Ha4-Terrasse 15 m. Bei Ranshofen setzt die SGj1-Terrasse kurz aus, da sie von einem Ha4-Mäander vollständig erodiert wurde. Nordöstlich von Ranshofen liegen die Braunauer Stadtteile Osternberg, Neue Heimat und Haselbach größtenteils auf der SGj1-Terrasse. Ihre durchschnittliche Höhe beträgt hier ca. 355 m ü. NN. Östlich der Mattig liegen auf österreichischer Seite zwei kleinräumige SGj1-Reste nordwestlich von Dietfurth und südlich von Nöfing. Östlich von Hagenau erreicht die SGj1-Terrasse wieder eine grö-ßere Verbreitung. Nördlich von Bogenhofen liegt sie mit ihrer Oberfläche bei 347 m ü. NN. Der östlichste erhaltene Rest der SGj1-Terrasse auf österreichischer Seite liegt im Ortsbereich von Frauenstein südlich des Kraftwerks.

Auf der deutschen (nördlichen) Seite des Inns setzt die SGj1-Terrasse östlich von Wal-tersdorf (2,5 km östlich von Simbach) als schmale Leiste zwischen SGa3-Terrasse und Aue an. Ihre durchschnittliche Höhenlage beträgt hier 351 m ü. NN. Damit liegt sie 2 m unter der SGa3-Terrasse und 14 m über dem Inn. Während sie westlich des Prienbachs kaum Breiten über 150 m erreicht, verbreitert sie sich östlich von dessen Mündung in den Inn rasch auf über 800 m. Südlich von Scheiblhub und bei dem Hof Hart ist die Trennung in SGj1- und SGj2-Terrasse gut zu erkennen. Die SGj2-Terrasse liegt hier um 3 m tiefer als das SGj1-Niveau. Westlich von Ering zerschneiden die beiden Bäche Lohbächlein und Kirnbach die Terrassenlandschaft. Östlich des Bacheinschnitts ist nur mehr die SGj2-Terrasse ausgebildet.

Das Gefälle der SGj1-Terrasse beträgt zwischen Ranshofen und Hagenau auf einer Strecke von 8,7 km 1,5‰. Im weiteren Verlauf bis Frauenstein (4,9 km) 1‰. Östlich von Frauenstein bzw. Ering (auf der nördlichen Seite des Inns gegenüber) ist die SGj1-Terrasse nicht mehr ausgebildet. Statt dessen nimmt nun das SGj2-Niveau den gesamten Raum des jüngeren Spätglazialkomplexes ein.

Das gemeinsame kennzeichnende Merkmal der Böden auf der SGj1-Terrasse zwischen Kirchdorf und Aigen ist die Geringmächtigkeit der Feinsedimentauflage auf den Schottern. Neben flachgründigen Braunerden im Schotter (Profile B.30 und B.31) kommen je nach Standort auch Parabraunerden oder Pararendzinen vor (Tab. 3.7 und 3.8, KLOB und FRONZ 1998). Ausschlaggebend hierfür ist die Lage im Relief der Schotterterrasse. An besser drainierten, trockeneren Standorten auf Schotterrücken entwickeln sich (stark von Schottern durchsetzte) Braunerden und Parabraunerden (Profil IX in Tab. 3.7). In Rinnenpositionen finden sich auch Pararendzinen (siehe Tab. 3.8).

Tabelle 3.7: Daten des Profils IX aus KLOB und FRONZ (1998). Eine Parabraunerde in schluffig-sandigen Schottern der SGj1-Terrasse südwestlich von Frauenstein.

	RW	4587200	HW	5350200	Höhe	342 m	
					Bodenart		
Horizont	H.-Grenze	Farbe	Carbonat	(FB)	Skelett	Gefüge
Ap	-18	2,5Y 4/3	c0	Su3	fG3, mG3	kru
Al	-37	2,5Y 4/4	c0	Su2	fG3, mG3	sub
Bt	-53	10YR 3/4	c0	St2	fG3, mG3, gG3	pol
elC	-79	n.b.	c2	gS	fG3, mG3, gG3	ein
II elC	79+	n.b.	c2	gS	fG3, mG3, gG3	ein

Die SGj2-Terrasse

Westlich des Prienbachs ist die SGj2-Terrasse nicht ausgebildet. Zwischen Scheiblhub und Hardt westlich des Kirnbacheinschnitts bei Ering wird der SGj-Komplex jedoch durch eine 2–3 m hohe Stufe in zwei deutlich unterscheidbare Teilterrassen unterteilt. Eine klare Terrassenkante ist allerdings nur über eine Strecke von etwa zwei Kilometern im Gelände zu verfolgen. Sowohl nach Südwesten in Richtung des Hofes Heitzing als auch nach Nordosten auf den Kirnbach zu verschwimmt die Kante, so dass eine klare Trennung der beiden Niveaus

Tabelle 3.8: Daten des Profils XIX aus KLOB und FRONZ (1998). Am äußeren Rand der SGj1-Terrasse süd-westlich der Ortschaft Bogenhofen ist in einer Rinne, die heute von einem kleinen Bach benutzt wird, eine Pararendzina ausgebildet. Das Profil ist in seiner gesamten Tiefe von Kieseln durchsetzt, die Matrix besteht aus schluffigem Sand bis sandig-tonigem Lehm.

RW   4582150   HW   5348270   Höhe   347 m

Horizont	H.-Grenze	Farbe	Carbonat	Bodenart (FB)	Skelett	Gefüge
(e)Ah	-31	10YR 2/2	c1	Su3	fG2, mG1	kru
(e)lCv	-45	2,5Y 4/2	c1	Lts	fG2, mG1	ein
elC	45+	n.b.	c3	Su2	mG4, fG3	ein

unmöglich wird. Südlich von Hardt beträgt die durchschnittliche Höhe der SGj2-Terrasse 341–342 m ü. NN (SGj1: ca. 345 m ü. NN). Östlich des Kirnbachs ist keine Unterteilung des SGj-Komplexes mehr erkennbar. Hier beträgt die durchschnittliche Oberflächenhöhe um 340 m ü. NN. Es scheint sich also das tiefere der beiden SGj-Niveaus (SGj2) nach Osten fortzusetzen. Unmittelbar östlich von Ering erreicht die SGj2-Terrasse eine Breite von über 1.200 m und fällt bis östlich von Malching auf etwa 337 m, was einem Gefälle von 0,7‰ auf einer Strecke von etwa 4,2 km entspricht. Nach Norden wird die SGj2-Terrasse, auf der Kirche und Friedhof von Ering liegen, von der SGa3-Terrasse begrenzt. Die Sprunghöhe beträgt etwa 15 m. Nach Süden wird die Begrenzung der SGj2-Terrasse zwischen Ering und Asperl von der Kante zur Aue (Sprunghöhe: 10 m) gebildet. Östlich von Asperl hat sich in das SGj2-Niveau ein Mäanderbogen eingeschnitten, der zum Hj-Komplex gehört. Sein Durchmesser zwischen Asperl und Urfar beträgt etwa 1.100 m. Östlich Urfar schließt sich der nächste Bogen an, der bereits einen größeren Radius besitzt. Südlich von Malching beträgt die Sprunghöhe zwischen dem SGj2- und dem Hj1-Niveau 2–3 m.

Südlich des Inns ist östlich von Frauenstein eine Zweiteilung des SGj-Komplexes zu er-kennen. Obersunzing liegt in 337 m ü. NN auf der SGj2-Terrasse, die nach Norden zur Sun-zinger Au mit einer 10 m hohen Stufe, nach Nordosten zur Hj1-Terrasse mit einer solchen von 3 m Höhe abfällt. Östlich der Mühlheimer Ach bildet das SGj2-Niveau eine bis zu 750 m breite Terrasse zwischen der SGa3-Terrasse, auf der die Ortschaft Mühlheim liegt, und der Sunzinger und Gaishofener Au. Ihre Oberfläche liegt hier bei durchschnittlich 335 m ü. NN. Ihre Sprunghöhe zur südlich gelegenen SGa3-Terrasse beträgt ebenso wie die zur nördlich anschließenden Aue 10 m.

3.3.4 Die Terrassen des frühen Holozäns (Ha4)

Von den holozänen Terrassen dominieren westlich von Braunau die Terrassen, die über die Datierungen in den Kiesgruben von Gstetten und Ratgeber dem älteren Holozän zugeordnet werden können. Östlich von Braunau verlieren sie sich, statt dessen läßt sich nur noch ein vermutlich jungholozänes Niveau verfolgen.

Die Ha4-Terrasse

Abgesehen von dem östlichsten Ende der Ha2-Terrasse (360-m-Niveau von Gstetten), kommt im Kartiergebiet zwischen Kirchdorf und Aigen nur das Ha4-Niveau vor, das in der Kiesgrube Ratgeber auf 10,0±0,8 ka datiert werden konnte. Kirchdorf liegt auf der Ha4-Terrasse in einer Höhe von 352 m ü. NN. Am Simbacher Bahnhof, der sich ebenfalls auf der Ha4-Terrasse befindet, liegt diese noch 351 m ü. NN. Der letzte nördlich des Inns nachgewiesene Rest der Ha4-Terrasse liegt östlich des Simbachs auf etwa 347 m ü. NN. Nach Norden wird die Ha4-Terrasse im eben beschriebenen Abschnitt von der SGa3-Terrasse begrenzt. Ihre Sprunghöhe zu dieser beträgt bei Kirchdorf 13 m, im Ortsbereich von Simbach noch 9 m. Nach Süden grenzt die Ha4-Terrasse westlich von Ritzing an eine Terrasse, deren Entstehung ins jüngere Holozän fallen dürfte, da sie einerseits in ihrer Höhenlage deutlich von der Ha4-Terrasse abgesetzt ist (Sprunghöhe bei Ramerding im Mittel 6 m, vgl. Beilage 1 und Schnitt N–O in Beilage 5), andererseits aber auch klar oberhalb der Aue liegt (Sprunghöhe: 2 m). Das geht unter anderem auch aus der topographischen Aufnahme des Gebiets von 1837 hervor, die den fraglichen Bereich zwischen Ölling und Ramerding nicht mehr als Aue ausweist (TOPOGRAPHISCHES BUREAU 1817–1867). Die Höfe Ölling (damals als „Elling" verzeichnet) sowie Au und Untergstetten (am Westrand der Karte in Beilage 2) existieren 1837 ebenfalls bereits und wären kaum in einem Gebiet mit regelmäßiger Überflutung errichtet worden. Östlich von Ritzing fällt die Ha4-Terrasse in Form einer steilen, 10 m hohen Stufe zur Aue ab.

Südlich des Inns setzt die Ha4-Terrasse in einer Höhe von 352 m ü. NN an und verläuft zunächst als maximal 279 m breiter Streifen zwischen Niederterrasse und Aue parallel zum Inn in Richtung Nordost, bis sie sich bei Scheuhub westlich von Ranshofen auf knapp einen Kilometer verbreitert. Ihre Oberfläche liegt in Scheuhub bei 350 m ü. NN. Zwischen Scheuhub und der Staustufe Simbach-Braunau reicht die Ha4-Terrasse bis an den Inn heran, wobei ihre Breite bis zu ihrem externen Rand (der Kante zur Niederterrasse bei Ranshofen) auf 1,5 km zunimmt. Nördlich bzw. östlich des Kraftwerks Simbach-Braunau wird die Ha4-Terrasse von der rezenten Aue in einem weit nach Osten ausladenden Bogen erodiert. Die Sprunghöhe zur nach Norden angrenzenden Aue beträgt 10 m, nach Osten zur SGj1-Terrasse (Braunau-Osternberg) 5 m und nach Süden zur Niederterrasse (Ranshofen) 30 m.

Gegenüber von Simbach liegt die Altstadt von Braunau auf der Ha4-Terrasse, die hier Höhenlagen um 351 m ü. NN erreicht. Westlich der Mattig endet die Ha4-Terrasse im Bereich von Braunau-Höft an der Kante zur 10 m tiefer liegenden Aue. Sie erreicht hier 349 m ü. NN. Einen Kilometer östlich der Mattig findet sich zwischen Nöfing und Hagenau das östlichste Verbreitungsgebiet der Ha4-Terrasse. Die Terrasse liegt hier mit 345 m ü. NN 7–8 m über der Reikersdorfer Au, die sie im Nordwesten begrenzt. Die Sprunghöhen zu den nach Süden bzw. Osten anschließenden Terrassen SGj1 und SGa3 betragen 2–5 m.

Mächtigkeit der Terrassenschotter und Tieferlegung der Tertiäroberfläche

Auf der Ha4-Terrasse wurden im Ortsbereich von Simbach westlich des Bahnhofs im Jahr 1999 zwei Bohrungen zur Erschließung von Thermalwasser niedergebracht (SB Th1 und SB Th2). Bohrung SB Th1 wurde geologisch bearbeitet, die Ergebnisse sind in UNGER und RISCH (2001) dargestellt. Die Bohrung setzte bei 347,2 m ü. NN an und ergab eine Mächtigkeit der Ha4-Terrasse von 3,5 m unter einer 1,9 m mächtigen feinsandig-schluffigen Deckschicht, bevor in 341,8 m ü. NN (5,4 m unter Geländeoberfläche) das Tertiär (grauer Schluff der *Oncophora*-Schichten) erreicht wurde. Im Vergleich mit Bohrung Simbach AM 14 (1,6 km WNW von Bohrung SB Th1 auf der SGa3-Terrasse östlich von Hitzenau), die das Tertiär in 362 m ü. NN (6 m unter GOF) erreicht, lässt sich ablesen, dass vor der Schüttung der Ha4-Terrasse die Tertiäroberfläche tiefergelegt wurde (siehe Beilage 6, Schnitt L–M). Dies erklärt die Quellaustritte und den Hang der Ha4-Terrasse zur Vernässung an ihrem nördlichen externen Rand (Stufe zur SGa3-Terrasse) zwischen Ritzing und Simbach. Ebenso legt die Aue das Tertiär tiefer: Ihre Oberfläche liegt im Bereich der der Ha4-Terrasse von Bohrung SB Th1 unmittelbar vorgelagerten Simbacher Au um 340 m ü. NN und damit bereits fast zwei Meter tiefer als die Quartärbasis in der Bohrung. Bohrung Simbach II wurde in der Aue östlich von Simbach etwa 4 km ENE von SB Th1 abgeteuft und erreicht das Tertiär bei 331 m ü. NN (9 m unter Geländeoberfläche). Dies ist ein weiterer Beleg für die kräftigen Erosions- und Akkumulationsprozesse, die am unteren Inn offenbar bis in die jüngste geologische Vergangenheit aktiv waren.

Profil Nöfing 1

Exemplarisch für die Bodenbildungen in der Deckschicht der Ha4-Terrasse, die in ihrer Mächtigkeit teilweise starken Schwankungen unterliegt, stehen die Profile Nöfing 1 und Nöfing 2. Der Grund für die Schwankungen in der Decksedimentmächtigkeit ist das unausgeglichene Relief der Schotteroberfläche. Die Schotterrücken tragen nur eine dünne Bedeckung schluffig-sandigen Feinmaterials, während in Rinnenpositionen zwischen den Rücken teils mächtige Feinsedimentauflagen die Terrassenschotter bedecken. Profil Nöfing 1 stellt ein Beispiel für einen Standort auf einem Schotterrücken dar. Typischerweise sind hier Pararendzinen oder flachgründige Braunerden entwickelt.

Tabelle 3.9: Sedimentologische und pedologische Daten des Profils Nöfing 1. Aufnahme: KLOB und FRONZ (1998).

		RW	4587950	HW	5368150	Höhe	345	
Horizont	H.-Grenze [cm]	Farbe	Bodenart (FB)		Skelett	Carbonat	Gefüge	
Ap	-31	2,5Y 4/4	Su3		fG4, mG3	c0	kru	
elC	31+	n.b.	mS		fG4, gG3, mG2	c2	ein	

Profil Nöfing 2

Profil Nöfing 2 liegt in einer Rinnenposition auf der Ha4-Terrasse unweit von Profil Nöfing 1. Im Zuge des Ausgleichs der Oberfläche der Schotterterrasse durch Ablagerung von Feinmaterial in den Tiefenbereichen bildete sich an diesem Standort eine 78 cm mächtige Feinsedimentauflage auf den Terrassenkiesen. Das Feinmaterial besteht in den oberen 72 cm des Profils aus schwach tonigem Lehm mit geringen Anteilen von Fein- und Mittelkies und ist bis zur genannten Tiefe entkalkt. Die folgenden 6 cm zeigen im (e)lCv-Horizont im Feinmaterial einen Rückgang des Ton- und Schluffgehalts zugunsten des Sandanteils. Unterhalb 78 cm unter Geländeoberfläche schließt sich ein stark kiesiger Horizont (II elC) an.

Abbildung 3.40: Profil Nöfing 1. Das Profil zeigt eine Pararendzina aus schluffigem Sand über Schottern der Ha4-Terrasse nördlich von Nöfing (Oberösterreich). In den oberen 31 cm der Deckschicht aus kiesreichem, mittel schluffigem Sand ist ein Ap-Horizont entwickelt, der einen sandig-kiesigen elC-Horizont überlagert, dessen Matrix von Mittelsand aufgebaut wird. Die Daten der Feldansprache befinden sich in Tabelle 3.9. Aufnahme: KLOB und FRONZ (1998)

Vergesellschaftungen von Pararendzinen wie in Nöfing 1 und Braunerden wie in Nöfing 2 sind keineswegs auf die Ha4-Terrasse beschränkt. Sie finden sich auch auf der Hj1-Terrasse, deren Schotteroberfläche teilweise auch eine starke Reliefierung aufweist. In der Aue entspricht den Pararendzina-Braunerde-Gesellschaften der Wechsel von Ramblen bzw. Kalkpaternien und Vegen (siehe hierzu die Talquerprofile in den Beilagen 5–7).

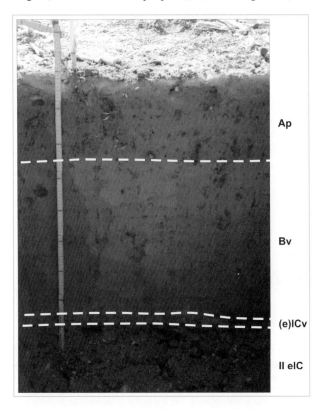

Abbildung 3.41: Profil Nöfing 2. Braunerde über Schottern der Ha4-Terrasse nördlich von Nöfing (Oberösterreich). Tabelle 3.10 enthält die Daten der Feldaufnahme des Profils. Aufnahme: KLOB und FRONZ (1998).

3.3.5 Die Terrassen des jüngeren Holozäns (Hj1)

Zwischen der Ha4-Terrasse und der Aue lässt sich zwischen Kirchdorf und Aigen häufig noch eine weitere Terrasse auskartieren, deren Entstehung vermutlich ins jüngere Holozän fällt. Da um Aigen und vor allem auch im weiteren Verlauf im Schärdinger Trichter spätestens ab der Bronzezeit Spuren von menschlicher Besiedlung auf ihr zu finden sind (EN-

Tabelle 3.10: Sedimentologische und pedologische Daten des Profils Nöfing 2. Aufnahme: KLOB und FRONZ (1998).

		RW	4587950	HW	5348070	Höhe	345	
Horizont	H.-Grenze [cm]	Farbe	Bodenart (FB)		Skelett	Carbonat	Gefüge	
Ap	-23	2,5Y 4/3	Lt2		mG1, fG1	c0	kru	
Bv	-72	2,5Y 4/4	Lt2		fG1	c0	sub	
(e)lCv	-78	n.b.	Su2		fG1	c1	sub	
II elC	78+	n.b.	mS		fG4, mG4, gG1	c2	ein	

GELHARDT und PLEYER 1985; WANDLING 2001b), muss die Hj1-Terrasse zu dieser Zeit bereits als hochwasserfreier Siedlungsraum zur Verfügung gestanden haben.

Die Hj1-Terrasse

Die Hj1-Terrasse tritt im Gebiet zwischen Kirchdorf und Aigen östlich der Mattig in Erscheinung. Ihre Oberfläche erhebt sich im Schnitt 3–5 m über die Aue (Schnitt I–K in Beilage 6). Südwestlich des Hofes Heitzing liegt ein Rest der Hj1-Terrasse. Die Geländeoberfläche liegt hier bei 341 m ü. NN und damit etwa zehn Meter über dem Mittelwasser des Inns. Seine Fortsetzung findet das Hj1-Niveau in einer Verebnung mit 1.600 m Längserstreckung und einer Breite von ca. 300 m zwischen Auggenthal und dem Lohbächlein südwestlich von Ering. Die Höhe der Geländeoberfläche liegt hier bei 337 m ü. NN (10 m über Inn-Mittelwasser). Nach Süden wird dieser Rest der Hj1-Terrasse von der Aue begrenzt, die hier eine besonders große Breite aufweist: 800 m sind es bis zum Deich, was in etwa der Entfernung zum ehemaligen Hauptarm des Inns vor der Regulierung entspricht (gut dokumentiert in TOPOGRAPHISCHES BUREAU 1817–1867). Die nördliche Begrenzung wird von der SGj2-Terrasse gebildet (Sprunghöhe: 3 m). Am gegenüberliegenden Ufer findet sich ein Rest der Hj1-Terrasse nördlich von Mining und südlich von Untersunzing.

Zwischen Asperl und Urfar am Nordufer des Inns bildet die Hj1-Terrasse einen Mäanderbogen, der die nach Norden anschließende SGj2-Terrasse erodiert. Weitere, wesentlich größere Mäander schließen sich nach Osten an (nördlich von Biberg und Aufhausen). Östlich von Asperl, wo die Hj1-Terrasse großflächig erhalten ist, ist gut zu erkennen, dass sie die älteren Terrassen an ihrer Außenseite in weit geschwungenen Mäandern erodiert und dass ihre Oberfläche von der Innenseite der Mäanderbögen nach außen (zum Prallhang hin) abfällt. Im Riedenburger Wald finden sich noch zahlreiche ehemalige Flussarme, die die Oberfläche der Hj1-Terrasse in ein unruhiges Rinnen-Schotterrücken-Relief gliedern. Das noch unausgeglichene Relief zeigt das junge Alter der Terrasse an.

Der östlichste erhaltene Rest der Hj1-Terrasse auf der österreichischen Südseite des Inns befindet sich nordwestlich von Kirchdorf am Inn (Oberösterreich) und liegt mit seiner Oberfläche in 332 m ü. NN und damit ca. 10 m über Mittelwasser. Nach Norden grenzt die Hj1-

Terrasse hier an die (eingestaute) Aue, nach Süden mit einer Sprunghöhe von 4–5 m an die
SGa3-Terrasse, an dessen Kante zur Hj1-Terrasse der Ort Kirchdorf liegt.

Das Gefälle der Hj1-Terrasse im Kartiergebiet Kirchdorf–Aigen beträgt, wenn man über
die inselhaften Vorkommen hinweg eine Laufstrecke von ca. 14 km zwischen dem west-
lichsten Nachweis bei Heitzing und Aigen, wo die Hj1-Terrasse flächenhafte Verbreitung
erreicht, annimmt, etwa 0,7‰ . Die Höhenlage der Terrassenreste ist in den Querprofilen in
Beilage 6 dargestellt.

3.4 Die Terrassenfolge zwischen Aigen und Neuhaus im „Schärdinger Trichter"

Das nordöstlichste der drei Kartiergebiete deckt das Inntal zwischen Aigen und Neuhaus ab
(Karte in Beilage 3, Talquerprofile in Beilage 7) und erfasst somit die Terrassen bis knapp
oberhalb der Vornbacher Enge, wo der Inn mit seinem Eintritt in die Durchbruchsstrecke
durch das Kristallin der Böhmischen Masse das Molassebecken verlässt, um 13 km flussabwärts bei Passau in die Donau zu münden. Unterhalb der Einmündung der Mühlheimer Ach
schwenkt der Inn in seiner Fließrichtung von ENE auf NE und der Talboden weitet sich.
Hier erreichen die jungquartären (spätglazialen bis holozänen) Terrassen ihre größte laterale
Erstreckung innerhalb des Inntals (8,5 km auf der Höhe der „Pockinger Heide"), bevor sie
im „Schärdinger Trichter" konvergieren und der Inn bei Vornbach in die Engtalstrecke bis
Passau eintritt. Die Vornbacher Enge stellt die Erosionsbasis für den gesamten Verlauf des
Inns im Arbeitsgebiet dar.

Der Inn hat auf dieser Strecke von 29 Kilometern (Staustufe Ering-Frauenstein bis
Neuhaus-Schärding) ein Gefälle von 0,8‰. Mit Ausnahme des äußersten Südwestens und
Nordostens des Kartiergebiets wird das rechte (österreichische) Ufer des Inns im Abschnitt
Aigen–Neuhaus von der Hochterrasse gebildet. Die ehemals vorgelagerten Auen sind heute
größtenteils in den Stauwurzeln der Kraftwerke Ering-Frauenstein, Egglfing-Obernberg und
Neuhaus-Schärding verschwunden. Links des Inns wird der Fluss von einer 300–1.500 m
breiten Aue begleitet, die zu den höheren Terrassen überleitet. Wie bereits in den beiden
vorangegangenen Kartiergebieten Neuötting–Kirchdorf und Kirchdorf–Aigen befinden sich
die alt- bis mittelpleistozänen Terrassen ausschließlich südlich (rechts) des Inns. Die Niederterrasse läuft bereits an der Mühlheimer Ach aus, so dass der gesamte Talboden im Bereich
von Pockinger Heide und Schärdinger Trichter von spätglazialen und holozänen Terrassen
eingenommen wird. Verschiedene Bohrungen zeigen, dass die Schottermächtigkeiten der
Terrassen nach Nordosten immer mehr abnehmen und südlich von Neuhaus nur mehr wenige Meter betragen, bevor das Tertiär erreicht wird (siehe Beilage 7).

Nördlich von Pocking mündet von Westen kommend das Rottal ein. Die Sedimentfah-
nen von Inn und Rott im Bereich der jungholozänen Terrassen lassen sich nordöstlich von
Pocking durch deren unterschiedlichen Carbonatgehalt auseinander halten: Während der Inn
teilweise stark carbonatisches Material liefert, ist das Sediment der Rott, das aus dem Tertiärhügelland stammt, praktisch frei davon. Die Rott selbst fließt am Nordwestrand des Schärdinger Trichters zum Tertiärhügelland entlang, bevor sie bei Schärding in den Inn mündet.
Von Osten münden die Antiesen und die Pram in den Inn.

3.4.1 Die Terrassen des frühen Spätglazials (SGa3)

Die SGa3-Terrasse bildet das höchste Niveau der spätglazial-holozänen Terrassentreppe im Gebiet Aigen–Neuhaus. Gleichzeitig ist sie die einzige Terrasse aus dem frühen Spätglazial, die im Gebiet Aigen–Neuhaus erhalten ist.

Die SGa3-Terrasse

Die SGa3-Terrasse begleitet den Anstieg des Tertiärhügellands von Malching bis zur Einmündung des Rottals westlich von Pocking auf einer Strecke von 13 Kilometern. Bei Malching hat sie dabei mit gerade einmal 250 m ihre schmalste Stelle, um sich Richtung Pocking rasch auf bis zu 4,5 km zu verbreitern. Ihre Oberfläche liegt südwestlich von Malching bei 345 m ü. NN und erreicht bei einem Gefälle von 1,6‰ über eine Strecke von 18 km östlich von Pocking 318 m ü. NN. Nach Süden wird die SGa3-Terrasse von der SGj2-Terrasse und südöstlich und nordöstlich von der Hj1-Terrasse begrenzt.

Südlich des Inns auf österreichischer Seite erreicht die SGa3-Terrasse bei Katzenbergleithen noch eine Breite von knapp 600 m zwischen der Hochterrasse im Süden (Sprunghöhe: 30 m) und der Hj1-Terrasse im Norden (Sprunghöhe: 5 m), bevor sie mit einer Oberflächenhöhe von 335 m ü. NN bei Flusskilometer 36 in spitzem Winkel von der Hj1-Terrasse geschnitten wird und ab hier nur noch links des Inns erhalten ist.

Nordöstlich von Malching mündet das Tal des Nündorfer Mühlbachs aus dem Tertiärhügelland von Nordwesten mit einem breiten Schwemmfächer ins Inntal ein, der über die Kante der SGa3-Terrasse hinweg zieht und auf der SGj2-Terrasse ausläuft. Ein kleinerer Schwemmfächer zieht 3 km nordöstlich bei Schambach aus dem Tertiärhügelland herunter und läuft auf der SGa3-Terrasse aus. Der Kößlarner Bach, der bei Tutting aus dem Tertiärhügelland kommend das Inntal erreicht, breitet wiederum einen zwar relativ flachen, aber weiträumigen Schwemmfächer auf die SGa3-Terrasse. Da das Tertiärhügelland im Einzugsgebiet des Kößlarner Bachs im Gegensatz zu den weiter südwestlich einmündenden Fächern eine Lösslehmdecke trägt, hebt sich der Bereich des „Kößlarner-Bach-Schwemmfächers" durch mächtigere Deckschichten und deren feinere Körnung deutlich von benachbarten Teilen der SGa3-Terrasse ab. Im Bereich des Schwemmfächers finden sich Braunerden und Parabraunerden in Lösslehm (Profil Geigen 1 und Bohrstockprofil 17, Anhang B), außerhalb des Schwemmfächers flachgründige Braunerden bis Pararendzinen in geringmächtigen sandigen Deckschichten auf Schotter (Bohrstockprofile 5, 15, Anhang B).

Nördlich von Kirchham beträgt die Mächtigkeit der Terrassenschotter in den dort abgeteuften Bohrungen Ruhstorf-Gr. VB 7, Pocking I und II um die 15 m, die Quartärbasis liegt zwischen 317 und 318 m ü. NN. In der Kiesgrube Haidhäuser südwestlich von Pocking liegt die Quartärbasis bei 318 m ü. NN, die Terrassenschotter sind 12 m mächtig (Bohrung Ruhstorf-Gr. VB 1), am südwestlichen Stadtrand von Pocking in Bohrung Pocking IV wird das Tertiär bei 315 m ü. NN erreicht (Schottermächtigkeit: 12 m, vgl. Beilage 7, Schnitt C–D).

Aufschluss Haidhäuser 1

Die datierungsmäßige Absicherung der SGa3-Terrasse im Gebiet Aigen–Neuhaus erfolgte in einer Kiesgrube südwestlich Pocking (Ortsteil Haidäuser). In der Kiesgrube sind die

Schotter in einer Mächtigkeit von etwa 6 m aufgeschlossen. Die Schotteroberkante liegt bei durchschnittlich 331 m ü. NN, die Sohle der Kiesgrube bei 325 m ü. NN. Knapp unterhalb von 325 m ü. NN wird der Grundwasserspiegel erreicht, so dass nicht mehr genutzte Teile der weitläufigen Kiesgrube als Badegewässer genutzt werden. In Teilen der Grube wird der Kies mit Baggern auch von unterhalb des Grundwasserspiegels gefördert. Die Basis der Schotter und damit die Quartärbasis liegt bei rund 315 m ü. NN, in ihrem Liegenden folgen blaue Tone und Mergel, die den Wasserstauer bilden.

   Die Proben HAI 1-1 und HAI 1-2 stammen aus dem südwestlichen Bereich der Kiesgrube Haidhäuser. Die Deckschicht wurde im Zuge der Kiesgewinnung abgeschoben, die Schotteroberkante wurde auf diese Weise freigelegt. An der westlichen Abbruchkante zeigen die gut sortierten Schotter im wesentlichen horizontale Schichtung, einzelne schräg geschichtete Partien sind stellenweise zwischengeschaltet. Bei RW 4594434 / HW 5360285 konnte in etwa 3,5 m unter Schotteroberkante eine ca. 0,5 m mächtige Sandzwischenlage beprobt werden (Probe HAI 1-1), die ein OSL-Alter von 16,1±1,4 ka ergab. 20 m nördlich von Probe HAI 1-1 konnte in derselben Abbruchwand eine zweite Sandzwischenlage beprobt werden, die sich ca. 2,5 m unter der Schotteroberkante befand und eine maximale Mächtigkeit von etwa 70 cm aufwies (Probe HAI 1-2, RW 4594419 / HW 5360310). Die Probe ergab ein OSL-Alter von 20,1±2,0 ka.

Abbildung 3.42: Aufschluss Haidhäuser 1, Probe HAI 1-1. Die Sandzwischenlage 3,5 m unter Schotteroberkante besitzt ein Sedimentationsalter von 16,1±1,4 ka.

Abbildung 3.43: Aufschluss Haidhäuser 1, Probe HAI 1-2. Eine zweite Sandlage in derselben Abbruchwand 20 m nördlich von Probe HAI 1-1 befindet sich in ca. 2,5 m unter Schotteroberkante. Das OSL-Alter der Sande beträgt 20,1±2,0 ka. Offensichtlich handelt es sich um NT-Sockelschotter, der in einer Rinne unterhalb des SGa3-Schotters erhalten blieb. Damit lässt sich die Mächtigkeit des SGa3-Schotters im Bereich von Pocking auf 2–4 m eingrenzen.

Interpretation der Datierungsergebnisse

Aus den Datierungen in der Kiesgrube Haidhäuser lässt sich für die landschaftsgeschicht-liche Entwicklung im Schärdinger Trichter folgende Vorstellung ableiten: Die während des letzten Hochglazials abgelagerte Niederterrasse wurde während Umlagerungsphasen im Spätglazial zerschnitten, wobei neue Terrassenkörper in die Niederterrasse eingeschachtelt wurden. In der Kiesgrube Haidhäuser unterlagert der Niederterrassenschotter als Sockel-schotter die in die Niederterrasse eingeschachtelte spätglaziale Terrasse (SGa3).

Dabei deckt sich der Befund in der Kiesgrube Haidhäuser mit dem in der 11 km südwest-lich gelegenen Kiesgrube Mühlheim: Auch dort ergaben zwei Proben aus zwei Sandlagen in unmittelbarer Nachbarschaft ein hochglaziales (Probe RFT 1-1: 22,3±2,5 ka) und ein spätglaziales Alter (Probe RFT 1-2: 16,2±1,7 ka). Innerhalb der Datierungsfehler stimmen jeweils die alten und die jungen Proben aus beiden Kiesgruben miteinander überein. Auch in Mühlheim befinden sich im Liegenden der im Spätglazial umgelagerten Schotter nieder-terrassenzeitliche (hochglaziale) Sockelschotter.

Dass die Kiesgrube Mühlheim auf der SGa2-Terrasse, Kiesgrube Haidhäuser jedoch auf der SGa3-Terrasse liegt, beide aber innerhalb der Datierungsfehler dasselbe Alter aufweisen, zeigt, dass die beiden Terrassen so zeitnah zueinander entstanden sind, dass dies von der

Datierungsmethode her derzeit nicht weiter aufgelöst werden kann. Diese Vermutung wird durch den geomorphologischen Befund gestützt, dass die beiden Niveaus SGa2 und SGa3 bei Mühlheim nur durch eine sehr niedrige Terrassenstufe von 2 m voneinander getrennt werden. Innerhalb der Datierungsfehlers stimmen die spätgazialen Alter aus RFT 1-2 und HAI 1-1 wiederum mit der Datierung der SGa3-Terrasse aus der Kiesgrube Berg (BRG 1-1: 14,5±1,4 ka) überein.

Das Schwermineralspektrum der Sande in Kiesgrube Haidhäuser

Das Schwermineralspektrum der datierten Sande bringt wenig Neues. Wiederum dominiert der Granat mit einem Anteil von 61% an der Gesamtprobe. An zweiter Stelle steht die Epidot-Gruppe mit 16%. Die Hornblende ist mit 4% in der Vergesellschaftung enthalten. Das Spektrum dokumentiert eindeutig eine alpine Herkunft des Materials. Der deutliche Granatpeak deutet auf starke Transportauslese und geringen postsedimentären Verwitterungseinfluss hin. Die geringe Verwitterung des Materials wird auch durch die lediglich kleinen Anteile der stabilen Minerale unterstrichen.

Interessant ist, dass in der Umgebung anstehende Molassesedimente am Aufbau der Terrasse offenbar nur gering beteiligt sind. Nach den Beobachtungen von FÜCHTBAUER (1953), GRIMM (1957) und UNGER (1989) müsste sich die Obere Süßwassermolasse, je nachdem welches Schichtglied eingearbeitet wird, durch einen Epidot- (Südliche Vollschotter), Turmalin- (Quarzrestschotter) oder Zirkonpeak (Moldanubische Serie) bemerkbar machen. Dies ist alles nicht der Fall. Der Granat könnte freilich auch aus alpinen Molassesedimenten stammen und ist nicht unbedingt ein Zeiger für quartäres alpines Material. Nach UNGER (1989) ist er ein typisches Leitmineral für die gesamte alpine Molasse. Wäre jedoch ein bedeutender Molasseanteil ins Sediment eingearbeitet, so sollte sich dieser auf jeden Fall durch stärkere Verwitterung bzw. Umlagerungsmerkmale in Folge seines höheren Alters und somit durch einen höheren Anteil an stabilen Mineralen verraten.

Profil Haidhäuser 2

Die Deckschicht und die Bodenbildung im Bereich der Kiesgrube Haidhäuser werden durch das Profil Haidhäuser 2 erschlossen. Die Schürfgrube wurde am Rand der Kiesgrube angelegt, wo noch ungestörtes Decksediment angetroffen wurde. Über den Terrassenschottern, die in ihren obersten 20 cm verwittert sind, wurde eine 1 m mächtige Deckschicht aus Feinmaterial abgelagert. Die oberen Partien des Profils bestehen aus tonigem Lehm, nach unten ist eine Zunahme des Schluffgehalts zu beobachten. Die Matrix des kiesigen II Bv wird von Mittelsand gebildet, der einen geringen Tongehalt aufweist. Bei 120 cm unter Geländeoberfläche werden die unverwitterten Terrassenschotter erreicht, die sich durch ihren hohen Carbonatgehalt in der Matrix und den damit verbundenen deutlich höheren pH-Wert klar von den verwitterten Schottern und der Deckschicht absetzen.

Die in Profil Haidhäuser 2 vorliegende Braunerde nimmt eine Mittelstellung unter den Bodenbildungen der SGa3-Terrasse im Abschnitt Aigen–Neuhaus ein. Nach Südwesten im Bereich des Schwemmfächers des Kößlarner Baches kommen neben Braunerden auch Parabraunerden vor, östlich und nördlich von Pocking sind teilweise nur Pararendzinen ausgebildet, die freilich auch durch Kappung ehemals mächtigerer Profile entstanden sein können (praktisch der gesamte Bereich des Schärdinger Trichters befindet sich in ackerbaulicher Nutzung).

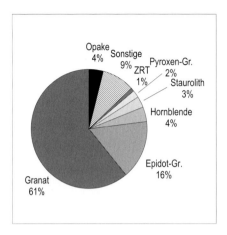

Abbildung 3.44: Schwermineralspektrum der Sande aus Kiesgrube Haidhäuser. Der hohe Granatanteil von 61% kommt durch Transportauslese eines ohnehin schon granatreichen alpinen Sediments zustande. Der gleichzeitig geringe Anteil der stabilen Minerale zeugt von einem schwachen Verwitterungseinfluss. Das Moldanubikum (nach UNGER 1989 durch einen hohen Zirkon-Anteil erkennbar) ist am Spektrum offensichtlich auch nicht beteiligt. Somit kann davon ausgegangen werden, dass der Anteil aufgearbeiteter Molasse an dem Terrassensediment gering ist. Sonstige: Glimmer 1%, Sillimanit 1%, Coelestin 1%, Baryt 1%, n.b. 5%.

Tabelle 3.11: Sedimentologische und pedologische Daten der Profils Haidhäuser 2. Die Ergebnisse der Korngrößenanalyse sind in Tab. A.4 dargestellt.

		RW	4594380	HW	5360212	Höhe	334 m	
	H.-Grenze				Carbonat	Bodenart	Organik	
Horizont	[cm]	Farbe	pH		[%]	(FB)	[%]	Gefüge	Proben-Nr.
Ah	-50	10 YR 4/3	6,0		0,1	Lt2	0,32	kru-pol	HAI 2-1
Bv	-95	10YR 5/6	6,6		0,0	Lt2	0,03	pol	HAI 2-2
IIBv	-120	10 YR 4/4	6,9		0,2	Sl4	–	ein-sub	HAI 2-3
II elC	120+	10 YR 4/6	8,3		23,7	Su2	–	ein-sub	HAI 2-4

Die Schwermineralvergesellschaftung der Deckschicht

Das Schwermineralspektrum der Deckschicht von Kiesgrube Haidhäuser unterscheidet sich deutlich von demjenigen der Sande in der Grube. Der Granat nimmt nur einen Anteil von 28% ein und ist damit weit weniger dominant als in den Sanden der Datierungsprobe. Die Epidot-Gruppe ist mit 14% und damit wesentlich stärker vertreten als in der Terrasse selbst. Innerhalb der Epidot-Gruppe ergibt sich ein ähnliches Verteilungsmuster, wie es schon in den weiter innaufwärts entnommenen Proben häufig der Fall war: Von den 14% entfallen nur 3% auf den Epidot selbst, der Rest verteilt sich auf Zoisit (8%) und Klinozoisit (3%). Die Hornblende ist mit 6% vertreten. Sehr auffällig ist ferner der hohe Anteil, der auf die

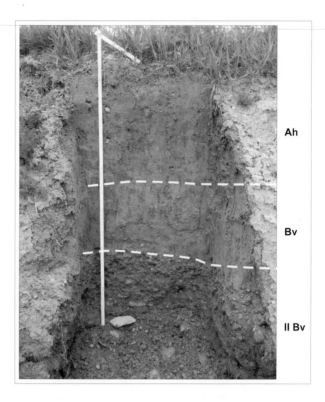

Abbildung 3.45: Profil Haidhäuser 2. Das Profil befindet sich auf der SGa3-Terrasse südwestlich von Pocking am Rand einer Kiesgrube im Ortsteil Haidhäuser. In einer 1 m mächtigen, tonig-lehmigen Deckschicht ist eine Braunerde entwickelt. Im Liegenden der Feinmaterial-Deckschicht folgen 20 cm verwitterte Schotter in schluffig-sandiger Matrix, bevor 120 cm unter GOF die unverwitterten Terrassenschotter erreicht werden. Die sedimentologischen und pedologischen Parameter des Profils sind in Tabelle 3.11 dargestellt. Die Kornsummenkurven des Profils nach Horizonten gegliedert stellt Abbildung A.4 dar. Tabelle A.4 enthält die Ergebnisse der Korngrößenanalyse.

stabilen Minerale entfällt: Zirkon und Rutil sind jeweils mit 6% verteten, auf den Turmalin entfallen 8%.

Die Vergesellschaftung belegt einerseits die Verwitterungseinflüsse, denen die Deckschicht seit ihrer Ablagerung ausgesetzt war und die sich in der Herabsetzung des Granatanteils ausdrücken. Zum anderen weist das Vorhandensein vor allem des Zirkons auf die Einarbeitung von Molassesedimenten hin. Er stammt v.a. aus dem Moldanubikum und kommt im ostniederbayerischen Raum nach UNGER (1989) in größeren Mengen in der Misch- und Moldanubischen Serie vor. Das Vorkommen von Titanit (7%) kann möglicherweise ebenfalls als Hinweis für die Beteiligung moldanubischen Materials gewertet werden. Obwohl GRIMM (1957) den Titanit als untypisches Mineral wertet, das gleichermaßen in alpinen und moldanubischen Gesteinen enthalten ist und deswegen nicht zu einer Trennung von Schüttungen aus den beiden unterschiedlichen Regionen verwendet werden könne, kam doch in keiner der weiter innaufwärts genommenen Proben Titanit in nennenswerter Menge vor.

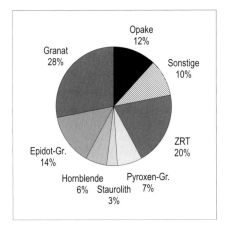

Abbildung 3.46: Schwermineralspektrum der Deckschicht in der Kiesgrube Haidhäuser. Wieder wird der Einfluss der Verwitterung im Vergleich mit der unverwitterten Probe aus der Schotterterrasse deutlich. Der Granat wird deutlich in der Menge reduziert, der Epidot-Anteil nimmt relativ zu. Auffällig ist der hohe Anteil stabiler Minerale. Der Zirkon weist auf die Beimengung von moldanubischem Material hin. Sonstige: Titanit 7%, Chloritoid 1%, Dumortierit 1%, n.b. 1%.

3.4.2 Die Terrassen des jüngeren Spätglazials (SGj2)

Die Terrassen des jüngeren Spätglazials sind im Kartiergebiet Aigen–Neuhaus durch das SGj2-Niveau vertreten. Die Terrasse ist nur nördlich des Inns auf der deutschen Seite erhalten. Auf der österreichischen Seite reicht der Inn bis an die Hochterrasse heran.

Die SGj2-Terrasse

Die SGj2-Terrasse im Abschnitt Aigen–Neuhaus setzt am Ostufer des Kirnbachs bei Ering das auch westlich des Bachs zu verfolgende Niveau fort und zieht als durchgehend ausgebildete Terrasse parallel zum Inn in nordöstlicher Richtung. Nördlich von Malching wird die Terrasse von einem Schwemmfächer aus dem Tertiärhügelland erreicht, der die Kante zur nordwestlich anschließenden SGa3-Terrasse verwischt. Ansonsten sind SGj2- und SGj3-Terrasse durch eine im Gelände deutlich erkennbare Kante voneinander getrennt. Die Sprunghöhe zur SGa3-Terrasse beträgt im Schnitt 4–5 m.

Im Südosten wird die SGa2-Terrasse von der Hj1-Terrasse begrenzt. Sie erodiert die SGj2-Terrasse in Form deutlich erkennbarer Mäanderbögen. Ihre Sprunghöhe zur Hj1-Terrasse beträgt im Schnitt 3–4 m. Das Gefälle der SGj2-Terrasse beträgt zwischen Ering (340 m ü. NN) und Bad Füssing (324 m ü. NN) 1,2‰ auf 13 km.

Die Quartärbasis liegt in den Bohrungen Füssing I und Füssing II im Ortsbereich von Bad Füssing zwischen 316 und 319 m ü. NN und damit acht bzw. vier Meter unter Geländeoberfläche. Die Tertiäroberfläche scheint also gegenüber der SGa3-Terrasse nicht tiefer gelegt worden zu sein, was sich aus einem Vergleich mit den nur 2–3 km westlich von Bad Füssing gelegenen Bohrungen Pocking I, II und Ruhstorf-Gruppe VB 7 ergibt (vgl. Beilage 7, Schnitt C–D).

Kiesgrube Geigen

Die SGj2-Terrasse ist unter anderem in einer Kiesgrube südwestlich von Kirchham zwischen den Höfen Hoheneich und Geigen aufgeschlossen. Die Oberkante der Terrassenschotter liegt bei 334 m ü. NN, die Sohle der Kiesgrube bei 327 m ü. NN. Weite Teile der Kiesgrube werden von einem Baggersee eingenommen, so dass die wasserstauende Tertiäroberfläche in nicht allzu großer Tiefe liegen kann: Nach Auskunft von Arbeitern kann mit dem Bagger noch bis etwa zwei Meter unter der Wasseroberfläche Kies gefördert werden, bevor blaue, tonige Mergel angeschnitten werden. Die Quartärbasis kann also in einer Höhenlage von etwa 324–325 m ü. NN vermutet werden.

Auf der Schotterterrasse liegt eine ca. 1 m mächtige Deckschicht aus Feinmaterial, in der eine Braunerde entwickelt ist. Die Schotter sind sortiert und horizontal geschichtet. An der östlichen Abbruchwand der Grube wurde aus einer maximal 40 cm mächtigen Sandlinse in einer Tiefe von 2 m unter Schotteroberkante (332 m ü. NN) Probe GEI 1-1 entnommen, die ein OSL-Alter von 12,7±1,1 ka aufweist.

Probe GEI 1-1 nimmt damit altersmäßig eine Zwischenstellung zwischen den Proben aus den Schotterkörpern der höher liegen Terrassen ein, die alle deutlich im frühen Spätglazial liegen und den tieferen Terrassen, die an der Salzachmündung bereits klar ins Holozän fallen. Dies rechtfertigt die Ausgliederung einer Terrassenbildungsphase, die zeitlich zwischen den bisher festgestellten spätglazialen und frühholozänen Phasen einzuordnen ist. Der geomorphologische Befund stützt diesen Hinweis aus der Datierung, da die SGj-Terrassen durch deutliche Stufen sowohl von den älteren SGa- als auch den jüngeren Ha-Terrassen abgesetzt sind. Durch die ungünstigen Aufschlussbedingungen in der Schlüsselregion an der Salzachmündung, wo praktisch alle Terrassen erhalten sind, sind die SGj-Niveaus dort zwar einer Datierung nicht zugänglich, allerdings lassen sie sich im Gelände bis dorthin innaufwärts verfolgen.

Die Deckschicht (Abb. 3.47) wird in ihrem Korngrößenspektrum vom Schluff dominiert (Abb. A.5 und Tab. A.5), der 61,18% des Feinbodens ausmacht. Hiervon entfällt wiederum rund die Hälfte auf den Grobschluff (31.39%). Der Tonanteil liegt bei 22,69%. Zusammen mit der gelblichen Farbe des Substrats deutet das Korngrößenspektrum auf eine Herkunft des Deckschichtenmaterials aus dem Tertiärhügelland nordwestlich der Kiesgrube hin. Das Tertiärhügelland im Zwickel zwischen Rottal und Inntal erreicht im Bereich östlich von Malching nur noch Höhenlagen zwischen 400 und 370 m ü. NN und ist von einer geschlossenen Löss- bzw. Lösslehmdecke überzogen. Westlich davon findet sich bei durchschnittlichen Höhenlagen um 500 m ü. NN und darüber Löss(-lehm) nur vereinzelt in Form isolierter Flecken. Als Transportweg kommt der Kößlarner Bach in Frage, der mit seinem breiten Tal von Rotthalmünster kommend bei Tutting den Rand des Hügellands erreicht und einen ausgedehnten Schwemmfächer auf die Terrassenlandschaft im Inntal ausbreitet.

Abbildung 3.47: Profil Geigen 1. Die Deckschicht der SGj2-Terrasse bei Geigen besteht aus einem 1 m mächtigen schluffig-lehmigen Lössderivat, das vom Kößlarner Bach in Form eines großen Schwemmfächers auf die Innterrassen gebreitet wurde. Einzelne Kiesel im Lösslehm belegen die Umlagerung des Materials. Die Deckschicht weist ein Sedimentationsalter von 4,7±0,4 ka auf (ausgehendes Neolithikum).

Die Lösslehmdeckschicht datiert auf 4,7±0,4 ka (Probe GEI 1-2) und fällt damit zeitlich ins ausgehende Neolithikum. Dies gibt zu der Vermutung Anlass, dass sich das lössbedeckte Hügelland entlang des Kößlarner Bachs um diese Zeit in landwirtschaftlicher Nutzung befand, wodurch es zu Bodenerosion kommen konnte. Das ausgehende Neolithikum wird in Ostbayern durch die Kulturen der Münchshöfener und Altheimer Gruppe (Jungneolithikum) sowie der Chamer Gruppe (Spätneolithikum) vertreten. Letztere beginnt, auch die ungünsti-

geren Lagen abseits der großen lössbedeckten Beckenlandschaften bis hinein in den Mittelgebirgsraum zu besiedeln. Im Ausgang des Rottals zum Inntal und dem benachbarten Tertiärhügelland ist die Anwesenheit des Menschen spätestens seit dem Mittelneolithikum durch
Funde belegt (ENGELHARDT und PLEYER 1985). Im Inntal ist die archäologische Befundsi-
tuation insgesamt sehr spärlich, was freilich nicht auf eine Siedlungsleere hindeutet, sondern
vielmehr die Situation widerspiegelt, dass nur wenige Funde weitergemeldet bzw. vorhan-
denes Fundmaterial aufgearbeitet und publiziert wird (ENGELHARDT und PLEYER 1985).
In Rotthalmünster wurde allerdings von der Kreisarchäologie des Landkreises Passau in den
Jahren 1999–2001 ein neolithischer Wohnplatz bestehend aus mehreren Gebäuden und einer
Kreisgrabenanlage bearbeitet (zuletzt WANDLING 2001a). Bei der Ausgrabung kam Material der Stichbandkeramik (Mittelneolithikum), der Münchshöfener sowie Altheimer Kultur
und der Urnenfelderzeit (Bronzezeit) zu Tage, so dass davon ausgegangen werden kann,
dass das Gebiet um Rotthalmünster in dem Zeitraum, in dem die Deckschicht von Geigen
abgelagert wurde, tatsächlich besiedelt war.

Tabelle 3.12: Kulturstufen des Neolithikums in Ostbayern und ihre ungefähre zeitliche Einordnung. Spezifisch
ostbayerische Gruppen in *kursiv*. Nach: ENGELHARDT und PLEYER (1985).

Kulturstufe		zeitliche Stellung (ca.)
Altneolithikum	Linienbandkeramik	6. Jahrtausend v. Chr.
Mittelneolithikum	Stichbandkeramik	5. Jahrtausend v. Chr.
	Oberlauterbacher Gruppe	
Jungneolithikum	*Münchshöfener Gruppe*	
	Altheimer Gruppe	ab 3.800 v. Chr.
Endneolithikum	*Chamer Gruppe*	ab 3.400 v. Chr.

Die Schwerminerale der Terrassensande und der Deckschicht
Die Schwermineralproben aus der Terrasse und der Deckschicht (Abb. 3.48) zeigen in ihrem
Spektrum große Ähnlichkeiten und weisen gleichzeitig auf eine Materialzufuhr aus dem Tertiärhügelland hin. In beiden Proben erreicht der Turmalin hohe Werte (Terrasse: 13%, Deckschicht: 16%), Staurolith ist ebenfalls stark vertreten (Terrasse: 7%, Deckschicht: 16%).
GRIMM (1957) rechnet den Turmalin zwar zu den „untypischen Mineralen" in dem Sinn,
dass er in Moldanubikum und Alpen gleichermaßen vorkommt und so nicht zur Differenzierung von Schüttungen aus den beiden Gebieten verwendet werden kann. Allerdings ist er
durch seine Verwitterungsbeständigkeit ein sicherer Zeiger für starke Vorverwitterung eines
Sediments, wenn er derart gehäuft auftritt. In Ostniederbayern deutet eine Anreicherung von
Turmalin deswegen auf den Quarzrestschotter als Sedimentliefergebiet hin (GRIMM 1957).
In frischem alpinen Material ist Turmalin nicht in dieser Konzentration enthalten. Der Staurolith ist vermutlich rein alpiner Herkunft (CLAUS 1936; GRIMM 1957) und belegt durch
seine Anreicherung ebenfalls eine starke Vorverwitterung und Umlagerung. Nach GRIMM
(1973), der innerhalb des Quarzrestschotters eine Stabilitätsreihe verschiedener Mineralassoziationen erkennt, ist eine Staurolith-Turmalin-Assoziation zusammen mit dem gehäuf-
ten Auftreten opaker Körner typisch für den stark bis sehr stark verwitterten Mittleren bis

Oberen Quarzrestschotter. Das Fehlen des ebenfalls sehr stabilen Rutils und des moldanubischen Zirkons in beiden Proben grenzt das Material gegen die extrem verwitterten Decksande des Quarzrestschotters ab und deutet ferner darauf hin, dass moldanubisches Material am Aufbau der Sedimentkörper nicht oder nur in geringem Maß beteiligt ist (CLAUS 1936; SCHMEER 1955; GRIMM 1957, 1973; UNGER 1983).

Das gleichzeitige Vorkommen leicht verwitterbarer Minerale (Hornblende und Granat) vor allem in Probe GEI 1-4 aus der Terrasse ist ein sicheres Indiz für die Mischung von frischem und vorverwittertem Material.

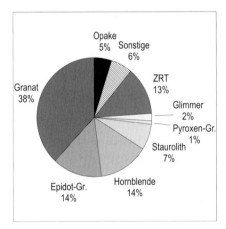

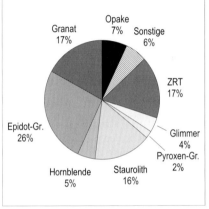

(a) Schwermineralspektrum der Sande in den Terrassenschottern.

(b) Schwermineralspektrum der Lößlehmdeckschicht.

Abbildung 3.48: Schwermineralspektren von Terrassensanden und Deckschicht in Kiesgrube Geigen. Beide Spektren enthalten deutliche Hinweise auf Materialzulieferung aus dem Bereich des Tertiärhügellands nördlich der Lokalität. Vor allem der hohe Turmalin-Anteil ist ein Indiz hiefür. Der Staurolith weist ebenfalls auf Vorverwitterung und Umlagerung hin. Trotz der Lage weit im Osten des Untersuchungsgebiets scheinen die Sedimente der Misch- oder der Moldanubischen Serie sowohl an den Schottern wie an der Deckschicht kaum oder keinen Anteil zu haben, da in diesem Fall Zirkon zu erwarten wäre. Statt dessen spricht der hohe Turmalin-Anteil eher für eine Beteiligung der Quarzrestschotter. Sonstige: a) Disthen 3%, Lawsonit 1%, n.b. 2%; b) Chloritoid 3%, Disthen 1%, n.b. 2%.

3.4.3 Die Terrassen des jüngeren Holozäns (Hj1, Hj2)

Nach der SGj2-Terrasse wurden im Kartiergebiet Aigen–Neuhaus noch zwei weitere Terrassen gebildet, die sich oberhalb der heutigen Innaue befinden. Ihre Einstufung ins jüngere Holozän erfolgt über eine Korrelation mit Terrassenresten, die im Gebiet Kirchdorf–Aigen kartiert wurden und die tiefer lagen als die ins ältere Holozän datierten Terrassen zwischen Neuötting und Kirchdorf. Da Datierungen fehlen und eine Unterscheidung über die Petrographie auch nicht möglich erscheint, basiert die Einstufung also im wesentlichen auf geomorphologischen Überlegungen. Ein weiterer Hinweis auf das geringe Alter der Terrassen sind die jungen Rinnen, die in die Terrassen eingeschnitten sind und in denen typischerweise Pararendzinen in kalkreichem, schluffig-sandigem Feinsediment ausgebildet sind (Abb. 3.49). Teilweise finden sich auch Übergangsformen zur Braunerde (Braunerde-Pararendzinen). Charakteristisches Merkmal der (Braunerde)Pararendzinen in den Rinnen ist ihr im Schnitt 30–40 cm mächtiger, sehr dunkler Ah-Horizont.

Der allergrößte Teil der Hj-Terrassen liegt links des Inns auf deutschem Staatsgebiet. Dort nehmen sie anteilsmäßig die Hälfte der Flächen der jungquartären Terrassen ein. Lediglich zwischen Ufer (westlich von Kirchdorf, OÖ) und der Staustufe Egglfing-Obernberg konnte ein holozänes Terrassenniveau über der Aue rechts des Inns kartiert werden. Kleinere Vorkommen gibt es möglicherweise entlang der Nebentäler wie z.B. an der Pram im Stadtgebiet von Schärding (UNGER 1985), die aber nicht Gegenstand der vorliegenden Untersuchung waren. Der größte Teil des Hj-Komplexes wird von der Hj1-Terrasse eingenommen, nur im nordöstlichen Kartiergebiet zwischen Gögging und Mittich ist eine Zweiteilung erkennbar, die die Ausgliederung eines Hj2-Niveaus rechtfertigt.

Die Hj1-Terrasse

Die höhere der beiden jungholozänen Terrassen setzt im Gebiet Aigen–Neuhaus bei Urfar südlich von Malching ein. Sie bildet hier zwischen Urfar und dem 1 km westlich gelegenen Gehöft Asperl einen Mäanderbogen, der das nördlich anschließende SGj2-Niveau erodiert. Ein weiterer Mäander schließt sich östlich Urfar an. Im Riedenburger Wald zeigt die Oberfläche der Hj1-Terrasse eine lebhafte Gliederung in Schotterrücken und zwischen diesen liegenden, von Feinmaterial gefüllten Rinnen. Die mäanderförmigen Ausbuchtungen an ihrem externen Rand zur SGj2-Terrasse setzen sich durch den gesamten Riedenburger Wald bis Bad Füssing fort. Nördlich von Bad Füssing nimmt der Außenrand der Hj1-Terrasse wieder einen gestreckteren – wenn auch nicht völlig geradlinigen – Verlauf ein. Die Oberfläche der Hj1-Terrasse liegt im südwestlichen Kartenausschnitt bei durchschnittlich 330–332 m ü. NN. Im Bereich der Mäander ist ein deutliches Einfallen der Oberfläche zum Prallhang hin zu beobachten. Die Sprunghöhe zur SGj2-Terrasse, die nach Nordwesten anschließt, beträgt 3–4 m. Im Nordosten bei Mittich erreicht die Oberfläche der Hj1-Terrasse noch um 310 m ü. NN. Das entspricht einem Gefälle von 0,9‰ auf etwa 23 km zwischen Urfar und Mittich.

Nördlich von Pfaffing, einem Weiler südöstlich von Pocking, grenzt die Hj1-Terrasse an die SGa3-Terrasse. Bis östlich von Oberindling (östlich von Pocking, Beilage 3) läßt sich zwischen diesen beiden Terrassen eine in nordöstlicher Richtung verlaufende Kante ausmachen (Sprunghöhe etwa 2 m). Bei Oberindling biegt die Terrassengrenze in nordwestliche Richtung ab und läuft in Form eines unscharfen Übergangs auf die Rott zu.

Aus verschiedenen Bohrungen, die die Hj1-Terrasse in ihrem gesamten Verlauf innerhalb des Kartenausschnitts erfassen, geht hervor, dass die Schottermächtigkeit zwischen fünf und acht Meter beträgt (vgl. die Schnitte in Beilage 7). Die Quartärbasis liegt im Südwesten des Kartenausschnitts (Bohrung Aigner Forst VB 1) bei 324 m ü. NN (6 m unter GOF; die im Bohrprotokoll angegebene Höhe von 336 m ü. NN für den Ansatzpunkt muss

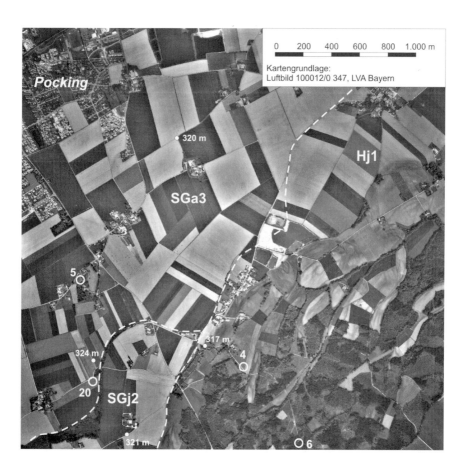

Abbildung 3.49: Die Terrassen südwestlich von Pocking im Luftbild. Der südwestliche Teil des Kartenausschnitts wird von der Hj1-Terrasse eingenommen. Die Oberfläche der Hj1-Terrasse liegt etwa bei 318 m ü. NN. An ihrem externen Rand befindet sich ein junges Rinnensystem, das im Luftbild gut zu erkennen ist. In den Rinnen sind Pararendzinen in schluffig-feinsandigem Sediment auf Terrassenschottern entwickelt. Teilweise befinden sie sich im Übergangsstadium zu Braunerden. Eine solche Braunerde-Pararendzina stellt Profil 4 (Anhang B, Tab. B.4) dar. In höheren Positionen innerhalb des Rinnensystems bzw. im Übergang zur Fläche der Hj1-Terrasse finden sich teilweise mächtige Feinsedimentauflagen, in denen Parabraunerden wie in Profil 6 entwickelt sind (Anhang B, Tab. B.6). Auf der SGa3-Terrasse (Oberfläche bei ca. 324 m ü. NN) ist die Feinsediment-Deckschicht im Schnitt 50 cm mächtig. Es finden sich Braunerden (Profil 5, Anhang B, Tab. B.5) und Parabraunerden (Profil 20, Anhang B, Tab. B.20). Luftbild: © Bayerische Vermessungsverwaltung.

auf einen Messfehler zurückgehen; mehrfache eigene Messungen ergaben eine Höhe von 330 m ü. NN, was auch mit den Angaben in der topographischen Karte übereinstimmt). Im nordöstlichen Teil der Hj1-Terrasse liegt sie in Bohrung Hartkirchen I in 308 m ü. NN 6 m unter GOF. Eine bedeutende Tieferlegung der Tertiäroberfläche unter der Hj1-Terrasse im Vergleich mit SGj2- und SGa3-Terrasse kann aus den vorliegenden Bohrungen nicht abgelesen werden. Hierbei ist zu bedenken, dass sich das Gebiet schon nahe der Erosionsbasis des vom Inn entwässerten Teils des Molassebeckens, der Vornbacher Enge, befindet, wo die Sohle des Inns nur wenig unter 300 m ü. NN liegt (Pegelnullpunkt des Pegels Neuhaus: 300,6 m ü. NN).

Bei der Kartierung von Blatt Neuhaus für die Geologische Karte von Bayern 1:25.000 wurden die Terrassen im nordöstlichen Bereich der Pockinger Heide mit erfasst (östlich von Pocking, nördlich von Oberindling) (UNGER 1985). In diesem Bereich wurde die Hj1-Terrasse als Niederterrasse auskartiert. Dieser Befund scheint nach den vorliegenden Ergebnissen revisionsbedürftig. Zwar liegen von der Hj1-Terrasse selbst keine Datierungen vor, aber die Datierungen der höher gelegenen Terrasse von Haidhäuser südwestlich von Pocking deuten bereits eine spätglaziale (Über-)Formung dieser Terrasse hin (SGa3). Nun geht die SGa3-Terrasse zwar nordöstlich von Pocking ohne klare Stufe in die Hj1-Terrasse über (s.o.), innparallel ist zwischen Oberindling und Pfaffing und im weiteren Verlauf nach Süden Richtung Waldstadt doch eine geomorphologische Grenze zu erkennen. Dies spricht dafür, dass die Verebnung der nordöstlichen Pockinger Heide (Hj1-Terrasse) nach der Formung der SGa3-Terrasse überarbeitet, höchstwahrscheinlich aus dieser erosiv herauspräpariert wurde. Vom Sediment her mag es sich durchaus um Niederterrassenschotter handeln, die Form ist aber wesentlich jünger als würm-hochglazial.

Von der Hj1-Terrasse liegen verschiedene archäologische Befunde vor, die belegen, dass sie spätestens seit der Bronzezeit besiedelt und somit hochwasserfrei gewesen sein muss. Zwischen Biberg und Malching im südwestlichen Teil der Hj1-Terrasse im Abschnitt Aigen–Neuhaus liegt eine (spätkeltische?) Viereckschanze. Bei Hartkirchen wurde eine Viereckschanze vom Bayerischen Landesamt für Denkmalpflege und der Kreisarchäologie Passau kartiert und vollständig freigelegt. Sie konnte in die Spät-Latènezeit eingeordnet werden (SCHAICH und WATZLAWIK 1996). Einen urnenfeldzeitlichen Schwertfund bei Inzing beschreibt WANDLING (2001b).

Die Hj2-Terrasse

Zwischen dem Gehöft „Bärnau" nördlich von Gögging und Mittich ist eine Zweiteilung der Hj-Terrasse in Form einer mal klarer mal weniger deutlich hervortretenden Geländekante zu erkennen. Die Oberfläche des Hj2-Niveaus liegt bei Bärnau (an der Kante zur Aue) bei 314 m ü. NN (die Aue direkt unterhalb bei 312 m ü. NN), bei Inzing (östlich Hartkirchen) auf 310 m ü. NN, bei Reding und Mattau noch bei etwa 308 m ü. NN. In der GK Neuhaus wurde die Hj2-Terrasse ebenfalls als Terrasse des jüngeren Holozäns auskartiert. Sie wird dort allerdings als qhj1-Niveau bezeichnet, da die nach oben anschließende Terrasse als Niederterrasse kartiert wurde (UNGER 1985).

Ein markanter Unterschied der Hj2-Terrasse zum Hj1-Niveau ist ihre Siedlungsleere. Eine Ausnahme bilden nur wenige, einzelne Gehöfte (z.B. Bärnau bei Gögging, Hund südwestlich von Reding). Direkt an der Kante zur Hj1-Terrasse liegen dagegen (auf dieser) zwei auf „-ing" endende Orte: Reding und Inzing. Die Endung „-ing" weist im südostbayerischen Raum in der Regel auf eine Gründung durch bajuwarische Siedler im 6. Jahrhundert n. Chr. hin (MENGHIN 1990). Gleichzeitig liegt die Hj2-Terrasse aber noch deutlich über der Aue, wie sie noch in dem Blatt des Topographischen Atlas des Königreichs Bayern 1837 dargestellt ist. Bei Bärnau, Reding und Mattau liegt die Aue etwa 2 m unter der Hj2-Terrasse. Möglicherweise war die Hj2-Terrasse in der Spätantike noch Teil der Aue und damit von regelmäßigen Überflutungen betroffen. Die Orte wären dann in Flussnähe aber überflutungssicher (Ausnahme: Katastrophenhochwässer) angelegt worden.

Das von UNGER (1985) als qhj2-Terrasse kartierte Niveau wurde in der vorliegenden Arbeit in die Aue eingeordnet. Die Begründung UNGERS ist, dass das Niveau von den jüngsten Rinnen durchzogen wird und somit älter sein muss als diese. Gleichzeitig liegt das Niveau mit seiner Oberfläche tiefer als das qhj1-Niveau. Die hier vorgenommene Einordnung in die Aue beruht neben den geomorphologischen Überlegungen, die sich mit denjenigen UNGERS weitgehend decken, auf der Auswertung historischen Kartenmaterials. Im Topographischen Atlas des Königreichs Bayern von 1837 wird der qhj2-Bereich UNGERS von teilweise recht breiten Nebenarmen des Inns durchzogen (die heute selbstverständlich als Rinnen in der Terrassenfläche sichtbar sind). Dies ist z.B. der Fall bei dem qhj2-Vorkommen östlich von Inzing (an der Kläranlage). Als Flurname für den fraglichen Bereich ist hier außerdem die Bezeichnung „Hofbau Au" vermerkt. Das qhj2-Vorkommen östlich des Kieswerks in der Redinger Au liegt sogar im Bereich von ehemaligen Hauptarmen des Inns, die im 19. Jahrhundert noch benutzt wurden. Die Kleine Au und die Kapuzinerau östlich von Mittich werden von einem dichten Netz von Nebenarmen durchzogen. Wahrscheinlich handelt es sich also bei der qhj2-Terrasse um ein höheres Aueniveau, das bis zur Ausdeichung der Aue im 19. Jahrhundert hinein aktiv war.

4 Zusammenfassende Diskussion: Die Kartierung und Datierung der jungquartären Innterrassen als Beitrag zur Paläoumweltforschung im Alpenvorland

Ziel der Arbeit ist es, durch ihre Kartierung und Datierung

1. die Terrassen unterhalb der Alz mit den bereits seit Anfang des 20. Jahrhunderts kartierten Bereichen zwischen Gars und der Alz zu korrelieren sowie

2. die Terrassen am unteren Inn mit der spätglazialen Umweltentwicklung im Alpenraum und im Alpenvorland zu verknüpfen, um so die bisher im ostbayerischen Raum bestehende Wissenslücke zu schließen.

Hierzu soll in der Diskussion der Ergebnisse zunächst durch eine Zusammenschau der Datierungsergebnisse ein chronostratigraphischer Rahmen für die Terrassenbildungen im unteren Inntal entworfen werden. Über einen Vergleich mit Datierungen aus den Alpen und dem Alpenvorland kann dieses chronostratigraphische Raster dann in das bisher erarbeitete Bild von der postglazialen Umweltentwicklung in Alpen und Alpenvorland eingehängt werden.

Das inneralpine Inntal mit seinen Nebentälern bildet seit PENCK und BRÜCKNER (1909) und zahlreichen nachfolgenden Bearbeitern die Typregion für die spätglazialen Rückzugsstadien der pleistozänen Alpengletscher. Eine wichtige Neubearbeitung der Typregion Inntal lieferten MAYR und HEUBERGER (1968).

Für die an Donau und Isar sowie im Mittelgebirgsraum beobachteten Terrassenbildungsphasen wurde lange und intensiv die Frage nach deren klimatischer oder flussdynamischer Steuerung diskutiert (SCHIRMER 1981, 1983; SCHELLMANN 1988; BUCH 1988a,b; FELDMANN 1990; SCHELLMANN 1990; FELDMANN 1991; FELDMANN und SCHELLMANN 1994; FELDMANN 1994; SCHELLMANN 1994), während diese für die spätglazialen alpinen Gletscherschwankungen außer Frage steht. Wenn nun die Terrassenbildungsphasen am Inn mit den alpinen Gletscherschwankungen einerseits und den in anderen Einzugsgebieten Süddeutschlands festgestellten Terrassenbildungsphasen andererseits korrelierbar sind, dann wäre dies ein klarer Beleg für die Klimaabhängigkeit der fluvialen Terrassenbildung.

Ein Blick auf die spätglazial-frühholozäne Entwicklung der großen Inlandeismassen Skandinaviens und Nordamerikas, deren entscheidende Klimawirkung – auch für das Alpenvorland – in zahlreichen Sedimentbohrkernen überliefert ist, rundet das Bild ab. Hieraus wird wiederum deutlich, dass die Veränderungen in der fluvialen Morphodynamik seit dem letzten Hochglazial, die zu den Terrassenbildungen am Inn geführt haben,

1. nicht isoliert vom Geschehen im Alpenraum gesehen werden können und

2. ganz wesentlich einer klimatischen Steuerung unterliegen, die

3. wiederum gekoppelt ist an die nordhemisphärische Deglaziationsgeschichte und damit in einen Zusammenhang eingebettet ist, der über Europa hinausreicht.

Eine grafische Zusammenschau der Datierungsergebnisse des vorliegenden Projekts, der daraus abgeleiteten Terrassenbildungsphasen, der Terrassenbildungsphasen an Isar und Donau mit ausgewählten Datierungen aus deren Einzugsgebieten sowie der alpinen Stadiengliederung für das Spätglazial bietet Abbildung 4.4.

4.1 Die Terrassenbildungsphasen am unteren Inn im überregionalen Kontext

Betrachtet man alle Datierungsergebnisse, so zeichnen sich für die jungquartären Terrassenbildungen, soweit sie im vorliegenden Projekt datiert werden konnten, sechs Zeitfenster ab (vgl. Tab. 4.2, Abb. 4.2, 4.3 und 4.4):

- Phase 1: Hochglazial (~21–20 ka vor heute): Niederterrasse

- Phase 2: Frühes Spätglazial (16–14 ka vor heute): SGa-Terrassen

- Phase 3: Jüngeres Spätglazial (14–12 ka vor heute): SGj-Terrassen

- Frühes bis mittleres Holozän: Ha-Terrassen

    - Phase 4: 12–9,5 ka vor heute
    - Phase 5: 8–7 ka vor heute

- Phase 6: Jungholozän (>1,5 ka vor heute): Hj-Terrassen

4.1.1 Hochglazial

Die Niederterrassenschotter konnten nun auch am Inn durch Datierungen dem letzten glazialen Maximum zugeordnet werden. Die Proben RFT 1-1 (Kiesgrube Mühlheim) und HAI 1-2 (Kiesgrube Haidhäuser) fallen in diesen Zeitraum. Die Niederterrassenfläche kann am Inn geomorphologisch mit den Endmoränen des Kirchseeoner Stadiums und damit dem Höhepunkt der würmkaltzeitlichen Vorlandvergletscherung verknüpft werden.

Die Terrassenflächen, aus deren Schotterkörper die Proben entnommen wurden, sind an beiden Lokalitäten (Mühlheim und Haidhäuser) jünger. Das lässt sich zunächst über die Morphologie belegen: Bei Mühlheim liegt die Oberfläche der Niederterrasse (westlich der Mühlheimer Ach) 10 m über derjenigen der SGa3-Terrasse und ist damit deutlich von den Spätglazialterrassen abgesetzt. Außerdem besitzen die oberen Partien der Schotterkörper der geomorphologisch als post-niederterrassenzeitlich kartierbaren Terrassen wesentlich jüngere Sedimentationsalter (Proben HAI 1-1 und RFT 1-2). Das bedeutet, dass die spätglazialen Terrassen in die hochglazialen Niederterrassenschotter eingeschachtelt sind und dass letztere einen Sockelschotter für die als eigenständige Akkumulationen anzusehenden Spätglazialterrassen bilden.

Die frühen Bearbeiter (KOEHNE und NIKLAS 1916; MÜNICHSDORFER 1921, 1923; UNGER 1978b) nahmen in Anlehnung an Carl TROLLs Modell von den Trompetentälchen stets eine rein erosive Herauspräparierung der jungquartären Terrassen an. Talabwärts müsste dann eine Akkumulation folgen. Dieses Modell ist in der neueren Literatur teils äußerst umstritten (siehe dazu die mehrfach zitierten Werke aus der „SCHIRMER"-Schule, Kap. 1.8), Carl TROLL gibt in seinem Aufsatz über die „Fluvioglaziale Serie" der nördlichen Alpenflüsse sogar selbst zu, dass sein Modell von den Trompetentälchen geomorphologisch nicht nachweisbar ist (!) (TROLL 1977, vgl. auch Abb. 1.8 auf Seite 21).

Ein weiteres Indiz, das gegen das Trompetental-Modell spricht, ist, dass nach den bisherigen Datierungen die Terrassenoberflächen eben nicht flussabwärts jünger werden. Dies wird aber von der Theorie gefordert, laut der sich an die Trompetentalstrecke nach unten (flussabwärts) ein Akkumulationsbereich anschließt (Schotterkegel), der langsam flussabwärts wächst. Die Ebinger Terrasse kann dank ihres großflächigen Auftretens im Neuöttinger Raum bereits geomorphologisch mit der SGa3-Terrasse unterhalb der Alz im Raum Julbach–Simbach korreliert werden. Über die Datierungen in den Kiesgruben Eichenau 1 (Ebinger Terrasse; EIC 1-1: 15,5±1,7 ka), Berg 1 (SGa3-Terrasse; BRG 1-1: 14,5±1,4 ka) und Haidhäuser 1 (SGa3-Terrasse; HAI 1-1: 16,1±1,4 ka) konnten diese geomorphologischen Überlegungen chronostratigraphisch abgesichert werden. Außerdem konnte nirgends im Arbeitsgebiet ein Auslaufen der SGa3-Terrasse auf der Niederterrasse beobachtet werden.

Die hier erarbeiteten Ergebnisse scheinen also auch für den unteren Inn eher die Auffassung von SCHIRMER (1981, 1983), SCHELLMANN (1988), FELDMANN (1990), SCHELLMANN (1990), FELDMANN und SCHELLMANN (1994), FELDMANN (1994) und SCHELLMANN (1994) zu bestätigen: Bei den jungquartären Terrassen handelt es sich also um eigenständige Schotterkörper, die das Produkt von mehr oder weniger langen Umlagerungsphasen darstellen und in den Niederterrassenschotter eingeschachtelt sind.

Das Hochglazial an der Salzach bei Burghausen
Eine Datierung, die das letzte Hochglazial unmittelbar südlich des Arbeitsgebiets erfasste, gelang TRAUB und JERZ (1975): In einer in von den Bearbeitern als Rißschotter (verfestigt) gedeuteten eingesenkten Delle fanden sie ein Lösspaket, das Mollusken enthielt und das von einem (lockeren) Schotter überlagert wird, den die Bearbeiter ins Spätglazial stellen („Klosterholz-Niederterrasse" = Radegunder Stadium des Salzachgletschers = Spätglazial). Die geomorphologische Situation entspricht damit in auffälliger Weise derjenigen, die bei den eigenen Arbeiten in den Kiesgruben Mühlheim und Haidhäuser angetroffen wurde, wo ebenfalls hochgaziale Schotter in Rinnen bzw. als Sockelschotter unter einer spätglazialen Umlagerung bzw. Aufschüttung erhalten blieben. Eine ^{14}C-Datierung von *Arianta arbustorum alpicola*-Schalen im Lössprofil von Duttendorf (gegenüber von Burghausen) ergab 21.650±250 Jahre v.h. (unkal.) (TRAUB und JERZ 1975) und zeigt damit an, dass die Formung der Salzach-Niederterrasse („Burghausen-Neustadt-Niederterrasse" = Nonnreiter Stadium des Salzachgletschers = LGM) im Untersuchungsgebiet etwa 21.000 ^{14}C-Jahre vor heute beendet war (VAN HUSEN 2000). Die Datierung deckt sich mit den Befunden am Inn aus den Kiesgruben Mühlheim und Haidhäuser, die ebenfalls auf eine Ablagerung des Niederterrassenschotters um 20–21 ka vor heute hinweisen.

4.1.2 Frühes Spätglazial: Älteste Dryas – Bølling – Ältere Dryas – Allerød

Die erste spätglaziale Terrassenbildungsphase, die die Terrassen SGa1, SGa2 und SGa3 umfasst, deren Höhepunkt aber höchstwahrscheinlich in der SGa3-Phase liegt, fällt in den Zeitraum der Ältesten und Älteren Dryas inklusive Bølling-Interstadial. In diesem Zeitraum entstehen während Stillstandsphasen / Wiedervorstößen der abtauenden Gletscher unter Zerschneidung der Niederterrasse und Umlagerung der ausgeräumten Schotter mehrere Terrassenniveaus, von denen die SGa3-Terrasse diejenige ist, die am großflächigsten ausgebildet und von Gars bis Schärding nachweisbar ist (Proben EIC 1-1, BRG 1-1, HAI 1-1). Zwischen Neuötting und Simbach erreicht sie beiderseits der Alz eine so große räumliche Verbreitung, dass sie neben der Niederterrasse praktisch die einzige Terrasse darstellt, die geomorphologisch über die Alzmündung hinweg korrelierbar ist. Dies ist wiederum von großem Wert für die Absicherung der Datierungen im oberen (Eichenau bei Gars) und unteren Arbeitsgebiet (Berg westlich von Simbach, Haidhäuser bei Pocking). Die SGa2-Terrasse konnte bei Mühlheim in Oberösterreich geomorphologisch von der SGa3-Terrasse abgegrenzt werden. Die Datierungen von SGa2- und SGa3-Terrasse liegen so dicht beieinander, dass hier keine Unterscheidung möglich ist.

Die jungen Sedimentationsalter der Schotterkörper am Top entstanden durch Belichtung des Materials bei Umlagerungsvorgängen im Zuge der Zerschneidung des Niederterrassenkörpers bzw. eben gerade während Stillstandsphasen bei der Zerschneidung, in denen sich dann ein dynamisches Gleichgewicht zwischen Abtragung und Materialzulieferung einstellte, wobei es auch zur Akkumulation kam. Zwar herrscht *per Saldo* seit dem Hochglazial bis heute im Inntal mit Sicherheit die Erosion vor. Das wird eindrücklich durch die hohe Stufe belegt, die zwischen der Niederterrassenfläche und der heutigen Aue (vermittelt über alle dazwischen liegenden Terrassen) liegt. Während einzelner Phasen scheint aber dennoch ein gegenläufiger Trend zur Umlagerung bzw. Akkumulation geherrscht zu haben. Dass es sich bei den jungquartären Terrassen tatsächlich um in die Niederterrasse(nschotter) eingeschachtelte Akkumulationsterrassen handelt, belegt das spätglaziale Alter von Probe EIC 1-1 (Ebinger Terrasse in der Eichenau) von $15,5\pm1,7$ ka, das aber aus einer Tiefe von 20 m unter Schotteroberkante stammt. Das zeigt, dass sich der Inn nach dem Ende des Hochglazials und dem Rückzug des Gletschers von den Endmoränen (2 km von der Lokalität Eichenau 1 entfernt) um mindestens 65 m in die hochglaziale Niederterrasse einschnitt (Oberfläche der Niederterrasse: 500 m ü. NN – Probenpunkt EIC 1-1: 435 m ü. NN), um bei der Bildung der Ebinger Terrasse wieder mindestens 20 m aufzuschütten (Probenpunkt EIC 1-1: 435 m ü. NN – Oberfläche Ebinger Terrasse: 455 m ü. NN).

Ein Blick auf die endmoränenfernen Bereiche der Ebinger Terrasse / SGa3-Terrasse zeigt, dass dort die spätglaziale Akkumulation wesentlich geringere Mächtigkeiten erreicht, wobei zu bedenken ist, dass dort die Breite des zur Verfüllung bereitstehenden Talraums auch wesentlich größer ist als direkt am Endmoränendurchbruch: In der Kiesgrube Haidhäuser werden die Niederterrassenschotter nur von einer geringmächtigen Lage spätglazialer Schotter überdeckt (Probe HAI 1-1: $16,1\pm1,4$ ka aus ca. 3,5 m unter Schotteroberkante). Hierbei handelt es sich um die Verfüllung einer Rinne, die im ausgehenden Hochglazial aus den Niederterrassenschottern herauspräpariert wurde, da Probe HAI 1-2 an derselben Aufschlusswand in 20 m Entfernung in 2,5 m unter Schotteroberkante ein hochglaziales Alter ergab. In der Kiesgrube Mühlheim gilt dasselbe für die SGa2-Terrasse: Dort zeigen ebenfalls zwei nebeneinander an derselben Aufschlusswand in unterschiedlicher Höhe entnommene Proben, dass die Niederterrassenfläche am Ende des Hochglazials erosiv tiefergelegt und anschließend im Spätglazial überschottert wurde (Probe RFT 1-1: NT-Sockelschotter in 4,2 m unter Schotteroberkante mit $22,3\pm2,5$ ka, Probe RFT 1-2: spätglazialer Schotter der SGa2-Terrasse mit $16,2\pm1,7$ ka in 2,2 m unter Schotteroberkante).

Probe EIC 1-1 stammt aus dem Terrassenkörper der Ebinger Terrasse im Sinne von KOEHNE und NIKLAS (1916). Die Probe aus der Ebinger Terrasse in der Eichenau bei Gars stimmt damit altersmäßig gut mit den Proben BRG 1-1 und HAI 1-1 überein. Die Ebinger Terrasse kann somit mit einiger Sicherheit mit dem SGa3-Niveau korreliert werden. Ein weiterer Grund, die Ebinger Terrasse mit der dritten Spätglazialterrasse im Gebiet unterhalb der Alz zu korrelieren, ergibt sich aus Analogieüberlegungen im Bezug auf die stratigraphische Abfolge der Terrassen bei Gars: Die Ebinger Terrasse ist in der „klassischen" Schotterstratigraphie am Inn das dritte post-hochglaziale Niveau (nach der Kirchreiter Terrasse im Sinne von TROLL 1968 und der Rauschinger Terrasse von KOEHNE und NIKLAS 1916) und gleichzeitig die erste Terrasse nach der hochglazialen Niederterrasse, die eine größere räumliche Verbreitung erreicht. Die dritte Spätglazialterrasse (SGa3) ist genau wie die Ebinger Terrasse die erste spätglaziale Terrasse, die über weitere Strecken im Tal zu verfolgen ist, während Kirchreiter und Rauschinger Terrasse (wie die Terrassen SGa1 und SGa2) anscheinend auf gletschernahe Bereiche bzw. Talausgänge beschränkt sind und bei steilem Gefälle nur wenig Raum in der Fläche einnehmen. Nimmt man also eine Korrelation von Ebinger Terrasse und SGa3-Terrasse an, dann stehen geomorphologische Überlegungen und Datierungen im Einklang miteinander.

Das Spätglazial ist außerdem im Zeitraum 14–16 ka vor heute nochmals eine Phase intensiver Lössdynamik. Dies belegen die Datierungen von Jungwürmlöss auf der Hochterrasse von TERHORST et al. (2002). Die Deckschicht der SGa2-Terrasse besteht aus einem gleichaltrigen sandig-lehmigen Sediment (Proben RFT 1-3 und RFT 1-4 mit $14,8\pm1,0$ bzw. $13,3\pm1,1$ ka). Als Liefergebiet für diesen spätglazialen Löss bzw. das fluviale Sediment kommt somit die SGa3-Terrasse in Frage. Sie besitzt eine große räumliche Ausdehnung und ist damit als Liefergebiet nennenswerter Mengen Löss denkbar. Dass während der Entstehung der SGa3-Terrasse und damit der Decksedimentbildung auf der SGa2-Terrasse bzw. der Lössanwehung auf die Hochterrasse kaltzeitliche Bedingungen herrschten, belegen die Kryoturbationsmerkmale im Profil Mühlheim 1 auf der SGa2-Terrasse. Die spätglaziale Lössdynamik ist außerdem die Erklärung für die auf der Niederterrasse im Inntal weit verbreitet anzutreffenden schluffigen Deckschichten. Sie sind demnach wohl – zumindest teilweise – als echte Lössanwehung während des Spätglazials zu deuten. Aufgrund ihrer im Vergleich zu den vollständigen Würmlössprofilen auf der Hochterrasse geringen Mächtigkeit (±1 m) sind die Spätwürmlössprofile auf der Niederterrasse in der Regel vollständig entkalkt, der Löss ist verlehmt. Das macht eine Unterscheidung von Schwemmlöss dort schwierig, wo keine anderen Anzeichen für eine nachträgliche Verlagerung gefunden werden wie zum Beispiel eingelagerte Kiesel. Die Datierungen RFT 1-3 und 1-4 auf der SGa2-Terrasse sowie die Lössdatierungen aus TERHORST et al. (2002) belegen aber eindeutig eine spätglaziale Hochflut- und Lössdynamik, die das Vorhandensein von echtem Löss auf der Inn-Niederterrasse wahrscheinlich macht.

Das frühe Spätglazial an Isar und Donau: Die „NT2-Terrasse"
Auch an den anderen großen Flüssen Süddeutschlands kommt es im frühen Spätglazial zu
Terrassenbildungen: Die „NT2" wird von den jeweiligen Bearbeitern in die Älteste Dryas
gestellt: FELDMANN (1994) datiert die Entstehung seiner NT2 an der Isar in diesen Zeitraum, ebenso SCHELLMANN (1988, 1990, 1993) an unterer Isar und Donau. STRIEDTER
(1988) kommt am Oberrhein zu vergleichbaren Ergebnissen. SCHIRMER (1983, 1988) stellt
seine „Schönbrunner Terrasse" an Main und Regnitz der NT2 gleich und ebenfalls in die
Älteste Dryas.

Die von den jeweiligen Autoren vorgenommenen Einordnungen der NT2 in die Älteste
Dryas basierte auf geomorphologischen Indizien, da damals die Lumineszenzdatierung für
fluviale Sedimente noch nicht zur Verfügung stand und eingelagertes organisches Material
in spätglazialen Terrassen nicht vorkommt. Vom Inn liegen also über die direkte Datierung
der Spätglazialterrassen nun erstmals auch numerische Datierungen vor, die die geomorphologischen Überlegungen der genannten Autoren bestätigen.

Gletschervorstöße in den Alpen: Gschnitz- und Daunstadium
BRUNNACKER (1959b) korreliert die Ebinger Terrasse mit seiner „Stufe I", diese vermu-
tet er in der Ältesten Dryas und postuliert einen Zusammenhang mit dem Ammersee-
Stadium des Isar-Loisach-Gletschers nach TROLL (1925b). Dem Ammersee-Stadium des
Isar-Loisach-Gletschers entspricht am Inn das Stephanskirchner Stadium, der letzte Glet-
scherhalt außerhalb der Alpen. Die Moränen des Stephanskirchner Stadiums markieren die
Grenze zwischen dem Stammbecken und den Zweigbecken des Inngletschers. Die nun vor-
liegenden Datierungen der Ebinger Terrasse stützen zwar die Einordnung in die Älteste
Dryas, jedoch ist ein Zusammenhang mit dem Stephanskirchner Stadium äußerst unwahr-
scheinlich. Der Eisrückzug von den äußersten Endmoränen bis in die Alpentäler erfolgte
nach neuerer Einschätzung in rapidem Tempo (möglicherweise in weniger als 1.000 Jahren,
VAN HUSEN 2000), gleichzeitig machen Datierungen einen Zusammenhang der Bildung der
Ebinger Terrasse mit den Spätglazialstadien Gschnitz und Daun wahrscheinlich.

Das Gschnitzstadium ist durch Endmoränenrücken im Gelände dokumentiert, was seinen Vorstoßcharakter belegt. Die Typlokalität liegt im namensgebenden Gschnitztal bei
Trins, 30 km südlich von Innsbruck (MAYR und HEUBERGER 1968), wo sich in 1.200 m
Meereshöhe die Endmoräne eines Lokalgletschers befindet (KERSCHNER et al. 1999). Die
Gschnitzmoräne liegt 4 km talaufwärts vom *locus typicus* des vorhergehenden Steinachstadiums (PATZELT 1972). Moränen in vergleichbarer Position finden sich aber auch in
zahlreichen anderen Alpentälern (PATZELT 1975; VAN HUSEN 1977; MAISCH 1987). Im
Sendersal überfährt der Gschnitzgletscher einen Bergsturz, wodurch ein Wiedervorstoß um
2 km ($\frac{2}{5}$ der Gesamtlänge) belegt wird (KERSCHNER und BERKTOLD 1981).

Das Toteis in den Haupttälern war zur Zeit des Gschnitz bereits komplett abgeschmol-
zen, was sich durch die Verknüpfung von Gschnitz-Moränen mit korrelaten fluvioglazialen
Schotterterrassen in den Tälern belegen lässt, die eine ungehinderte Drainage anzeigen (PAT-
ZELT 1972; VAN HUSEN 1977). Dies, zusammen mit Vorkommen einer Braunerde auf der
Steinach-Moräne, die vom Gschnitzgletscher überfahren wurde (HEUBERGER 1968), deutet
auf einen relativ langen Zeitraum zwischen Steinach und Gschnitz hin (PATZELT 1972; VAN
HUSEN 2000).

Das Daunstadium (PENCK und BRÜCKNER 1909) ist verbunden mit einem Vorstoß relativ kleiner Gletscher in hohen Lagen. Zeitlich wird es heute in die (relativ kurz andauernde) Ältere Dryas gestellt (VAN HUSEN 2000).

Dagegen machen geomorphologische Indizien eine zeitliche Einordnung des Gschnitz-stadiums in die Älteste Dryas wahrscheinlich: Während die Moränen des nächstälteren Steinachstadiums noch einer deutlichen solifluidalen Überprägung (während des Gschnitz) unterlagen, trifft dies für die Gschnitz-Moränen nicht mehr in diesem Maß zu (VAN HU-SEN 2000). Diese Einschätzung wird neuerdings auch von Datierungen gestützt: Nach IVY-OCHS et al. (1997) (zitiert in KERSCHNER et al. 1999) wurde die Gschnitz-Moräne um 15.000 vor heute abgelagert. ^{14}C-Datierungen aus einem Pollenprofil vor der Gschnitz-Moräne deuten auf ein Alter des Gschnitz-Stadiums von ca. 14.000 ^{14}C-Jahren vor heute hin (VAN HUSEN 2000). Um 13.000 ^{14}C-Jahre vor heute setzt nach Pollenanalysen aus dem inneren Ötztal, dem unteren alpinen Inntal und dem Gschnitztal bereits eine schnelle Wie-derbewaldung der Haupt- und auch der Nebentäler bis in Höhen von ca. 1.000 m ü. M. ein (BORTENSCHLAGER 1984), was den Beginn des Bølling (nach MANGERUD et al. 1974) markiert.

Die Datierungen von Gschnitz- und Daunstadium machen es also wahrscheinlich, dass die älteren Spätglazialterrassen am unteren Inn als fluvialmorphologischer Ausdruck eines durch korrelate Moränen im Alpenraum belegten Klimarückschlags im Zeitraum Älteste–Ältere Dryas anzusehen sind. Da zu diesem Zeitpunkt das Inntal bereits eisfrei war, was durch geomorphologische Indizien belegt wird, kann die Ebinger Terrasse nicht dem Ste-phanskirchner Stadium bzw. der Stufe I BRUNNAKCERs (1959a) entsprechen.

***Routing event 7*: Schmelzwasser des Laurentischen Eisschilds als Auslöser einer Klimadepression**
Die Ursache für den Klimarückschlag liegt höchstwahrscheinlich in Nordamerika bzw. im Nordatlantik: Das *Routing event 7* (LICCARDI et al. 1999), ein Schmelzwasserpuls in den Nordatlantik, dessen Ursprung der Laurentische Eisschild ist, fällt mit ca. 15 ka vor heute (Kalenderjahre) mit der Entstehung der Ebinger Terrasse / SGa3-Terrasse zusammen. Durch den Schmelzwasserpuls wurde die thermohaline Zirkulation, die bereits etwa 19.000 Kalen-derjahre vor heute wieder im wesentlichen interglaziale Werte erreicht hatte, was sich aus dem Δ^{14}C-Anstieg seit dem Ende des LGM ablesen lässt, entscheidend gestört (CLARK et al. 2001). Der Δ^{14}C-Wert ist – unter Berücksichtigung der in Abhängigkeit von Schwankungen im Erdmagnetfeld und der Sonnenaktivität variablen ^{14}C-Produktionsrate – ein Maß der ozeanischen Zirkulation (BJÖRCK et al. 1996, zur Definition des Δ^{14}C-Wertes vgl. STUI-VER und POLACH 1977).

4.1.3 Jüngeres Spätglazial: Jüngere Dryas

Die Datierungen in den Kiesgruben Wörth und Geigen (Proben WTH 1-1 und GEI 1-1) mar-kieren durch ihr wesentlich jüngeres Alter von 13,4±1,1 bzw. 12,7±1,1 ka, das sich auch innerhalb des Datierungsfehlers nicht mit den älteren Proben deckt, eine zweite spätglaziale Terrassenbildungsphase. Diese jüngere spätglaziale Terrassenbildung liegt zeitlich im Über-gang Allerød–Jüngere Dryas und fällt höchstwahrscheinlich mit dem jungtundrenzeitlichen Kälterückschlag zusammen, der in den Alpen durch einen letzten deutlichen Gletschervorstoß – das Egesenstadium – dokumentiert ist. Aufschluss Wörth 1 liegt an der Typlokalität der Wörther Terrasse nach KOEHNE (1913) und KOEHNE und NIKLAS (1916). Damit ist es wahrscheinlich, dass die Wörther Terrasse dem SGj-Komplex bzw. der SGj2-Terrasse unterhalb der Alzmündung entspricht, auch wenn eine geomorphologische Korrelation von Wörther Terrasse und SGj-Komplex aufgrund der Störung der Innterrassen durch die Terrassen der östlich von Neuötting einmündenden Alz schwerfällt. Die Zweiteilung der SGj-Terrasse kommt möglicherweise dadurch zustande, dass der deutliche und (relativ) langanhaltende Kälterückschlag der Jüngeren Dryas vom Signal der unmittelbar vorausgehenden „Intra-Allerød-Kaltphase" (YU und EICHER 2001) überlagert wird, die sich auch im Alpenvorland in Sedimentbohrkernen als deutlicher Kälterückschlag nachweisen lässt (VON GRAFEN-STEIN et al. 1999, vgl. Abb. 4.1) und die möglicherweise schon vor Beginn der Jüngeren Dryas zur Belebung der fluvialen Morphodynamik beigetragen hat.

Die Jüngere Dryas an Isar und Donau: Die „NT3"-Terrasse
An Donau und Isar fällt die Bildung der von den dortigen Bearbeitern (FELDMANN 1990; FELDMANN und SCHELLMANN 1994; FELDMANN 1994; SCHELLMANN 1988, 1990, 1994) als „NT3" bezeichneten Terrasse in die Jüngere Dryas. Am Oberrhein kartiert STRIEDTER (1988) eine jungtundrenzeitliche NT3. Am Main fällt die „Ebinger Terrasse" nach SCHIRMER (1983, 1988) (nicht zu verwechseln mit der Ebinger Terrasse am Inn nach KOEHNE und NIKLAS 1916!) in die Jüngere Dryas.

Kälterückschlag belegt durch Seesedimente im Ammersee
Die Terrassenbildungsphase, die in den Proben WTH 1-1 und GEI 1-1 belegt ist, fällt mit einem deutlich ausgeprägten, negativen δ^{18}O-Peak zusammen, der in Ostracoden-Schalen aus Bohrkernen vom Grund des Ammersees überliefert ist (VON GRAFENSTEIN et al. 1999). Das Zusammenfallen des Peaks im Ammersee mit vergleichbaren Ausschlägen im GRIP-Kern unterstreicht die Auswirkungen, die die spätglazial-frühholozänen Schwankungen der thermohalinen Zirkulation, induziert durch wiederholte Süßwasser-Pulse in den Nordaltlantik, auch für das Alpenvorland hatten.

Während Datierung GEI 1-1 gut mit dem Schmelzwasserpuls *Routing event 3* (LICCARDI et al. 1999) und damit der Jüngeren Dryas übereinstimmt, liegt WTH 1-1 dafür etwas hoch. Wie an anderer Stelle bereits ausgeführt, kann dies an einer Überbestimmung der Probe liegen. Möglicherweise spiegelt sie aber auch die Intra-Allerød-Kaltphase wider, die sich im Bohrkern auch durch einen deutlichen negativen δ^{18}O-Peak abzeichnet. Innerhalb des Datierungsfehlers kann sie jedoch immer noch in der Jüngeren Dryas liegen. *R3* und damit der Beginn der Jüngeren Dryas um 13.000 Kalenderjahre vor heute fällt mit dem Eisrückzug des Laurentischen Eisschildes aus dem Becken des Lake Superior zusammen, wodurch die Schmelzwässer vom Mississippi und damit vom Golf von Mexico zum St. Lawrence und in den Nordatlantik umgeleitet wurden (TELLER et al. 2002) – einer für die Tiefenwasserproduktion und damit für die thermohaline Zirkulation besonders empfindlichen Zone.

Der jungdryaszeitliche Gletschervorstoß in den Alpen: Das Egesenstadium
Wie bereits im Fall der Ältesten / Älteren Dryas lässt sich auch für die Jüngere Dryas ein alpiner Gletschervorstoß mit einer Terrassenbildungsphase am Inn korrelieren. Die Typlokalität für die Egesenmoräne liegt im Stubaital (KINZL 1932). Während zunächst einige

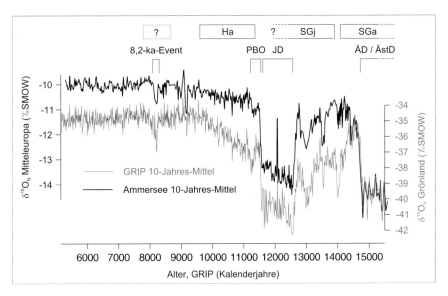

Abbildung 4.1: δ^{18}O-Kurve aus den Schalen von benthischen Ostracoden vom Grund des Ammersees und δ^{18}O-Kurve aus dem GRIP-Kern (VON GRAFENSTEIN et al. 1999, verändert). Die δ^{18}O-Kurve vom Ammersee ist als schwarze Kurve dargestellt. Das Sauerstoffisotopenverhältnis in den Schalen der benthischen Ostracoden bildet dasjenige des den See speisenden Niederschlags ab und kann dementsprechend als Klimaproxy genutzt werden. Die großen spätglazialen Klimaschwankungen der Älteren (ÄD) und Jüngeren Dryas (JD) sind deutlich als negative Peaks zu erkennen. Auch die Präboreal-Oszillation (PBO) und das „8,2-ka-Event" zeichnen sich in den Ammersee-Bohrkernen ab. Während der SGa-Terrassenkomplex gut mit der Kaltphase der Ältesten und Älteren Dryas übereinstimmt, datiert der SGj-Komplex teilweise zu alt für die Jüngere Dryas im Ammersee. Möglicherweise liegt das an der nicht vollständigen Bleichung der OSL-Proben. Eventuell sind die SGj-Terrassen aber auch als ein Mischsignal der Jüngeren Dryas und der Intra-Allerød-Kaltphase (YU und EICHER 2001) zu werten. Zur Zeit des im Ammerseekern dokumentierten 8,2-ka-Events kommt es an der Salzach zu intensiver Umlagerung von sandigen Decksedimenten. Dies belegt eine weitere Reaktivierung des fluvialen Geschehens zu dieser Zeit, auch wenn kein entsprechender Terrassenkörper direkt zugeordnet werden konnte.

Unsicherheit herrschte sowohl über die Abgrenzung von Daun und Egesen als auch über deren zeitliche Einordnung, kann das Egesenstadium heute ziemlich sicher in die Jüngere Dryas gestellt werden. Belege hierfür stammen aus Pollendiagrammen und damit verknüpften ^{14}C-Datierungen von verschiedenen Lokalitäten (PATZELT 1972; PATZELT und BORTENSCHLAGER 1978; KERSCHNER 1978; BORTENSCHLAGER 1984). Seit kurzem werden diese Befunde auch durch Oberflächendatierungen gestützt: Nach IVY-OCHS et al. (1995, 1996, 1999) wurde die Egesen-Moräne am Julierpass 11.750±140 Jahre vor heute abgelagert. Diese erste direkte Datierung des Egesenstadiums ist deshalb von großem Wert, weil sie die Korrelation des alpinen Spätglazials mit der in Nordeuropa definierten Jüngeren Dryas (MANGERUD et al. 1974) ermöglicht und deren Nachweis in Pollenprofilen oft problematisch ist (PREUSSER 2004).

4.1.4 Frühes bis mittleres Holozän: Präboreal – Boreal – Atlantikum

Die Datierungen GST 101-1 und RAT 1-1 auf zwei unterschiedlichen Terrassenniveaus in unmittelbarer Nachbarschaft an der Einmündung der Salzach in den Inn deuten darauf hin, dass auch im frühen Holozän (Präboreal) am Inn eine hohe Geomorphodynamik herrschte. Die Tatsache, dass die gleichaltrigen Terrassenniveaus an der Salzachmündung sieben Höhenmeter auseinander liegen, unterstreicht in eindrucksvoller Weise die Dynamik, die beim Zusammentreffen von Inn und Salzach entsteht. Unter den holozänen Terrassen ist die Tertiäroberfläche zumindest streckenweise tiefergelegt (vgl. Tab. C.1), was belegt, dass sie nach vollständiger Durchteufung der Niederterrassenschotter als eigenständige Schotterkörper abgelagert wurden.

Der Ha-Komplex als Ausdruck der Präboreal-Oszillation: überregionale Entsprechungen und paläoklimatischer Zusammenhang
Auch der Ha-Terrassenkomplex lässt sich in anderen Einzugsgebieten in ganz Deutschland wiederfinden: An Isar und Donau wird an der Wende Präboreal / Boreal die „H1-Terrasse" (FELDMANN 1990; FELDMANN und SCHELLMANN 1994; FELDMANN 1994; SCHELLMANN 1988, 1990, 1994) gebildet. An der Oberweser kartiert SCHELLMANN (1993) ebenfalls eine präboreale H1-Terrasse.

Diese offensichtlich überregionale Bedeutung der Ha-Terrassen sowie die Datierungsergebnisse machen einen Zusammenhang mit der Präboreal-Oszillation (BJÖRCK et al. 1996), dem 150–250 Jahre andauernden Kälterückschlag zwischen ca. 11.300 und 11.100 Kalenderjahren vor heute, der in verschiedenen Archiven rund um den Nordatlantik gut dokumentiert ist (BJÖRCK et al. 1996; HALD und HAGEN 1998), wahrscheinlich. Nach FISHER et al. (2002) wurden dabei im Rahmen eines katastrophalen Abflussereignisses aus dem Agassiz-Eisstausee (R2 nach LICCARDI et al. 1999), bei dem dessen über Strandlinien kartierbarer Seespiegel um 52 m abgesenkt wurde, über einen Zeitraum von eineinhalb bis drei Jahren rund 21.000 km^3 Schmelzwasser des Laurentischen Eisschilds über den Mackenzie River in den arktischen Ozean geleitet, wo sie zu einem lokalen Meeresspiegelanstieg von 6 m führten und infolge der Süßwasserüberschichtung die Tiefenwasserbildung und damit die thermohaline Zirkulation hemmten.

Das Atlantikum: Deckschichtenremobilisierung am Inn, H2-Terrasse an Isar und Donau, „8,2-ka-Event"
Eine weitere Reaktivierung des fluvialen Geschehens zeichnet sich in den Bohrkernen KEM 6 bis KEM 8 ab, die am linken Salzachufer am Ausgang zum Inntal bis zu 6 m mächtige Deckschichtenabfolgen erschließen. Die engmaschig angelegten OSL-Datierungen dieser Deckschichtenprofile, die durch ^{14}C-Datierungen abgesichert werden konnten (Kap. 3.2.4), fallen ins Atlantikum in einen Zeitraum von 7–8 ka vor heute. Im Inntal konnten zwar keine Schotterterrassen aus dieser Zeit direkt datiert werden, jedoch lässt die massive Remobilisierung der Decksedimente am Ausgang des Salzachtals die Vermutung zu, dass es andernorts auch zu Schotterumlagerungen und damit zu Terrassenbildung gekommen ist.

FELDMANN (1994) und SCHELLMANN (1988, 1990) beschreiben an Isar und Donau Terrassen aus dem Atlantikum (H2), am Obermain entspricht die H2-Terrasse der „Ebensfelder Terrasse" nach SCHIRMER (1983, 1988).

Die Datierungen der Terrassen an Isar, Donau, Weser und Main sowie der Deckschichten an der Salzach legen einen Zusammenhang der atlantischen Terrassenbildungsphase mit dem „8,2-ka-Event" nahe (ALLEY et al. 1997; VON GRAFENSTEIN et al. 1998). Dieser Kälterückschlag, der immerhin die halbe Amplitude der Jüngeren Dryas erreichte, ist in zahlreichen marinen und terrestrischen Archiven rund um den Nordatlantik nachgewiesen (ALLEY et al. 1997). Für Süddeutschland ist die lokale Klimawirksamkeit des 8,2-ka-Events in der $\delta^{18}O$-Kurve (Abb. 4.1) der Ammersee-Bohrkerne belegt (VON GRAFENSTEIN et al. 1999). Der Kälterückschlag wurde verursacht durch den Durchbruch der Wassermassen der zusammengewachsenen Eisstauseen Lake Agassiz und Lake Ojibway durch die Hudson Straße in die Labradorsee, als der Laurentische Eisschild auf den Wassern der eisfrei gewordenen Hudson Bay aufschwamm und zusammenbrach (*R1* im Sinne von LICCARDI et al. 1999) (BARBER et al. 1999; TELLER et al. 2002). Nach Berechnungen von TELLER et al. (2002) wurde dabei zehnmal soviel Süßwasser in den Nordatlantik geleitet wie zu Beginn der Jüngeren Dryas. Die Tatsache, dass die Auswirkungen auf die thermohaline Zirkulation aber geringer waren als im Fall der Jüngeren Dryas, führen TELLER et al. (2002) darauf zurück, dass sich der Ozean schon in einem relativ stabilen interglazialen Zirkulationsmodus befand, was sich darin widerspiegelt, dass sich für den 8,2-ka-Kälterückschlag kein entsprechendes $\Delta^{14}C$-Signal findet (CLARK et al. 2001), das eine nachhaltig gestörte Tiefenwasserbildung anzeigen würde.

4.1.5 Jungholozän: Subboreal – Subatlantikum

Das Jungholozän ist in den Bohrkernen KEM 1 bis KEM 5 (Deckschicht der SGj2-Terrasse an der Salzach) sowie KEM 6 bis KEM 8 (Deckschicht der Ha4-Terrasse an der Salzach) vertreten. Dort konnten Kolluvien datiert werden, die die jeweiligen Deckschichtenkomplexe nach oben abschließen und subboreale Alter besitzen. Die OSL-Datierungen der Kolluvien konnten mit ^{14}C-Datierungen von anmoorigen Sedimenten verknüpft werden.

An der Isar und der Donau fällt nach FELDMANN (1990); FELDMANN und SCHELLMANN (1994); FELDMANN (1994) und SCHELLMANN (1988, 1990, 1994) die Bildung der H3-Terrasse. Am Obermain kartierte SCHIRMER (1981, 1983) die „Oberbrucker Terrasse", die mit der H3-Terrasse korreliert.

Die jüngste Schotterterrasse, die am Inn datiert werden konnte, ist die Niederndorfer Terrasse (unteres Teilniveau, nach UNGER 1977, 1978a), die an der Typlokalität Niederndorf auf 1,5±0,2 ka vor heute datiert werden konnte und die damit in die Übergangsphase Spätantike / Frühmittelalter fällt. Es ist wahrscheinlich, dass diese Terrasse mit der Hj2-Terrasse unterhalb der Alz zusammenfällt. Auf ihr liegen keine „-ing"-Orte, die auf der Hj1-Terrasse bis an den Inn heranreichen und die mit der Landnahme durch bajuwarische Siedler (6. Jahrhundert nach Christus) verbunden sind. Diese „-ing"-Orte finden sich auffälligerweise direkt an der Kante Hj1- / Hj2-Terrasse. An Isar und Donau entsteht in der Römerzeit die H4-Terrasse (FELDMANN 1990; FELDMANN und SCHELLMANN 1994; FELDMANN

1994; SCHELLMANN 1988, 1990, 1994), am Obermain die „Zettlitzer Terrasse" (SCHIR-
MER 1981, 1983).

Die Terrassen H5–H7 (Mittelalter, Frühneuzeit, 18./19. Jahrhundert) der Stratigraphie
nach SCHIRMER, FELDMANN und SCHELLMANN liegen im Bereich der Aue.

Tabelle 4.1: Datierungen im Jungwürmlöss auf der Hochterrasse bei Gunderding (Oberösterreich) (TER-
HORST et al. 2002). Die Datierungen markieren die letzte Lössaufwehung auf die Hochterrasse und decken
sich zeitlich mit der Bildung der SGa3-Terrasse und der Hochflutablagerung auf der SGa2-Terrasse bei Mühlheim (4 km nordöstlich).

Probe	Alter (IRSL) [ka]
Gun1	14,2±1,2
Gun2	15,7±1,6
Gun4	14,4±1,1

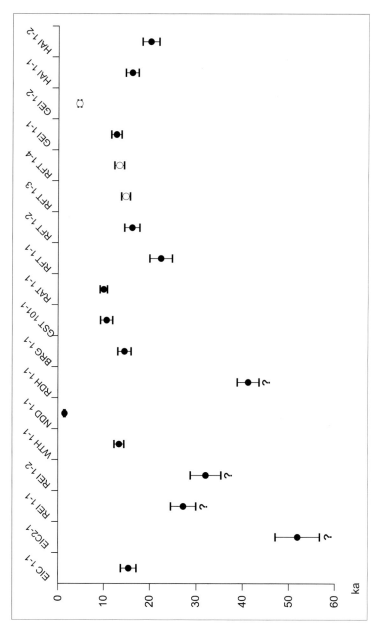

Abbildung 4.2: Die OSL-Datierungen aus dem unteren Inntal. Schwarze Kreise stehen für Datierungen aus den Terrassenkörpern, weiße Kreise stellen Deckschichtendatierungen dar. Mit Fragezeichen wurden diejenigen Datenpunkte versehen, die wesentlich höhere Alter ergaben, als die stratigraphische Position der jeweiligen Terrasse erwarten ließ. Entweder wurden hier ältere Sockelschotter datiert, in die jüngere Terrassenkörper eingeschachtelt wurden oder es handelt sich um überbestimmte Alter aufgrund unzureichend gebleichter Proben. Hier könnte nur eine weitere Bearbeitung mit einer hohen Probendichte Auskunft geben.

Tabelle 4.2: Alle OSL-Datierungen der Arbeit. Die Auflistung erfolgt in alphabetischer Reihenfolge nach der Probenbezeichnung. Der Wert „Tiefe" gibt bei Proben aus den Terrassenkörpern die Tiefe unter Schotteroberkante an. Die Tiefenangaben für die Proben aus den Deckschichten beziehen sich auf die Geländeoberfläche.

Probe	Koordinaten RW	HW	Korngröße [µm]	n	K [%]	Th [ppm]	U [ppm]	W [%]	Tiefe [m]	D [Gy ka⁻¹]	ED [Gy]	Alter [ka]
BRG1-1	4570802	5345719	150–250	19	1.00±0.02	4.93±0.23	1.65±0.06	10±5	4.0	2.32±0.17	34.5±2.3	14.5±1.4
EIC1-1	4522454	5333828	150–250	20	0.47±0.01	3.97±0.18	1.70±0.06	10±5	25	1.69±0.17	26.1±1.1	15.5±1.7
EIC2-1	4522096	5334012	150–250	19	0.58±0.02	3.26±0.15	1.38±0.05	10±5	11	1.77±0.16	92.0±2.2	51.9±4.9
GEI1-1	4592654	5355561	150–250	21	0.76±0.02	3.17±0.15	1.11±0.04	10±5	2.0	1.96±0.16	24.9±0.5	12.7±1.1
GEI1-2	4592671	5355552	4–11	8	1.77±0.04	12.85±0.59	4.27±0.15	20±5	0.3	4.53±0.40	21.4±0.4	4.7±0.4
GND1	n.b.		150–250	21	0.52±0.01	2.16±0.10	0.82±0.03	10±5	7.0	1.55±0.16	289.9±8.4	188±21
GND2	n.b.		150–250	21	0.47±0.01	1.85±0.09	0.85±0.03	10±5	7.0	1.46±0.16	247.0±6.2	166±19
GND3	n.b.		150–250	21	0.47±0.01	2.02±0.09	0.97±0.03	10±5	7.0	1.53±0.16	236.6±6.2	155±17
GST101-1	4570250	5342604	150–250	19	0.89±0.02	3.65±0.17	1.24±0.04	10±5	1.3	2.11±0.17	22.3±1.7	10.6±1.2
HAI1-1	4594434	5360285	100–200	20	0.79±0.02	3.01±0.14	1.18±0.04	15±5	3.2	1.82±0.15	29.2±0.6	16.1±1.4
HAI1-2	4594419	5360310	100–200	20	0.68±0.02	2.19±0.10	0.83±0.03	10±5	2.2	1.58±0.16	32.4±1.0	20.1±2.0
KEM1-1	4563126	5341183	4–11	8	1.41±0.13	10.79±0.23	2.84±0.13	25±10	0.6	3.32±0.37	17.8±0.4	5.4±0.6
KEM1-2	4563126	5341183	4–11	8	2.33±0.21	15.05±0.32	4.67±0.21	25±10	1.1	5.07±0.58	76.5±1.4	15.1±1.7
KEM6-1	4563504	5340923	4–11	7	1.40±0.12	8.95±0.19	2.15±0.09	20±10	0.4	3.04±0.34	13.5±0.8	4.4±0.6
KEM6-2	4563504	5340923	200–250	20	1.15±0.10	6.39±0.13	2.04±0.09	20±10	1.6	2.62±0.19	18.3±1.7	7.0±0.8
KEM6-3	4563504	5340923	200–250	20	1.07±0.10	5.56±0.12	1.83±0.08	20±10	2.0	2.46±0.18	30.3±1.2	12.3±1.0
KEM6-4	4563504	5340923	200–250	20	0.87±0.08	4.97±0.10	1.66±0.07	20±10	2.5	2.22±0.16	15.8±1.4	7.1±0.8
KEM6-5	4563504	5340923	150–200	20	0.98±0.09	5.57±0.12	1.77±0.08	20±10	3.3	2.22±0.17	20.6±1.3	9.3±0.9
KEM6-6	4563504	5340923	200–250	20	0.86±0.08	4.33±0.09	1.49±0.07	20±10	3.5	2.12±0.15	33.1±1.6	15.6±1.1
KEM6-7	4563504	5340923	150–200	20	0.87±0.08	4.55±0.10	1.41±0.06	20±10	4.1	1.98±0.16	29.5±1.6	14.9±1.4
KEM6-8	4563504	5340923	250–300	20	0.80±0.07	4.09±0.09	1.44±0.06	20±10	5.0	2.18±0.14	17.8±1.4	8.2±0.8
NDD1-1	4531993	5339938	150–250	15	1.05±0.02	5.56±0.26	1.53±0.05	10±5	3.0	2.39±0.18	3.7±0.4	1.5±0.2
RAT1-1	4570958	5343017	150–250	20	1.08±0.02	3.99±0.18	1.26±0.04	10±5	2.0	2.33±0.17	23.2±1.0	10.0±0.8
RDH1-1	4536395	5343672	150–250	21	1.15±0.02	19.05±0.44	3.90±0.13	10±5	4.0	3.99±0.21	164.4±4.4	41.2±2.4
REI1-1	4523818	5336344	150–250	20	0.65±0.02	2.41±0.11	1.10±0.04	10±5	3.0	1.76±0.17	47.8±1.2	27.2±2.7
REI1-2	4523818	5336344	150–250	19	0.58±0.02	2.01±0.09	0.96±0.03	10±5	3.0	1.67±0.16	53.6±1.8	32.0±3.3
RFT1-1	4591897	5349389	150–250	21	0.48±0.01	1.82±0.08	0.74±0.03	10±5	5.2	1.49±0.16	33.1±0.6	22.3±2.5
RFT1-2	4591898	5349352	150–250	21	0.54±0.01	1.97±0.09	0.93±0.03	10±5	3.2	1.63±0.16	26.7±0.8	16.2±1.7
RFT1-3	4591898	5349352	100–200	20	1.33±0.03	7.07±0.33	1.67±0.06	20±5	1.0	2.56±0.16	37.8±1.2	14.8±1.0
RFT1-4	4591898	5349352	4–11	8	1.43±0.03	9.24±0.43	2.38±0.08	20±5	0.4	3.18±0.26	42.2±1.0	13.3±1.1
WTH1-1	4533527	5340601	150–250	16	0.98±0.02	6.62±0.30	1.91±0.07	10±5	1.3	2.51±0.18	33.6±1.5	13.4±1.1

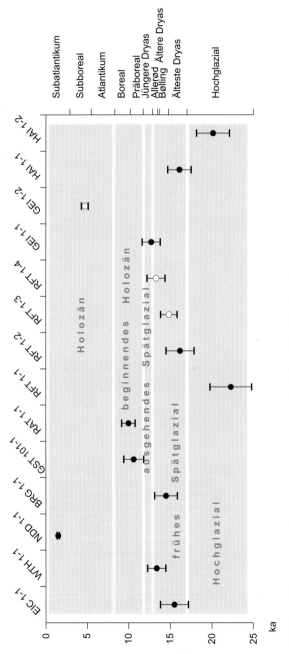

Abbildung 4.3: Die OSL-Datierungen aus dem unteren Inntal. Relativstratigraphisch abgesicherte Proben.

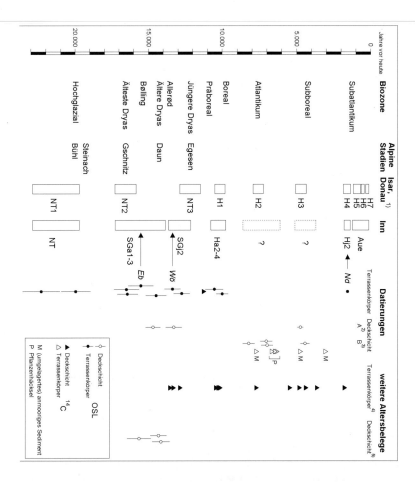

Abbildung 4.4: Das Spät- und Postglazial in den Alpen und im Alpenvorland: Gletscherschwankungen und Terrassenbildungsphasen an Inn, Isar und Donau. In der Spalte „Datierungen" befinden sich die im vorliegenden Projekt erhobenen Altersdaten, weitere Altersbelege stammen aus der Literatur. Zeitskala mit Datierung der Biozonen und der alpinen Stadiengliederung nach VAN HUSEN (1997, 2000), AMMANN et al. (1994), PREUSSER (2004) und VILLINGER (2004). [1] aus: SCHELLMANN (1988, 1990), [2] Aufschluss, [3] Bohrung, [4] ^{14}C-datierte Hölzer aus: FELDMANN und SCHELLMANN (1994), [5] Lössablagerung auf der Hochterrasse bei Gunderding aus: TERHORST et al. (2002), M: (umgelagertes) anmooriges Sediment, P: Pflanzenhäcksel, *Eb*: Ebinger Terrasse, *Wö*: Wörther Terrasse, *Nd*: Niederndorfer Terrasse nach KOEHNE und NIKLAS (1916); inkonsistente OSL-Datierungen nicht berücksichtigt.

4.2 Die Schwermineralspektren

Der Vergleich der Schwermineralspektren der beprobten Lokalitäten auf den unterschiedlichen Terrassenniveaus und Laufabschnitten des Untersuchungsgebiets zeigt, dass die Schwermineralanalyse nur bedingt zur stratigraphischen Unterscheidung verschiedener Terrassen eingesetzt werden kann. In allen Terrassen und Deckschichten finden sich die typisch alpinen Granat-Epidot-Hornblende und Epidot-Granat-Hornblende-Gesellschaften. Die rezenten vom Inn gelieferten Spektren unterscheiden sich kaum von denjenigen des Pleistozäns oder der jüngeren Glieder der Oberen Süßwassermolasse (Hangendserie, Südlicher Vollschotter).

Alle Proben zeigen eine extreme mechanische Transportauslese, denen die Mineralgesellschaften während des fluvialen Transports unterworfen waren und die sich durch eine relative Steigerung des Granatanteils gegenüber den anderen Mineralen auswirkt. Dazu kommt, dass der Granat auch schon primär mit hohen Anteilen an den Mineralvergesellschaftungen im Alpenvorland beteiligt ist.

Vergleicht man die Deckschichtenproben derselben Lokalität mit entsprechenden Proben aus den Terrassenschottern, zeigt das relative Zurücktreten des Granats in den Deckschichten den Einfluss der chemischen Verwitterung und Bodenbildung an, der der chemisch leicht angreifbare Granat bevorzugt zum Opfer fällt (z.B. GEI 1-4 bzw. RFT 1-5 aus der Terrasse und GEI 1-2 bzw. RFT 1-3 aus der Deckschicht).

Im regionalen Vergleich zeigen die Spektren regelhafte Trends: Im südwestlichen Teil des Unterschungsgebiets bei Gars beispielsweise fehlen Indizien für eine extreme chemische Verwitterung der Mineralassoziationen, im östlichen Untersuchungsgebiet weist das Vorkommen des Seifenminerals Turmalin, das sowohl in alpinen wie in moldanubischen Sedimenten vorkommt, auf eine starke Vorverwitterung der in die Terrassen eingebauten Sedimente hin. Im südlichen, gletschernäheren Arbeitsgebiet steht für den Aufbau der Schotterterrassen viel frisches Moränenmaterial zur Verfügung, so dass die stärker verwitterte, remobilisierte Molasse nur einen geringeren Anteil am Terrassensediment erreicht. Im gletscherferneren Untersuchungsgebiet dagegen erreicht das über Nebenflüsse eingetragene Molassematerial einen höheren Anteil, was sich in dem vermehrten Auftreten von Seifenmineralen ausdrückt. Gleichzeitig ist zu beachten, dass der Inn auf seinem Weg vom Moränendurchbruch bei Gars bis zur Vornbacher Enge, was die präquartäre Umrahmung angeht, die verschiedensten Schichtglieder der Oberen Süßwassermolasse durchquert (Abb. 1.3 auf Seite 5). Während im südlichen Untersuchungsgebiet um Gars bis etwa Perach (östlich von Neuötting) die Sedimente der Hangendserie und die Südlichen Vollschotter verbreitet sind, die als jüngste Glieder der OSM aufgrund ihres geringen Alters in Habitus, Petrographie und Verwitterungsgrad praktisch den pleistozänen Sedimenten entsprechen, stehen im östlichen Untersuchungsgebiet neben der Meeresmolasse auch die extrem verwitterten Quarzrestschotter sowie die Misch- und Moldanubische Serie als Sedimentlieferanten zur Verfügung. Diese zeichnen sich durch eine residuale Turmalin- (Quarzrestschotter) bzw. Zirkonanreicherung (Moldanubische Serie) aus und sind wohl im wesentlichen für die hohen Turmalinwerte sowie den ausschließlich dort vorkommenden Zirkon der Proben aus dem östlichen Untersuchungsgebiet verantwortlich. Die extreme Anreicherung von Turmalin ist beispielsweise typisch für die obermiozänen Quarzrestschotter Ostniederbayerns, die im Zuge chemischer Tiefenverwitterung aus den Vollschottern gebildet wurden, nachdem das Gebiet tektonisch in Hochlage gekommen war. Der Zirkon hingegen ist ein eindeutiger Hinweis auf die Beteiligung von moldanubischem Material am Aufbau des Sedimentkörpers, da er ausschließlich in der Mischserie und der Moldanubischen Serie der Oberen Süßwassermolasse vorkommt, die aus dem Kristallin der Böhmischen Masse stammen. Er ist denn auch nur in den Proben aus dem östlichen Untersuchungsgebiet – und auch dort nur in geringen Mengen anzutreffen (z.B. HAI 1-8).

Das gleichzeitige Vorkommen dieser Seifenminerale mit dem leicht verwitterbaren Granat weist darauf hin, dass die Verwitterung präsedimentär stattfand und dass die stabilen Minerale nicht auf primärer Lagerstätte liegen. Damit werden die Seifenminerale in den Terrassenschottern zum Beleg für den Einbau von Molassesedimenten, denn eine derartige Anreicherung ist nur über tertiäre Verwitterungsbedingungen und entsprechend lange Zeiträume denkbar.

Während die Schwermineralanalyse es also erlaubt, vor allem an den Einmündungen der großen Nebentäler aus dem Tertiärhügelland, wie zum Beispiel dem Türkenbachtal westlich von Simbach, Lokalmaterialzulieferung zu identifizieren (Probe BRG 1-1 am Türkenbach, Probe RFT 1-3 und RFT 1-5 im Mündungsbereich der Mattig), kann sie zur stratigraphischen Differenzierung der verschiedenen jungquartären Terrassenniveaus nicht wesentlich beitragen: Was die Hauptminerale angeht, sind sich die Spektren zu ähnlich (Granat-Epidot-Hornblende-Gesellschaften), Unterschiede bei den Akzessorien (hier vor allem die Seifenminerale Turmalin und Zirkon) sind durch lokale Einflüsse, nicht jedoch durch übergeordnete Änderungen im gesamten Einzugsgebiet bedingt und lassen sich deshalb eben nicht in einem Terrassenniveau über das gesamte Untersuchungsgebiet verfolgen.

4.3 Die Böden

Für die Böden gelten, was ihren diagnostischen Wert im Hinblick auf eine stratigraphische Gliederung der Terrassen bzw. eine Korrelation von Terrassenresten im Längsverlauf des Untersuchungsgebietes angeht, vergleichbare Einschränkungen. Selbstverständlich ist eine Differenzierung in reifere und jugendlichere Böden vorhanden. In Auenlage finden sich neben Kalkpaternien und Ramblen auch Pararendzinen (vor allem in den ausgedeichten Auebereichen, die heute keiner Auedynamik mehr unterliegen). Auf den höheren Terrassenniveaus trifft man vor allem (Acker-)Braunerden und Parabraunerden an. Relief- und / oder substratbedingt kommen auch Pseudogley-Parabraunerden, Pseudogleye und Gleye vor. Jedoch bilden die Bodenbildungen im wesentlichen lokale Substratunterschiede (Unterschiede in der Mächtigkeit und der Art der Deckschichten) kombiniert mit catenaren Effekten ab, weniger die Altersunterschiede der einzelnen Terrassenniveaus. Selbst auf präborealen Terrassen kommen, gebunden an schluff-dominiertes Ausgangssubstrat, Parabraunerden vor (Profil Gstetten 1), während andernorts auf gleichaltrigen Terrassen Braunerden aus sandigem Hochflutsediment oder Kolluvium entstehen (Profil Ratgeber 2).

Als Quelle vorverwitterten, sandigen Substrats kommt vor allem das Tertiärhügelland in Betracht. Als Transportwege dienen hier neben der kolluvialen Verlagerung am Hang, die nur die randlichen Bereiche der Terrassenlandschaft betrifft, auch die zahlreichen größeren und kleineren Bäche und ihre Schwemmfächer, die teilweise große Ausdehnungen auf den Terrassen erreichen können. Der größte Teil des Gebiets befindet sich außerdem unter landwirtschaftlicher Nutzung, so dass immer mit einer anthropogenen Überprägung gerechnet werden muss.

4.4 Fazit

Die jungquartären Terrassen am unteren Inn unterhalb der Alz wurden im Rahmen der vorliegenden Arbeit erstmals kartographisch erfasst. Die in den Terrassenkörpern und Deckschichten durchgeführten Datierungen belegen einerseits, dass die Terrassenbildung am Inn während morphodynamischer Aktivitätsphasen abgelaufen ist, die sich zeitlich mit denjenigen decken, die auch in anderen süddeutschen Einzugsgebieten an Isar und Donau zur Bildung von Flussterrassen geführt haben.

Andererseits zeigen die Datierungen, vor allem der spätglazialen Terrassen, dass die Terrassenbildungen an den süddeutschen Flüssen eng verknüpft sind mit den klimatischen Schwankungen im Übergang des Pleistozäns zum Holozän, die sich im Alpenraum auch durch Gletschervorstöße bemerkbar machten und im Alpenvorland in Seesedimenten überliefert sind. Vor allem die Verknüpfung mit den alpinen Gletscherschwankungen ist von Bedeutung, da das Inntal mit seinen Seitentälern die Typregion für das alpine Spätglazial bildet.

Die alpinen Gletscherschwankungen und die gleichzeitigen Terrassenbildungen im Vorland unterstreichen in eindrucksvoller Weise die Bedeutung des Klimas als übergeordnetem Steuerungsmechanismus für die Morphodynamik in Süddeutschland. Die klimatischen Wechsel ihrerseits unterliegen wiederum dem Einfluss der ozeanischen Zirkulation, deren Umstellung vom glazialen zum interglazialen Modus im Übergang Spätglazial-Holozän durch wiederholte Schmelzwasserpulse aus den abtauenden Inlandeisschilden in Nordamerika und Skandinavien beeinflusst wird. Dies führt zu Kälterückschlägen, die eine Belebung der Geomorphodynamik in Süddeutschland hervorrufen. Hier zeigt sich die Einbindung der Landschaftsentwicklung in Süddeutschland in die gesamteuropäische bzw. globale Klimaentwicklung.

Spätglaziale Terrassenbildungen konnten im Rahmen des vorliegenden Projektes erstmals datiert werden. Da die bisherigen Bearbeiter in den benachbarten süddeutschen Einzugsgebieten an Isar und Donau zur Datierung im wesentlichen auf ^{14}C-Datierungen bzw. Datierungen eingelagerten anthropogenen Fundmaterials sowie auf pedostratigraphische Überlegungen zurückgreifen mussten, weil eine direkte Datierung der Terrassensedimente noch nicht möglich war, entzog sich das fluviale Spätglazial bisher weitgehend einer chronostratigraphischen Auflösung. Die vorliegende Arbeit stößt nun in diese Lücke vor und legt erstmals auch Datierungen von spätglazialen Terrassenbildungen im Alpenvorland vor.

Ebenfalls über die Datierungen kombiniert mit geomorphologischer Korrelation ist es möglich, verschiedene Terrassen aus den bereits von KOEHNE (1913), KOEHNE und MÜNICHSDORFER (1913), MÜNICHSDORFER (1913), TROLL (1925a, 1968) und UNGER (1977) kartierten Gebieten, aus denen die klassische Schotterstratigraphie für den Inn stammt (KOEHNE und NIKLAS 1916), mit denjenigen unterhalb der Alzmündung zu verknüpfen. Am sichersten ist dies für die Ebinger Terrasse möglich, die der SGa3-Terrasse unterhalb der Alz entspricht. Auch die Wörther Terrasse kann über die Datierungen mit einiger Sicherheit mit der SGj2-Terrasse korreliert werden. Das untere Teilniveau der Niederndorfer Terrasse entspricht der Hj2-Terrasse. Auf eine 1:1-Übernahme der stratigraphischen Bezeichnungen wurde dennoch verzichtet, weil die Terrassenlandschaft unterhalb der Alz, nicht zuletzt wegen der Einmündung von Alz, Salzach und Mattig eine wesentlich feinere Differenzierung aufweist, als das in der Typregion für die Schotterstratigraphie südlich von Mühldorf der Fall ist, so dass eine Verwendung der eingeführten Bezeichnungen dort unangebracht erschien. Gleichzeitig ist durch die Wahl neutraler alphanummerischer Terrassennamen die Offenheit des Systems für künftige Verbesserungen gewährleistet.

Neben der Durchführung von weiteren Datierungen zur Verdichtung des Netzes an Datenpunkten ergeben sich Ansatzpunkte für die Weiterarbeit vor allem im Bereich der Siedlungsarchäologie, wo über Kooperationen vor allem auf dem Gebiet der Ur- und Frühgeschichte gewinnbringende Erkenntnisse sowohl für Archäologie als auch im Bezug auf umweltgeschichtliche Fragestellungen erarbeitet werden könnten. Momentan ist die Dichte der aufgearbeiteten Funde und Befunde aus dem Inntal allerdings noch zu gering, was zum Teil auch strukturelle Gründe hat. Von den ins Untersuchungsgebiet fallenden Landkreisen Mühldorf, Altötting, Rottal-Inn und Passau betreibt lediglich der Landkreis Passau eine eigene Abteilung für Archäologie und Bodendenkmalpflege, die zusammen mit dem Institut für Ostbairische Heimatforschung lokale Funde gezielt sammelt, wissenschaftlich aufarbeitet und publiziert. Dies ist aber von unschätzbarem Wert, was die Verfügbarkeit von Daten angeht.

5 Zusammenfassung

Zwischen seinem Durchbruch durch die Moränen der würmzeitlichen Vorlandvergletscherung bei Gars und seinem Eintritt in die antezedente Durchbruchstalstrecke durch die Böhmische Masse bei Schärding wird der untere Inn von einer Serie von jungquartären Terrassen gesäumt, die nach dem letzten Hochglazial entstanden und in die Niederterrasse
eingeschachtelt sind. Das Arbeitsgebiet, das im südöstlichen Bayern und dem angrenzenden Oberösterreich liegt, gliedert sich in zwei Abschnitte: Zwischen Gars und der Alzmündung wurde die bestehende Kartierung, die im Rahmen der geologischen Landesaufnahme erarbeitet wurde, ergänzt. Flussabwärts der Alzmündung wurden die jungquartären
Terrassen, über deren Verbreitung bisher nur Vermutungen existierten, zunächst geomorphologisch kartiert. Die durchgehende Kartierung der jungquartären Flussterrassen bildet
das erste Hauptziel der Arbeit.

Der zweite Schwerpunkt der Arbeit liegt in der Datierung der Terrassen. Datierungen
erlauben es, in Ergänzung zu den klassischen geomorphologischen Methoden, isolierte Terrassenreste auch über größere Entfernungen hinweg miteinander zu korrelieren. So wird
es – mit Einschränkungen – möglich, die bestehende Schotterstratigraphie aus der Region
Gars–Mühldorf auch über die Alzmündung hinweg nach Osten fortzuschreiben. Darüber
hinaus lassen sich die Terrassen durch die Erhebung von numerischen Altern in ein chronostratigraphisches Raster einpassen. Zur Datierung der Terrassen kam die optisch stimulierte
Lumineszenz (OSL) an Terrassensanden und die Radiocarbonmethode an eingelagerten organischen Resten zum Einsatz.

Der dritte Schwerpunkt der Arbeit liegt in der Korrelation der Terrassenbildungsphasen
am unteren Inn mit den geomorphodynamischen Aktivitätsphasen, die an anderen süddeutschen Flüssen (Isar, Donau) datiert wurden. Darüber hinaus ermöglichen die Datierungen
eine Synopse der flussmorphologischen Entwicklung am unteren Inn mit dem glazialmorphologischen Geschehen im alpinen Inntal am Ende der letzten Kaltzeit. Das ist von be-
sonderem Interesse, da das alpine Inntal seit Jahrzehnten die Typregion für das alpine Spätglazial darstellt, und inzwischen von zahlreichen Typlokalitäten Datierungen vorliegen. So
ergibt sich ein geschlossenes Bild von der Landschaftsentwicklung seit dem letzten Hochglazial, das den Alpenraum und das östliche Alpenvorland erfasst und damit die bisher dort
bestehende bedeutende Forschungslücke schließt.

Durch die Verwendung der OSL-Datierungsmethode war es im Rahmen der vorliegenden Arbeit erstmals möglich, auch spätglaziale Terrassenbildungen chronostratigraphisch
zu erfassen, da die Lumineszenzdatierung im Gegensatz zur Radiocarbonmethode nicht auf
eingelagertes organisches Material angewiesen ist. Dieses steht nämlich im Spätglazial nur
in sehr begrenzter Menge bzw. überhaupt nicht zur Verfügung. Im Übrigen zeigte sich, dass
die Terrassenbildungen am unteren Inn zeitlich synchron mit den Terrassenbildungen an
Isar und Donau abliefen. Die Datierungen machen darüber hinaus einen Zusammenhang der
Terrassenbildungen in Süddeutschland mit der nordhemisphärischen Deglaziation, wie sie
in Eis- und Sedimentbohrkernen überliefert ist, sehr wahrscheinlich. Dies ist ein deutlicher
Hinweis auf den steuernden Einfluss der klimatischen Entwicklung auf die Geomorphodynamik im Alpenvorland.

   Die Schwermineralspektren der Terrassen und der Decksedimente geben Auskunft über die Einflüsse der verschiedenen Tributäre mit ihren petrographisch unterschiedlich geprägten Liefergebieten auf den Bau der Terrassenlandschaft am Inn.

6 Summary

The study area extends across eastern Bavaria and Upper Austria and is situated between the margin of the LGM moraines of the Inn glacier near Gars and the rim of the Bohemian Massif downstream Schärding. Between Gars and Schärding a flight of fluvial terraces is developed along the Inn. These terraces, which date from the late Pleistocene to the early Holocene, are incised in the LGM floodplain, the „Niederterrasse" („lower terrace"). In the southwestern part of the study area, extending from Gars to the mouth of the river Alz, the existing Geological Survey maps were amended as far as the late Quaternary fluvial terraces are concerned. Downstream the mouth of the Alz, the late Quaternary terraces, of which— apart from their existence—little was known until today, were mapped geomorphologically. The mapping of the fluvial terraces was the first main goal of this thesis.

A second aim was to establish numerical ages for the terraces in question. Supplementing the classic geomorphological methods, numerical dating permits the otherwise often difficult correlation of isolated parts of terraces over long distances. Numerical dating also makes it possible to extend the existing stratigraphy, which was established south of Mühldorf, to the region east of the Alz. Furthermore, the establishment of numerical ages for the terraces, yields important chronostratigraphic information concerning the phases of terrace-genesis. Dating was carried out using optically stimulated luminescence (OSL) and the radiocarbon method.

A third goal was to correlate the phases of geomorphodynamic activity in the Inn valley, of which the fluvial terraces give evidence, with those that were dated in other catchments (Isar, Donau) across southern Germany. Apart from that, the numerical ages from the fluvial terraces allow the connection of the Alpine foreland with the Alpine Inn-valley as far as geomorphodynamics are concerned. The Alpine Inn valley has always been the type region for late Pleistocene geomorphodynamics in the Alpine region. The chronostratigraphic correlation of the Alpine Inn valley and the Alpine foreland thus rounds off the picture of the post-LGM landscape evolution in southeastern Bavaria, filling a major knowledge gap, which had until today remained in a major type region of quaternary research.

In the present study, it was possible for the first time to establish numerical ages of late Pleistocene fluvial terraces in southern Germany, as optical dating does not depend on organic matter, which is very rare in late Pleistocene sediments. The dates obtained show that terrace-genesis along the Inn took place synchronously with the other southern German fluvial systems (e. g. Isar, Donau). Apart from that the dates make it seem very likely that late Pleistocene and early Holocene fluvial dynamics in southern Germany are closely linked to the post-LGM deglaciation of the Northern Hemisphere. This in turn suggests a strong climatic influence on fluvial dynamics in the Alpine foreland.

Literaturverzeichnis

ALBERTZ, J. (2001): *Einführung in die Fernerkundung. Grundlagen der Interpretation von Luft- und Satellitenbildern.* Darmstadt: Wissenschaftliche Buchgesellschaft.

ALLEY, R.; P. MAYEWSKI; T. SOWERS; M. STUIVER; K. TAYLOR; P. CLARK (1997): *Holocene climate instability: a prominent, widespread event 8200 years ago.* In: *Geology 25*: 483–486.

AMMANN, B.; A. LOTTER; U. EICHER; M.-J. GAILLARD; B. WOLFARTH; W. HAEBERLI; W. LISTER; M. MAISCH; F. NIESSEN; C. SCHLÜCHTER (1994): *The Würmian lateglacial in lowland Switzerland.* In: *Journal of Quaternary Science 9* (2): 119–125.

ARBEITSGRUPPE BODEN DER GEOLOGISCHEN LANDESÄMTER UND DER BUNDESANSTALT FÜR GEOWISSENSCHAFTEN UND ROHSTOFFE DER BUNDESREPUBLIK DEUTSCHLAND (Hg.) (1994): *Bodenkundliche Kartieranleitung.* Hannover: Schweizerbart'sche Verlagsbuchhandlung.

BARBER, D.; A. DYKE; C. HILLAIRE-MARCEL; A. JENNINGS; J. ANDREWS; M. KERWIN; G. BILODEAU; R. MCNEELY; J. SOUTHON; M. MOREHEAD; J.-M. GAGNON (1999): *Forcing of the cold event 8200 years ago by catastrophic drainage of Laurentide lakes.* In: *Nature 400*: 344–348.

BAUMGARTNER, P.; G. TICHY (1981): *Geologische Karte des südwestlichen Innviertels und des nördlichen Flachgaus 1:50.000.* Linz: Amt der oberösterreichischen Landesregierung.

BAYERISCHES LANDESAMT FÜR WASSERWIRTSCHAFT (2001): *Merkblatt Nr. 5.1/3. Gewässerentwicklungsplan – Fließgewässer.* München: Bayerisches Landesamt für Wasserwirtschaft.

BERGLUND, B. (Hg.) (1986): *Handbook of Holocene Palaeoecology and Palaeohydrology.* Chichester: Wiley.

BJÖRCK, S.; B. KROMER; S. JOHNSEN; O. BENNICKE; D. HAMMARLUND; G. LEMDAHL; G. POSSNERT; T. RASMUSSEN; B. WOHLFARTH; C. HAMMER; M. SPURK (1996): *Synchronized terrestrial-atmospheric deglacial records around the North Atlantic.* In: *Science 274*: 1155–1160.

BOENIGK, W. (1983): *Schwermineralanalyse.* Stuttgart: Enke.

BORTENSCHLAGER, S. (1984): *Beiträge zur Vegetationsgeschichte Tirols I. Inneres Ötztal und unteres Inntal.* In: *Berichte des naturwissenschaftlich-medizinischen Vereins in Innsbruck 71*: 19–56.

BRICE, J. (1983): *Planform properties of meandering rivers*. In: ELLIOT, C. (ed.) *River meandering*. Proceedings of the October 24–26 Rivers '83 Conference, ASCE, New Orleans.

BRUNNACKER, K. (Hg.) (1959a): *Geologische Karte von Bayern 1:25.000. Erläuterungen zum Blatt 7636 Freising Süd*. München: Bayerisches Geologisches Landesamt.

BRUNNACKER, K. (1959b): *Zur Kenntnis des Spät- und Postglazials in Bayern*. In: *Geologica Bavarica 43*: 74–150.

BRUNNACKER, K.; B. PAULUS; M. BROCKERT; W. HINSCH; H. VIDAL (Hg.) (1964): *Geologische Karte von Bayern 1:25.000. Erläuterungen zum Blatt 7736 Ismaning*. München: Bayerisches Geologisches Landesamt.

BUCH, M. (1988a): *Spätpleistozäne und holozäne fluviale Geomorphodynamik im Donautal zwischen Regensburg und Straubing*. Regensburg: Geographisches Institut der Universität Regensburg. (= *Regensburger Geographische Schriften 21*).

BUCH, M. (1988b): *Zur Frage eine kausalen Verknüpfung fluvialer Prozesse und Klimaschwankungen im Spätpleistozän und Holozän – Versuch einer geomorphodynamischen Deutung von Befunden von Donau und Main*. In: *Zeitschrift für Geomorphologie, N.F., Suppl.-Bd. 70*: 131–162.

CHALINE, J.; H. JERZ (1984): *Arbeitsergebnisse der Subkommission für Europäische Quartärstratigraphie*. In: *Eiszeitalter und Gegenwart 35*: 185–206.

CLARK, P.; S. MARSHALL; G. CLARKE; S. HOSTETLER; J. LICCIARDI; J. TELLER (2001): *Freshwater forcing of abrupt climate change during the last deglaciation*. In: *Science 293*: 283–287.

CLAUS, G. (1936): *Schwermineralien aus kristallinen Gesteinen des Gebiets zwischen Passau und Cham*. In: *Neues Jahrbuch für Mineralogie, Geologie und Paläontologie Beil.-Bd. A 71*: 1–58.

CONRAD-BRAUNER, M. (1994): *Naturnahe Vegetation im Naturschutzgebiet „Unterer Inn" und seiner Umgebung: Eine vegetationskundlich-ökologische Studie zu den Folgen des Staustufenbaus*. Laufen an der Salzach: Bayerische Akademie für Naturschutz und Landschaftspflege. (= *Beihefte zu den Berichten der Akademie für Naturschutz und Landschaftspflege 11*).

DIEZ, T. (1968): *Die würm- und postwürmzeitlichen Terrassen des Lechs und ihre Bodenbildungen*. In: *Eiszeitalter und Gegenwart 19*: 102–128.

DIEZ, T. (Hg.) (1973): *Geologische Karte von Bayern 1:25.000. Erläuterungen zum Blatt 7931 Landsberg a. Lech*. München: Bayerisches Geologisches Landesamt.

EBERL, B. (1930): *Die Eiszeitenfolge im nördlichen Alpenvorland*. Augsburg: B. Filser.

EBERS, E.; L. WEINBERGER; W. DEL NEGRO (1966): *Der pleistozäne Salzachvorlandglet-scher*. München: Gesellschaft für Bayerische Landeskunde e.V. (= *Veröffentlichungen der Gesellschaft für Bayerische Landeskunde e.V. 19–22*).

EITEL, B. (2002): *Flächensystem und Talbildung im östlichen Bayerischen Wald (Großraum Passau-Freyung)*. In: RATUSNY, A. (Hg.): *Flußlandschaften an Inn und Donau*. Passau: Fach Geographie der Universität Passau. (= *Passauer Kontaktstudium Erdkunde 6*: 19–34).

ENGELHARDT, B.; R. PLEYER (1985): *Neufunde steinerner Geräte des Neolithikums aus dem Umland von Passau*. In: *Ostbairische Grenzmarken 27*: 9–27.

FELDMANN, L. (1990): *Jungquartäre Gletscher- und Flussgeschichte im Bereich der Mün-chener Schotterebene*. Dissertation. Düsseldorf: Universität Düsseldorf.

FELDMANN, L. (1991): *Die Entwicklung der Münchner Schotterebene seit der Rißeiszeit*. In: *Zeitschrift der Deutschen Geologischen Gesellschaft 76*: 23–38.

FELDMANN, L. (1994): *Die Terrassen der Isar zwischen München und Freising*. In: *Zeit-schrift der Deutschen Geologischen Gesellschaft 145* (2): 238–248.

FELDMANN, L.; G. SCHELLMANN (1994): *Abflußverhalten und Auendynamik im Isartal während des Spät- und Postglazials*. In: SCHELLMANN, G. (Hg.): *Beiträge zur jungplei-stozänen und holozänen Talgeschichte im deutschen Mittelgebirgsraum und Alpenvor-land*. Düsseldorf: Geographisches Institut der Universität Düsseldorf. (= *Düsseldorfer Geographische Schriften 34*: 95–110).

FEULNER, M. (1955): *Terrassenuntersuchungen auf der Münchner Niederterrasse*. Disser-tation. München: Naturwissenschaftliche Fakultät der Ludwig-Maximilians-Universität München.

FINK, J. (1977): *Jüngste Schotterakkumulationen im österreichischen Donauabschnitt*. In: FRENZEL, B. (Hg.): *Dendrochronologie und postglaziale Klimaschwankungen in Europa*. Wiesbaden: Steiner. (= *Erdwissenschaftliche Forschung 13*: 190– 211).

FISHER, T.; D. SMITH; J. ANDREWS (2002): *Preboreal oscillation caused by glacial Lake Agassiz flood*. In: *Quaternary Science Reviews 21*: 873–878.

FLOHN, H. (1954): *Witterung und Klima in Mitteleuropa*. Stuttgart: Hirzel. (= *Forschungen zur deutschen Landeskunde 78*).

FLURL, M. (1792): *Beschreibung der Gebirge von Bayern und der oberen Pfalz*. Heidelberg: Vereinigung der Freunde der Mineralogie und Geologie VFMG e.V. Heidelberg.

FÜCHTBAUER, H. (1953): *Die Sedimentation der westlichen Alpenvorlandmolasse*. In: *Zeit-schrift der Deutschen Geologischen Gesellschaft 105*: 527–530.

GEYH, M. (1983): *Physikalische und chemische Datierungsmethoden in der Quartärfor-schung*. Clausthal-Zellerfeld: Pilger. (= *Clausthaler tektonische Hefte 19*).

VON GRAFENSTEIN, U.; H. ERLENKEUSER; J. MÜLLER; J. JOUZEL; S. JOHNSON (1998):
*The cold event 8 200 years ago documented in oxygen isotope records of precipitation in
Europe and Greenland.* In: *Climate Dynamics 14*: 73–81.

VON GRAFENSTEIN, U.; A. ERLENKEUSER; J. JOUZEL; S. JOHNSEN (1999): *A Mid-
European decadal isotope-climate record from 15 000 to 5 000 years BP.* In: *Science 284*:
1654–1657.

GRAUL, H. (1937): *Untersuchungen über Abtragung und Aufschüttung im Gebiet des unteren Inn und des Hausruck.* In: *Mitteilungen der Geographischen Gesellschaft in München
30*: 179–259.

GRAUL, H. (1952): *Bemerkungen zur Würmstratigraphie im Alpenvorland.* In: *Geologica
Bavarica 14*: 124–139.

GRAUL, H. (1957): *Sind die Jungendmoränen im nördlichen Alpenvorland gleichaltrig?* In:
Petermanns Geographische Mitteilungen, Ergänzungsheft 262: 209–212.

GRAUL, H.; P. GROSCHOPF (1952): *Geologische und morphologische Betrachtungen zum
Iller-Schwemmkegel bei Ulm.* In: *Bericht der Naturforschenden Gesellschaft Augsburg 5*:
3–27.

GRAUL, H.; H. WEISENEDER (1939): *Schotteranalytische Untersuchungen im ober-
deutschen Tertiärhügelland.* München: Bayerische Akademie der Wissenschaften.
(=*Abhandlungen der Bayerischen Akademie der Wissenschaften, Math.-Phys. Klasse 46*).

GRIMM, W.-D. (1957): *Stratigraphische und sedimentpetrographische Untersuchungen in
der Oberen Süßwassermolasse zwischen Inn und Rott.* In: *Geologisches Jahrbuch, Beihefte 26*: 97–199.

GRIMM, W.-D. (1973): *Stepwise heavy mineral weathering in the Residual Quartz Gravel,
Bavarian Molasse (Germany).* In: *Contributions to Sedimentology 1*: 103–125.

GROTTENTHALER, W. (1978a): *Die Böden der Terrassenlandschaft.* In: UNGER, H. J.
(Hg.): *Geologische Karte von Bayern 1.50.000. Erläuterungen zum Blatt L7740 Mühldorf am Inn*: 168–171. München: Bayerisches Geologisches Landesamt.

GROTTENTHALER, W. (1978b): *Profilbeschreibungen.* In: UNGER, H. J. (Hg.): *Geologische
Karte von Bayern 1.50.000. Erläuterungen zum Blatt L7740 Mühldorf am Inn*: 171–175.
München: Bayerisches Geologisches Landesamt.

HALD, M.; S. HAGEN (1998): *Early Preboreal cooling around the Nordic seas region trig-
gered by meltwater.* In: *Geology 26*: 615–618.

HAUF, E. (1952): *Die Umgestaltung des Innstromgebietes durch den Menschen.* In: *Mitteilungen der Geographischen Gesellschaft in München 37*: 5–180.

HAVLIK, D. (1990): *Hydrologie.* In: TIETZE, W.; K.-A. BOESLER; H.-J. KLINK; G. VOP-
PEL (Hg.): *Geographie Deutschlands*: 268–281. Berlin: Gebrüder Borntraeger.

HEINE, K. (2001): *Fließgewässer und Flußauen – geologisch-geomorphologische Betrachtungen.* In: *Zeitschrift für Geomorphologie, N. F. Suppl.-Bd. 124*: 1–24.

HENDL, M. (1995): *Klima.* In: LIEDTKE, H.; J. MARCINEK (Hg.): *Physische Geographie Deutschlands*: 23–119. Gotha: Perthes.

HERRMANN, T. (2002): *Das EU-LIFE-Natur-Projekt „Unterer Inn mit Auen" – Grundlagen und Beispiele für angewandte Vegetationsgeographie.* In: RATUSNY, A. (Hg.): *Flußlandschaften an Inn und Donau.* Passau: Fach Geographie der Universität Passau. (= *Passauer Kontaktstudium Erdkunde 6*: 35–54).

HESS, P.; H. BREZOWSKY (1977): *Katalog der Großwetterlagen Europas.* Offenbach am Main: Deutscher Wetterdienst. (= *Berichte des Deutschen Wetterdienstes 113*).

HEUBERGER, H. (1968): *Die Ötztalmündung (Inntal, Tirol).* In: *Veröffentlichungen der Universität Innsbruck II, Alpenkundliche Studien 1*: 53–90. Innsbruck: Universität Innsbruck.

HOFMANN, B. (Hg.) (1973): *Geologische Karte von Bayern 1:25.000. Erläuterungen zum Blatt 7439 Landshut Ost.* München: Bayerisches Geologisches Landesamt.

HÖLTING, B. (Hg.) (1993): *Hydrogeologie – Einführung in die allgemeine und angewandte Hydrogeologie.* Stuttgart: Spektrum.

VAN HUSEN, D. (1977): *Zur Fazies und Stratigraphie der jungpleistozänen Ablagerungen im Trauntal.* In: *Jahrbuch der Geologischen Bundesanstalt 120*: 1–130.

VAN HUSEN, D. (1997): *LGM and Late-glacial fluctuations in the Eastern Alps.* In: *Quaternary International 38/39*: 109–118.

VAN HUSEN, D. (2000): *Geological processes during the Quaternary.* In: *Mitteilungen der Österreichischen Geologischen Gesellschaft 92*: 135–156.

IVY-OCHS, S.; C. SCHLÜCHTER; P. KUBIK; J. BEER (1995): *Das Alter der Egesen-Moräne am Julierpaß.* In: *Geowissenschaften 13*: 313–315.

IVY-OCHS, S.; C. SCHLÜCHTER; P. KUBIK; H.-A. SYNAL; J. BEER; H. KERSCHNER (1996): *The exposure age of an Egesen moraine at Julier Pass, Switzerland measured with the cosmogenic radionucildes ^{10}Be, ^{26}Al and ^{36}Cl.* In: *Eclogae geologicae Helvetiae 89*: 1049–1063.

IVY-OCHS, S.; H. KERSCHNER; P. KUBIK; H.-A. SYNAL; G. PATZELT; C. SCHLÜCHTER (1997): *Moraine formation in the European Alps mirrors North Atlantic Heinrich events.* In: *Seventh Annual V.M. Goldschmidt Conference, Houston, Texas. Extended abstract 103*. Houston, TX: Lunar and Planetary Institute.

IVY-OCHS, S.; C. SCHLÜCHTER; P. KUBIK; G. DENTON (1999): *Moraine exposure dates imply Synchronous Younger Dryas Glacier Advances in the European Alps and in the Southern Alps of New Zealand.* In: *Geografiska Annaler. Series A, Physical Geography 81* (2): 313–323.

JERZ, H. (1993): *Das Eiszeitalter in Bayern. Erdgeschichte, Gesteine, Wasser, Boden*. Stuttgart: E. Schweizerbart'sche Verlagsbuchhandlung (Nägele u. Obermiller). (= *Geologie von Bayern 2*).

KALLENBACH, H. (1965): *Mineralbestand und Genese südbayerischer Lösse*. Dissertation. München: TH München.

KALLENBACH, H. (1966): *Mineralbestand und Genese südbayerischer Lösse*. In: *Geologische Rundschau 55* (3): 582–607.

KERN, K. (1994): *Grundlagen naturnaher Gewässergestaltung*. Berlin: Springer.

KERSCHNER, H. (1978): *Untersuchungen zum Daun- und Egesenstadium in Nordtirol und Graubünden (methodische Überlegungen)*. In: *Geographischer Jahresbericht aus Österreich 36*: 26–49.

KERSCHNER, H.; E. BERKTOLD (1981): *Spätglaziale Gletscherstände und Schuttformen im Senderstal, Nördliche Stubaier Alpen, Tirol*. In: *Zeitschrift für Gletscherkunde und Glazialgeologie 17* (2): 125–134.

KERSCHNER, H.; S. IVY-OCHS; C. SCHLÜCHTER (1999): *Paleoclimatic interpretation of the early late-glacial glacier in the Gschnitz Valley, Central Alps, Austria*. In: *Annals of Glaciology 28*: 135–140.

KINZL, H. (1932): *Die größten nacheiszeitlichen Gletschervorstöße in den Schweizer Alpen und der Montblancgruppe*. In: *Zeitschrift für Gletscherkunde 20*: 269–397.

KLOB, C.; T. FRONZ (1998): *Geomorphologisch-bodengeographische Untersuchungen im Bereich der jungquartären Innterrassen zwischen Braunau und Kirchdorf/Oberösterreich*. Unveröffentlichte Staatsexamensarbeit. Passau.

KOEHNE, W. (1913): *Geologische Karte von Bayern 1:25.000. Blatt 675 Ampfing*. München: Bayerisches Geologisches Landesamt.

KOEHNE, W.; F. MÜNICHSDORFER (1913): *Geologische Karte von Bayern 1:25.000. Blatt 676 Mühldorf*. München: Bayerisches Geologisches Landesamt.

KOEHNE, W.; H. NIKLAS (1916): *Erläuterungen zur geologischen Karte von Bayern 1:25.000. Band 675 Ampfing*. München: Bayerisches Geologisches Landesamt.

KOHL, H. (1973): *Zum Aufbau und Alter der oberösterreichischen Donauebene*. In: *Jahrbuch des oberösterreichischen Musealvereins 118*: 187–196.

KRAH, A.; D. MANSKE (1990): *Geographische Vorschläge zur Gestaltung des Kiesabbaus im Raum Pocking unter Berücksichtigung einer ökologisch ausgewogenen Nachfolgenutzung (Grundlagen und Leitlinien eines Grünordnungsplanes)*. In: *Regensburger Beiträge zur Regionalgeographie und Raumplanung 2*: 106–109.

KRAHMER, U.; W. SCHRAPS (1997): *Kartierungstechnik*. In: BLUME, H.; P. FELIX-HENNINGSEN; W. FISCHER; H. FREDE; R. HORN; K. STAHR (Hg.): *Handbuch der Bodenkunde*: 1–25. Landsberg: ecomed.

KRETSCHMAR, R. (1996): *Kulturtechnisch-bodenkundliches Praktikum*. Kiel: Institut für Wasserwirtschaft und Landschaftsökologie der Christian-Albrechts-Universität Kiel.

KRETSCHMER, H. (1997): *Körnung und Konsistenz*. In: BLUME, H.; P. FELIX-HENNINGSEN; W. FISCHER; H. FREDE; R. HORN; K. STAHR (Hg.): *Handbuch der Bodenkunde*: 1–46. Landsberg: ecomed.

KÜSTER, H. (1999): *Geschichte der Landschaft in Mitteleuropa. Von der Eiszeit bis zur Gegenwart*. München: C.H. Beck.

LANGBEIN, W.; L. LEOPOLD (1966): *River meanders – theory of minimum variance*. In: *U.S. Geological Survey Professional Papers 422-H*: 1–15. Washington D.C.: U.S. Geological Survey.

LEIDEL, G.; M. RUTH-FRANZ (1998): *Altbayerische Flußlandschaften an Donau, Lech, Isar und Inn*. Weißenhorn: Konrad. (= *Ausstellungskataloge der Staatlichen Archive Bayerns 37*)

LEOPOLD, L.; T. MADDOCK (1953): *The hydraulic geometry of stream channels and some physiographic implications*. Washington D.C.: U.S. Geological Survey. (= *U.S. Geological Survey Professional Papers 252*).

LEOPOLD, L.; M. WOLMAN (1957): *River channel patterns: braided, meandering and straight*. In: *U.S. Geological Survey Professional Papers 282-B*: 39–85. Washington D.C.: U.S. Geological Survey.

LEOPOLD, L.; M. WOLMAN; J. MILLER (1964): *Fluvial processes in geomorphology*. San Francisco: Freeman & Company.

LICCARDI, J.; J. TELLER; P. CLARK (1999): *Mechanisms of global climate change at millenial time scales*. Washington: D.C.: American Geophysical Union. (= *Geophysical Monograph Series 112*).

MAISCH, M. (1987): *Zur Gletschergeschichte des alpinen Spätglazials: Analyse und Interpretation von Schneegrenzdaten*. In: *Geographica Helvetica 42* (2): 63–71.

MANGELSDORF, J.; K. SCHEURMANN (1980): *Flußmorphologie – Ein Leitfaden für Naturwissenschaftler und Ingenieure*. München: Oldenbourg Verlag.

MANGELSDORF, J.; K. SCHEURMANN; F.-H. WEISS (1990): *River Morphology. A guide for geoscientists and engineers*. Berlin: Springer.

MANGERUD, J.; S. ANDERSEN; B. BERGLUND; J. DONNER (1974): *Quaternary stratigraphy of Norden, a proposal for terminology and classification*. In: *Boreas 3*: 109–128.

MAYR, F.; H. HEUBERGER (1968): *Type areas of Late Glacial and Post-Glacial Deposits in Tyrol, Eastern Alps*. In: *Glaciation of the Alps*: 143–165. University of Colorado.

MENGHIN, W. (1990): *Frühgeschichte Bayerns*. Stuttgart: Theiss.

MOREL, P.; T. GUBLER; C. SCHLÜCHTER; M. TRÜSSEL (1997): *Entdeckung eines jung-pleistozänen Braunbären auf 1.800 m ü. M. in einer Höhle der Obwaldner Voralpen, Melchsee-Frutt, Kerns, OW*. In: *Mitteilungen der Naturforschenden Gesellschaft Ob- und Nidwalden 1*: 116–125.

MÜLLER-WESTERMEIER, G.; A. KREIS; E. DITTMANN (Hg.) (1999): *Klimaatlas Bundes-republik Deutschland 1*. Offenbach am Main: Deutscher Wetterdienst.

MÜLLER-WESTERMEIER, G.; A. KREIS; E. DITTMANN (Hg.) (2001): *Klimaatlas Bundes-republik Deutschland 2*. Offenbach am Main: Deutscher Wetterdienst.

MÜNICHSDORFER, F. (1913): *Geologische Karte von Bayern 1:25.000. Blatt 677 Neuöt-ting*. München: Bayerisches Geologisches Landesamt.

MÜNICHSDORFER, F. (1921): *Erläuterungen zur geologischen Karte von Bayern 1:25.000. Band 676 Mühldorf*. München: Bayerisches Geologisches Landesamt.

MÜNICHSDORFER, F. (1922): *Das geologische Querprofil von München*. In: *Geognostische Jahreshefte 34*: 125–132.

MÜNICHSDORFER, F. (1923): *Erläuterungen zur geologischen Karte von Bayern 1:25.000. Band 677 Neuötting*. München: Bayerisches Geologisches Landesamt.

MUNSELL (Hg.) (1998): *Munsell Soil Color Charts*. New Windsor: GretagMacbeth.

MÜSCHENBORN, S. (2000): *Der Einfluß dezentraler, integrierter Hochwasserschutzmaß-nahmen auf den Schwebstofftransport an der oberen Elsenz, Kraichgau*. Stuttgart: Ibi-dem.

PARDÉ, M. (1947): *Fleuves et rivières*. Paris: Armand.

PATZELT, G. (1972): *Die spätglazialen Stadien und postglazialen Schwankungen von Ost-alpengletschern*. In: *Berichte der Deutschen Botanischen Gesellschaft 85* (1–4): 47–57.

PATZELT, G. (1975): *Unterinntal-Zillertal-Pinzgau-Kitzbühel. Spät- und postglaziale Land-schaftsentwicklung*. In: *Innsbrucker Geographische Studien 2*: 309–329. Innsbruck: Uni-versität Innsbruck.

PATZELT, G.; S. BORTENSCHLAGER (1978): *Spät- und nacheiszeitliche Gletscher- und Ve-getationsentwicklung im inneren Ötztal.*. In: *Führer zur Tirol-Exkursion „Innsbrucker Raum und Ötztal", DEUQUA:* 13–25.

VON PECHMANN, H. (1822): *Ueber den frühern und den gegenwärtigen Zustand des Wasser- und Straßenbaues im Königreiche Baiern*. München: Lindauer.

PENCK, A. (1882): *Die Vergletscherung der deutschen Alpen, ihre Ursachen, periodische Wiederkehr und ihr Einfluß auf die Bodengestaltung.* Leipzig: Barth.

PENCK, A.; E. BRÜCKNER (1909): *Die Alpen im Eiszeitalter 1.* Leipzig: C. H. Tauchnitz.

PFEIFFER, B.; G. WEIMANN (1991): *Geometrische Grundlagen der Luftbildinterpretation: Einfachverfahren der Luftbildauswertung.* Karlsruhe: Wichmann.

PIFFL, L. (1974): *Das Tullner Feld. Ein Beitrag zur Morphogenese einer Donaulandschaft.* In: *Heidelberger Geographische Schriften 40*: 77–87.

PITTNER, S. (1973): *Jahrmillionen vor der eigenen Tür.* Burghausen: Stadt Burghausen. (=*Burghauser Geschichtsblätter 32*).

PREUSSER, F. (2004): *Towards a chronology of the Late Pleistocene in the northern Alpine Foreland.* In: *Boreas 33*: 195–210.

SCHACHTSCHABEL, P.; H.-P. BLUME; G. BRÜMMER; K.-H. HARTGE; U. SCHWERT-MANN; W. FISCHER; W. RENGER; O. STREBEL (Hg.) (1992): *Lehrbuch der Bodenkunde.* Stuttgart: Enke.

SCHAEFER, I. (1940): *Die Würmeiszeit im Alpenvorland zwischen Riß und Günz.* Augsburg: Schwabenlandverlag. (=*Abhandlungen des Naturkunde- und Tiergartenvereins für Schwaben in Augsburg 2*).

SCHAICH, M.; S. WATZLAWIK (1996): *Die spätlatènezeitliche Viereckschanze von Hartkirchen.* In: ABTEILUNG BODENDENKMALPFLEGE DES BAYERISCHEN LANDESAMTS FÜR DENKMALPFLEGE UND DER GESELLSCHAFT FÜR ARCHÄOLOGIE IN BAYERN (Hg.): *Das Archäologische Jahr in Bayern 1995*: 105–107. Stuttgart: Theiss.

SCHELLMANN, G. (1988): *Jungquartäre Talgeschichte an der unteren Isar und der Donau.* Dissertation. Düsseldorf: Universität Düsseldorf.

SCHELLMANN, G. (1990): *Fluvial Geomorphodynamik im jüngeren Quartär des unteren Isar- und angrenzenden Donautals.* Düsseldorf: Geographisches Institut der Universität Düsseldorf. (=*Düsseldorfer Geographische Schriften 29*).

SCHELLMANN, G. (1993): *La structure géomorphologique et géologique des fonds de vallées dans les domaines subalpins et hercyniens d'Allemagne.* In: *Revue géographique de l'Est 4*: 235–259.

SCHELLMANN, G. (1994): *Wesentliche Steuerungsmechanismen würmzeitlicher und holozäner Flußdynamik im deutschen Alpenvorland und Mittelgebirgsraum.* In: SCHELLMAN, G. (Hg.): *Beiträge zur jungpleistozänen und holozänen Talgeschichte im deutschen Mittelgebirgsraum und Alpenvorland.* Düsseldorf: Geographisches Institut der Universität Düsseldorf. (=*Düsseldorfer Geographische Schriften 34*).

SCHIRMER, W. (1981): *Abflußverhalten des Mains im Jungquartär*. In: *Sonderveröffentlichung des Geologischen Instituts der Universität zu Köln 41*: 197–208. Köln: Geologisches Institut der Universität zu Köln.

SCHIRMER, W. (1983): *Die Talentwicklung an Main und Regnitz seit dem Hochwürm*. In: *Geologisches Jahrbuch A 71*: 11–43.

SCHIRMER, W. (1988): *Junge Flußgeschichte des Mains um Bamberg. Führer zur Exkursion H der 24. DEUQUA-Tagung in Würzburg 1988*. Hannover: Deutsche Quartärvereinigung.

SCHLICHTING, E.; H.-P. BLUME; K. STAHR (1995): *Bodenkundliches Praktikum. Eine Einführung in pedologisches Arbeiten für Ökologen, insbesondere Land- und Forstwirte und für Geowissenschaftler*. Berlin: Blackwell. *(= Pareys Studientexte 81)*.

SCHMEER, D. (1955): *Sedimentpetrographische Beobachtungen aus der Oberen Süßwassermolasse im Bereich von Freising bis Landshut*. In: *Zeitschrift der Deutschen Geologischen Gesellschaft 105*: 496–516.

SCHWERD, K.; G. DOPPLER; H. UNGER (1996): *Allgemeiner Überblick*. In: FREUDENBERGER, W.; K. SCHWERD (Hg.): *Erläuterungen zur Geologischen Karte von Bayern 1:500.000*: 141–149. München: Bayerisches Geologisches Landesamt.

SOERGEL, W. (1921): *Ursachen der diluvialen Aufschotterung und Erosion*. Berlin: Borntraeger.

SPÖTL, C.; A. MANGINI (2002): *Stalagmite from the Austrian Alps reveals Dansgaard-Oeschger events during isotope stage 3: implications for the absolute chronology of Greenland ice cores*. In: *Earth and Planetary Science Letters 203*: 507–518.

STARK, H. (1873): *Die bayerischen Seen und die alten Moränen*. In: *Zeitschrift des Deutschen Alpenvereins 4*: 67–78.

STRIEDTER, K. (1988): *Holozäne Talgeschichte im Unterelsaß*. Dissertation. Düsseldorf: Universität Düsseldorf.

STUIVER, M.; H. POLACH (1977): *Reporting of ^{14}C-data*. In: *Radiocarbon 19*: 355–363.

STUIVER, M.; P. REIMER; T. BRAZIUNAS (1998): *High-precision radiocarbon age calibration for terrestrial and marine samples*. In: *Radiocarbon 40*: 1127–1151.

TELLER, J.; D. LEVERINGTON; J. MANN (2002): *Freshwater outbursts to the oceans from glacial Lake Agassiz and their role in climate change during the last deglaciation*. In: *Quaternary Science Reviews 21*: 879–887.

TERHORST, B.; M. FRECHEN; J. REITNER (2002): *Chronostratigraphische Ergebnisse aus Lößprofilen der Inn- und Traunhochterrasse in Oberösterreich*. In: *Zeitschrift für Geomorphologie, N.F. Suppl.-Bd. 127*: 213–232.

TOPOGRAPHISCHES BUREAU (Hg.) (1817–1867): *Topographischer Atlas vom Königreich Bayern*. München: Bayerisches Landesvermessungsamt.

TOPOGRAPHISCHES BUREAU (Hg.) (1865–1900): *Positionsblätter des Königreichs Bayern*. München: Bayerisches Landesvermessungsamt.

TRAUB, F.; H. JERZ (1975): *Ein Lößprofil von Duttendorf (Oberösterreich) gegenüber Burghausen an der Salzach*. In: *Zeitschrift für Gletscherkunde und Glazialgeologie 11*: 175–193.

TROLL, C. (1924): *Das Inn-Chiemseevorland*. In: *Mitteilungen der Geographischen Gesellschaft in München 17*: 1–44.

TROLL, C. (1925a): *Der diluviale Inn-Chiemsee-Gletscher. Das geographische Bild eines tyischen Alpenvorlandgletschers*. Stuttgart: Engelhorn. (= *Forschungen zur deutschen Landes- und Volkskunde 23*).

TROLL, C. (1925b): *Die Rückzugsstadien der Würmeiszeit im nördlichen Vorland der Alpen*. In: *Mitteilungen der Geographischen Gesellschaft in München 18*: 281–292.

TROLL, C. (1926): *Die jungglazialen Schotterfluren im Umkreis der deutsche Alpen. Ihre Oberflächengestaltung, ihre Vegetation und ihr Landschaftscharakter*. In: *Forschungen zur deutschen Landes- und Volkskunde 24* (4): 160–256.

TROLL, C. (1954): *Über Alter und Bildung von Talmäandern*. In: *Erdkunde 8*: 286–302.

TROLL, C. (1957): *Tiefenerosion, Seitenerosion und Akkumulation der Flüsse im fluvioglazialen und perigazialen Bereich*. In: *Petermanns Geographische Mitteilungen, Ergänzungsband 262*: 213–226.

TROLL, C. (1968): *Geomorphologische Beschreibung*. In: LOUIS, H.; W. HOFMANN (Hg.): *Schotterfluren und Schotterterrassen am Inn bei Gars, nordöstlich Wasserburg*. Braunschweig: Westermann. (= *Landformen im Kartenbild V*).

TROLL, C. (1977): *Die „Fluvioglaziale Serie" der nördlichen Alpenflüsse und die holozäne Aufschotterung*. In: FRENZEL, B. (Hg.): *Dendrochronologie und postglaziale Klimaschwankungen*. Wiesbaden: Steiner. (= *Erdwissenschaftliche Forschung 13*: 181–189).

UNGER, H. (Hg.) (1977): *Geologische Karte von Bayern 1:50.000. Blatt L7740 Mühldorf a. Inn*. München: Bayerisches Geologisches Landesamt.

UNGER, H. (Hg.) (1978a): *Geologische Karte von Bayern 1:50.000. Erläuterungen zum Blatt L7740 Mühldorf a. Inn*. München: Bayerisches Geologisches Landesamt.

UNGER, H. (1978b): *Quartär*. In: UNGER, H. (Hg.): *Erläuterungen zur Geologischen Karte von Bayern 1:50.000 Blatt Nr. L7740 Mühldorf am Inn*: 110–131. München: Bayerisches Geologisches Landesamt.

UNGER, H. (1983): *Versuch einer Neugliederung der Oberen Süßwassermolasse*. In: *Geologisches Jahrbuch A 67*: 5–35. Hannover: Bundesanstalt für Geowissenschaften und Rohstoffe.

UNGER, H. (1985): *Schichtenfolge Deckgebirge (Stratigraphie)*. In: UNGER, H.; W. BAUBERGER (Hg.): *Geologische Karte von Bayern 1:25.000. Erläuterungen zum Blatt 7546 Neuhaus am Inn*: 34–69. München: Bayerisches Geologisches Landesamt.

UNGER, H. (1989): *Die Lithozonen der Oberen Süßwassermolasse Südostbayerns und ihre vermutlichen zeitlichen Äquivalente gegen Westen und Osten*. In: *Geologica Bavarica 94*: 195–237.

UNGER, H. (1996a): *Östliche Vorlandmolasse und Braunkohletertiär i.w.S.* In: FREUDENBERGER, W.; K. SCHWERD (Hg.): *Erläuterungen zur Geologischen Karte von Bayern 1:500.000*: 168–185. München: Bayerisches Geologisches Landesamt.

UNGER, H.; W. BAUBERGER; O. THIELE (1985): *Geologische Karte von Bayern 1:25.000. Blatt 7546 Neuhaus am Inn*. München: Bayerisches Geologisches Landesamt.

UNGER, H.; G. DOPPLER (1996): *Jüngste tertiäre Ablagerungen im Molassebecken (Schotter, pliozän bis ältestpleistozän)*. In: FREUDENBERGER, W.; K. SCHWERD (Hg.): *Erläuterungen zur Geologischen Karte von Bayern 1:500.000*: 185–186. München: Bayerisches Geologisches Landesamt.

UNGER, H.; H. RISCH (2001): *Die Bohrung Simbach-Braunau Thermal 1. Geologie, Mikrofaunen, paläogeographische Einbindung*. In: *Geologica Bavarica 106*: 33–58.

VEIT, H. (2002): *Die Alpen. Geoökologie und Landschaftsentwicklung*. Stuttgart: Ulmer.

VILLINGER, E. (Hg.) (2004): *Geologische Zeittafel Baden-Württemberg*. Freiburg: Landesamt für Geologie, Rohstoffe und Bergbau Baden-Württemberg.

VÖGELE, A.-E. (1987): *Die Anfänge der Gletscherforschung und der Glazialtheorie*. In: *Mitteilungen der Naturforschenden Gesellschaft Luzern 29*: 11–50.

WANDLING, W. (2001a): *Ausgrabungen und Funde im Landkreis Passau 2000*. In: *Ostbairische Grenzmarken 43*: 249–255.

WANDLING, W. (2001b): *Ein Vollgriffschwert der Älteren Urnenfelderzeit aus Inzing*. In: ABTEILUNG BODENDENKMALPFLEGE DES BAYERISCHEN LANDESAMTS FÜR DENKMALPFLEGE UND DER GESELLSCHAFT FÜR ARCHÄOLOGIE IN BAYERN (Hg.): *Das Archäologische Jahr in Bayern 2000*: 53–55. Stuttgart: Theiss.

WEINIG, H. (1972): *Hydrogeologie des Isartales zwischen Landshut und Landau und ihre Beeinflussung durch Stauanlagen*. Dissertation. München: Fakultät für Geowissenschaften der Ludwig-Maximilians-Universität München.

WEISS, J. (1820): *Südbayerns Oberfläche nach ihrer äußeren Gestalt*. München: Leutner.

WETZSTEIN, G. (2002): *Die Hydrogeographie von Inn und Donau in Ostbayern und Oberösterreich*. In: RATUSNY, A. (Hg.): *Flußlandschaften an Inn und Donau*. Passau: Fach Geographie der Universität Passau. (= *Passauer Kontaktstudium Erdkunde 6*: 55–61).

WUNDT, W. (1953): *Gewässerkunde*. Berlin: Springer.

YU, Z.; U. EICHER (2001): *Three amphi-atlantic century-scale cold events during the Bølling-Allerød warm period*. In: *Géographie physique et Quaternaire 55* (2): 171–179.

ZÖBELEIN, H. (1940): *Geologische und sedimentpetrographische Untersuchungen im niederbayerischen Tertiär (Blatt Pfarrkirchen)*. In: *Neues Jahrbuch für Mineralogie, Geologie und Paläontologie 84, Abteilung B*: 233–302.

A Sedimentologische Daten

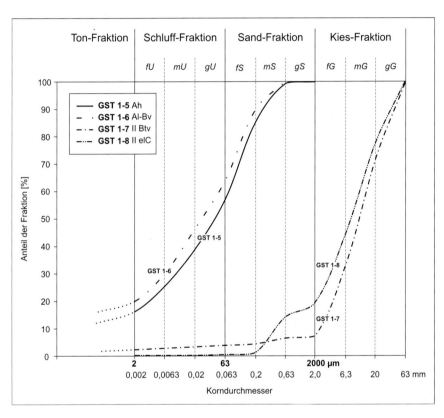

Abbildung A.1: Kornsummenkurven des Profils Gstetten 1.

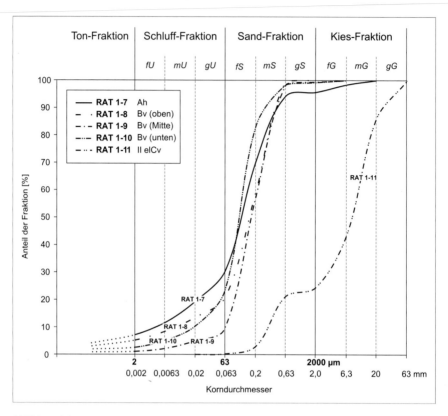

Abbildung A.2: Kornsummenkurven des Profils Ratgeber 2. Insgesamt ist die Bodenart des Profils vom Sand dominiert. Die Sandfraktion wird wiederum von Fein- und Mittelsand beherrscht. Der steile Verlauf der Kurven zeigt die gute Sortierung des Sediments, die zusammen mit der Laminierung, die im Bodenprofil zu erkennen ist, auf eine fluviale Entstehung schließen lassen.

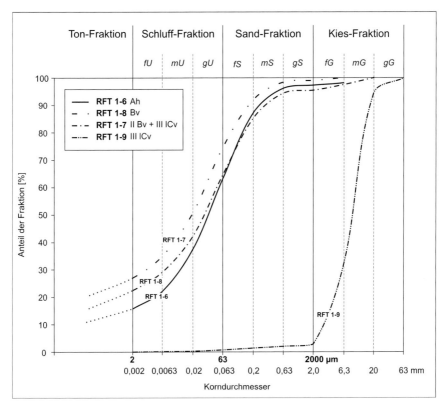

Abbildung A.3: Kornsummenkurven des Profils Mühlheim 1.

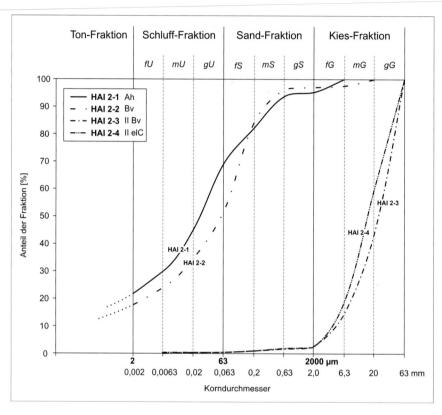

Abbildung A.4: Kornsummenkurven des Profils Haidhäuser 2.

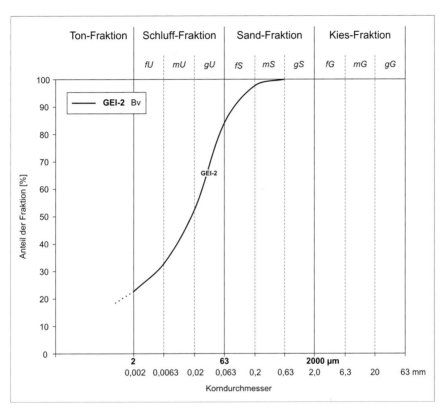

Abbildung A.5: Kornsummenkurve des Profils Geigen 1.

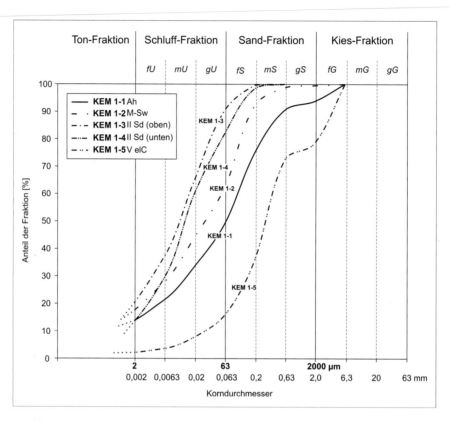

Abbildung A.6: Kornsummenkurven der Bohrung Kemerting 1.

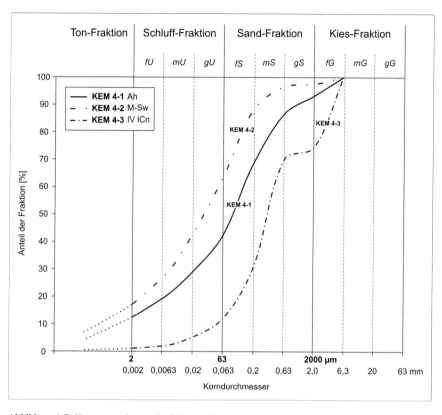

Abbildung A.7: Kornsummenkurven der Bohrung Kemerting 4.

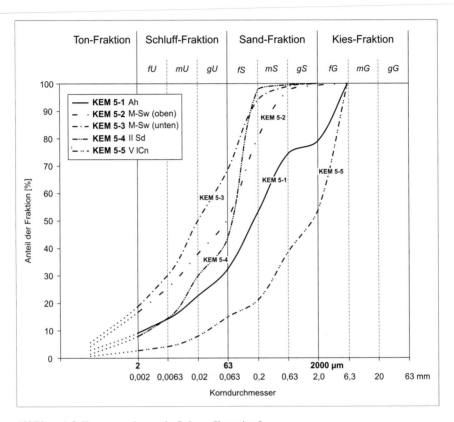

Abbildung A.8: Kornsummenkurven der Bohrung Kemerting 5.

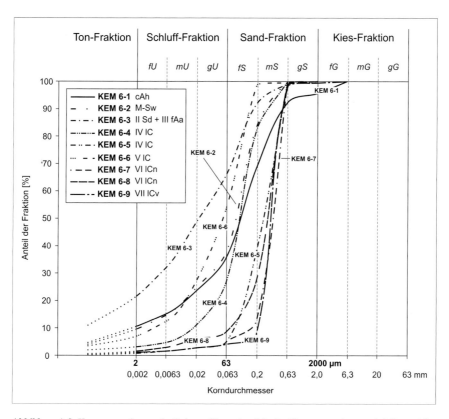

Abbildung A.9: Kornsummenkurven der Bohrung Kemerting 6. In den Kornsummenkurven sind die zwei fluvialen Sedimentationszyklen mit ihren jeweiligen Verlandungsphasen gut auszumachen. Von unten nach oben nimmt jeweils Sortierungsgrad und Korngrößen ab. Die letzte Sedimentationsphase in Bohrung Kemerting 6 wird von einem Kolluvium markiert.

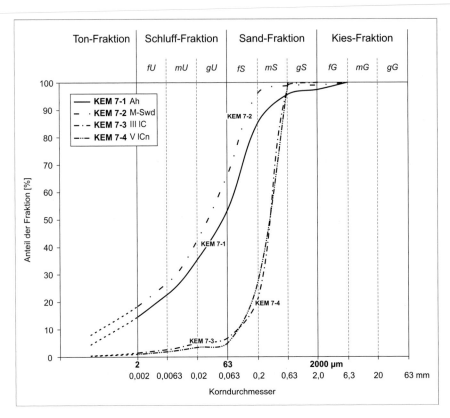

Abbildung A.10: Kornsummenkurven der Bohrung Kemerting 7. Wie in Bohrung Kemerting 6 trennt auch in Bohrung Kemerting 7 eine tonig-schluffige Velandungsfazies mit hohem Gehalt an anmoorigem Sediment die fluviale Rinnenfüllung, die sich durch sehr gut sortiertes, sandiges Substrat auszeichnet von einem pseudovergleyten Kolluvium im Hangenden.

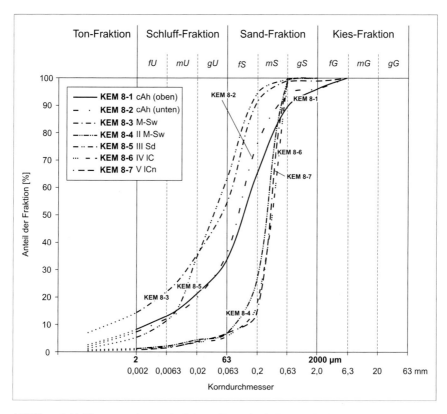

Abbildung A.11: Kornsummenkurven der Bohrung Kemerting 8. Erneut zeigt sich die auch schon aus den Bohrungen KEM 6 und KEM 7 bekannte deutliche Zweiteilung der Deckschicht in einen gut sortierten, fluvialen Teil im Liegenden und ein Kolluvium mit schlechter Sortierung im Hangenden.

Tabelle A.1: Profil Gstetten 1, Ergebnisse der Korngrößenanalyse.

Probenbezeichnung		GST 1-5	GST 1-6	GST 1-7	GST 1-8
gS-Gehalt	[%]	0,71	0,25	10,23	28,72
mS-Gehalt	[%]	14,27	10,49	32,64	65,29
fS-Gehalt	[%]	28,47	25,69	4,56	3,90
gU-Gehalt	[%]	17,73	17,69	7,90	0,77
mU-Gehalt	[%]	13,61	15,96	4,87	0,62
fU-Gehalt	[%]	8,84	9,82	4,96	0,31
T-Gehalt	[%]	16,38	20,11	34,83	0,39
Summe Korngrößen	[%]	100,00	100,00	100,00	100,00

Tabelle A.2: Profil Ratgeber 2, Ergebnisse der Korngrößenanalyse.

Probenbezeichnung		RAT 2-7	RAT 2-8	RAT 2-9	RAT 2-10	RAT 2-11
gS-Gehalt	[%]	1,46	0,14	0,50	0,80	13,64
mS-Gehalt	[%]	24,85	40,32	42,15	15,92	72,81
fS-Gehalt	[%]	41,40	38,30	47,57	59,67	13,32
gU-Gehalt	[%]	11,91	7,36	4,52	12,78	0,03
mU-Gehalt	[%]	8,03	5,37	2,78	5,58	0,04
fU-Gehalt	[%]	4,87	3,28	1,17	2,50	0,06
T-Gehalt	[%]	7,49	5,24	1,31	2,75	0,10
Summe Korngrößen	[%]	100,00	100,00	100,00	100,00	100,00

Tabelle A.3: Profil Mühlheim 1, Ergebnisse der Korngrößenanalyse.

Probenbezeichnung		RFT 1-6	RFT 1-7	RFT 1-8	RFT 1-9
gS-Gehalt	[%]	0,81	0,82	0,50	14,36
mS-Gehalt	[%]	9,18	9,30	6,45	37,54
fS-Gehalt	[%]	24,71	21,91	17,63	29,35
gU-Gehalt	[%]	25,68	23,63	24,08	4,87
mU-Gehalt	[%]	16,10	13,86	15,83	2,08
fU-Gehalt	[%]	7,24	6,90	8,11	1,42
T-Gehalt	[%]	16,28	23,59	27,40	10,38
Summe Korngrößen	[%]	100,00	100,00	100,00	100,00

Tabelle A.4: Profil Haidhäuser 2, Ergebnisse der Korngrößenanalyse.

Probenbezeichnung		HAI 2-1	HAI 2-2	HAI 2-3	HAI 2-4
gS-Gehalt	[%]	1,54	0,33	15,45	23,75
mS-Gehalt	[%]	12,16	12,79	41,07	37,10
fS-Gehalt	[%]	13,37	33,31	18,36	18,64
gU-Gehalt	[%]	25,79	17,89	3,93	9,32
mU-Gehalt	[%]	15,43	10,79	3,15	4,74
fU-Gehalt	[%]	8,89	6,51	3,55	1,71
T-Gehalt	[%]	22,83	18,38	14,48	4,74
Summe Korngrößen	[%]	100,00	100,00	100,00	100,00

Tabelle A.5: Profil Geigen 1, Ergebnisse der Korngrößenanalyse.

Probenbezeichnung		GEI 1-2
gS-Gehalt	[%]	0,21
mS-Gehalt	[%]	2,15
fS-Gehalt	[%]	13,76
gU-Gehalt	[%]	31,39
mU-Gehalt	[%]	19,66
fU-Gehalt	[%]	10,13
T-Gehalt	[%]	22,69
Summe Korngrößen	[%]	100,00

Tabelle A.6: Bohrung Kemerting 1, Ergebnisse der Korngrößenanalyse.

Probenbezeichnung		KEM 1-1	KEM 1-2	KEM 1-3	KEM 1-4	KEM 1-5
gS-Gehalt	[%]	3,71	0,53	0,01	0,00	8,20
mS-Gehalt	[%]	16,31	6,98	0,17	1,78	47,37
fS-Gehalt	[%]	27,96	29,96	9,27	16,51	24,35
gU-Gehalt	[%]	16,51	18,70	25,79	21,90	9,86
mU-Gehalt	[%]	12,77	15,79	27,71	30,69	5,42
fU-Gehalt	[%]	7,94	10,05	16,10	15,36	2,08
T-Gehalt	[%]	14,80	17,99	20,95	13,76	2,71
Summe Korngrößen	[%]	100,00	100,00	100,00	100,00	100,00

Tabelle A.7: Bohrung Kemerting 4, Ergebnisse der Korngrößenanalyse.

Probenbezeichnung		KEM 4-1	KEM 4-2	KEM 4-3
gS-Gehalt	[%]	7,10	0,91	6,24
mS-Gehalt	[%]	19,86	8,38	52,66
fS-Gehalt	[%]	27,85	25,15	24,89
gU-Gehalt	[%]	14,11	21,48	9,33
mU-Gehalt	[%]	10,26	16,13	3,96
fU-Gehalt	[%]	7,96	11,08	1,35
T-Gehalt	[%]	12,85	16,86	1,58
Summe Korngrößen	[%]	100,00	100,00	100,00

Tabelle A.8: Bohrung Kemerting 5, Ergebnisse der Korngrößenanalyse.

Probenbezeichnung		KEM 5-1	KEM 5-2	KEM 5-3	KEM 5-4	KEM 5-5
gS-Gehalt	[%]	6,28	2,18	0,49	0,06	28,69
mS-Gehalt	[%]	26,41	17,51	4,84	2,22	31,77
fS-Gehalt	[%]	26,20	28,83	25,56	53,89	11,39
gU-Gehalt	[%]	12,50	13,24	19,08	14,14	13,13
mU-Gehalt	[%]	10,20	12,34	19,37	15,00	7,24
fU-Gehalt	[%]	7,12	9,27	12,23	7,03	3,05
T-Gehalt	[%]	11,29	16,64	18,42	7,66	4,73
Summe Korngrößen	[%]	100,00	100,00	100,00	100,00	100,00

Tabelle A.9: Bohrung Kemerting 6, Ergebnisse der Korngrößenanalyse.

Proben-bezeichnung		KEM 6-1	KEM 6-2	KEM 6-3	KEM 6-4	KEM 6-5	KEM 6-6	KEM 6-7	KEM 6-8	KEM 6-9
gS-Gehalt	[%]	3,64	0,29	0,65	0,32	0,00	0,00	0,28	0,21	0,35
mS-Gehalt	[%]	24,92	15,91	6,86	17,08	62,33	1,04	86,89	71,88	91,61
fS-Gehalt	[%]	34,14	45,50	25,64	55,91	32,51	44,82	7,67	19,01	3,83
gU-Gehalt	[%]	12,59	13,67	17,83	15,77	2,04	26,94	1,47	2,86	1,43
mU-Gehalt	[%]	8,78	9,58	16,49	6,12	1,38	14,47	1,96	2,96	1,34
fU-Gehalt	[%]	5,09	5,83	10,95	1,75	0,75	6,09	0,83	1,41	0,58
T-Gehalt	[%]	10,84	9,21	21,58	3,04	0,98	6,64	0,91	1,67	0,87
Summe Korngrößen	[%]	100,00	100,00	100,00	100,00	100,00	100,00	100,00	100,00	100,00

Tabelle A.10: Bohrung Kemerting 7, Ergebnisse der Korngrößenanalyse.

Probenbezeichnung		KEM 7-1	KEM 7-2	KEM 7-3	KEM 7-4
gS-Gehalt	[%]	1,78	0,17	0,10	0,05
mS-Gehalt	[%]	10,77	2,99	77,12	71,99
fS-Gehalt	[%]	32,22	29,77	15,45	22,47
gU-Gehalt	[%]	18,45	23,98	2,04	1,92
mU-Gehalt	[%]	13,27	15,61	2,41	1,60
fU-Gehalt	[%]	8,90	9,15	1,37	0,92
T-Gehalt	[%]	14,61	18,33	1,50	1,05
Summe Korngrößen	[%]	100,00	100,00	100,00	100,00

Tabelle A.11: Bohrung Kemerting 8, Ergebnisse der Korngrößenanalyse.

Probenbezeichnung		KEM 8-1	KEM 8-2	KEM 8-3	KEM 8-4	KEM 8-5	KEM 8-6	KEM 8-7
gS-Gehalt	[%]	6,85	1,70	0,37	0,05	0,00	0,04	0,22
mS-Gehalt	[%]	25,38	19,76	7,94	74,63	5,67	83,34	85,73
fS-Gehalt	[%]	32,99	41,19	36,62	18,57	30,78	10,84	7,08
gU-Gehalt	[%]	12,77	16,70	19,42	2,26	29,02	2,22	3,15
mU-Gehalt	[%]	8,22	7,65	13,20	2,34	22,54	1,83	2,30
fU-Gehalt	[%]	5,17	5,48	8,15	1,00	6,73	0,93	0,65
T-Gehalt	[%]	8,62	7,52	14,30	1,16	5,26	0,81	0,86
Summe Korngrößen	[%]	100,00	100,00	100,00	100,00	100,00	100,00	100,00

B Bohrstocksondierungen

Tabelle B.1: Bohrstockprofil 1. Bodentyp: Vega. Lage: ausgedeichte Aue östlich von Mittich.

			Titeldaten				**Aufnahmesituation**		
TK-Nr.	Profil	Datum	RW	HW	Höhe	Neigung	Nutzungsart	Vegetation
7546	1	24.05.04	4605827	5367669	308	N 0.2	GI	FG

	Horizontbezogene Daten							
	Horizontgrenzen						
Lfd. Nr.	Grenze	Form	H.-Symbol	Farbe	Carbonat	pH	Bodenart
1	-66	di	aAh	2.5Y 5/2	c3.4	n.b.	Us
2	66+		aM	2.5Y 5/4	c 4	n.b.	Us

Tabelle B.2: Bohrstockprofil 2. Bodentyp Kalkpaternia. Lage: ausgedeichte Aue südwestlich von Reding.

			Titeldaten				**Aufnahmesituation**		
TK-Nr.	Profil	Datum	RW	HW	Höhe	Neigung	Nutzungsart	Vegetation
7546	2	26.05.04	4604728	5365364	301	N 0.2	GI	FG

	Horizontbezogene Daten							
	Horizontgrenzen						
Lfd. Nr.	Grenze	Form	H.-Symbol	Farbe	Carbonat	pH	Bodenart
1	-30	di	aAh	2.5Y 4/3	c3.3	7,50	Us
2	-82	di	aelC	2.5Y 5/3	c 4	7,53	Us
				2.5Y 6/2 (HF)			
3	82+		aG	10YR 5/8 (FL)	c 4	7,58	Us

Tabelle B.3: Bohrstockprofil 3. Bodentyp Pararendzina. Lage: Hj1-Terrasse südwestlich von Hartkirchen. Das Profil liegt in der Tiefenlinie eines im Luftbild deutlich sichtbaren ehemaligen Mäanderbogens.

	Titeldaten					**Aufnahmesituation**		
TK-Nr.	Profil	Datum	RW	HW	Höhe	Neigung	Nutzungsart	Vegetation
7546	3	26.05.04	4601307	5363075	310	N 0.2	Gl	FG

Horizontbezogene Daten

	Horizontgrenzen						
Lfd. Nr.	Grenze	Form	H.-Symbol	Farbe	Carbonat	pH	Bodenart
1	-26	de	Ah	5Y 2.5/1	c1	7,38	Uls
2	-79	de	elC	5Y 5/1	c 3.2	7,72	Ut2
3	-84	de	II elC	5Y 6/1	c 4	7,78	Su3,mG4

Tabelle B.4: Bohrstockprofil 4. Bodentyp Pararendzina. Lage: Hj1-Terrasse nordwestlich des Zeller Grabens innerhalb des die Hj1-Terrasse an ihrem externen Rand begleitenden Rinnensystems.

	Titeldaten					**Aufnahmesituation**		
TK-Nr.	Profil	Datum	RW	HW	Höhe	Neigung	Nutzungsart	Vegetation
7646	4	26.05.04	4599326	5360795	316	N 0.2	Gl	FG

Horizontbezogene Daten

	Horizontgrenzen						
Lfd. Nr.	Grenze	Form	H.-Symbol	Farbe	Carbonat	pH	Bodenart
1	-32	de	Ah	5Y 2.5/1	c0	6,60	Ut4
2	-76	de	(e)lC	5Y 5/1	c 2	7,05	Ut3
3	76+		II (e)lC	5Y 5/2	c 2	7,07	Su2

Tabelle B.5: Bohrstockprofil 5. Bodentyp Braunerde. Lage: SGa3-Terrasse (Pockinger Heide), südlich von Pocking.

		Titeldaten					Aufnahmesituation	
TK-Nr.	Profil	Datum	RW	HW	Höhe	Neigung	Nutzungsart	Vegetation
7645/ 7745	5	26.05.04	4597957	5361457	323	N 0.2	GI	FG

Horizontbezogene Daten

	Horizontgrenzen						
Lfd. Nr.	Grenze	Form	H.-Symbol	Farbe	Carbonat	pH	Bodenart
1	-29	di	Ah	10YR 3/4	c0	6,07	Ls2,mG1
2	-15		Bv	10YR 5/6	c 0	6,05	Ls2,mG2
3	54+		KV	–	–	–	–

Tabelle B.6: Bohrstockprofil 6. Bodentyp Parabraunerde. In sandig-schluffigem Substrat am Rand des Thaler Waldes hat sich am internen Rand eines Rinnensystems, das die Hj1-Terrasse an ihrem Außenrand begleitet eine Parabraunerde entwickelt, die erste Ansätze einer Pseudovergleyung zeigt. Der Ah der PBE an diesem Standort unter Wald ist sehr geringmächtig ausgebildet.

	Titeldaten					Aufnahmesituation		
TK-Nr.	Profil	Datum	RW	HW	Höhe	Neigung	Nutzungsart	Vegetation
7646	6	26.05.04	4599954	5359948	318	N 0.1	FP	FN

Horizontbezogene Daten

	Horizontgrenzen						
Lfd. Nr.	Grenze	Form	H.-Symbol	Farbe	Carbonat	pH	Bodenart
1	+4	sc	Of	5 YR 3/2	n. b.	n. b.	–
2	-15	di	Ah	2,5 Y 5/3	c 0	3,98	Ls2
3	-53	di	Al	2,5 Y 6/4	c 0	4,42	Ls2
4	-67	di	Bt	2,5 Y 5/4	c 0	5,70	Ls2
5	-77	di	Sw-Bt	2,5 Y 5/4 (HF) 10 YR 4/6 (FL)	c 0	6,58	Us
6	77+		IISw	2,5 Y 5/2 (HF) 10 YR 4/6 (FL)	c 0	6,67	Us

Tabelle B.7: Bohrstockprofil 7. Bodentyp Pseudogley-Kolluvisol. In einer jungen Rinne in der Hj1-Terrasse unterliegt umgelagertes lehmig-schluffiges Bodensediment unter Staunässe einer Pseudovergleyung.

	Titeldaten					Aufnahmesituation		
TK-Nr.	Profil	Datum	RW	HW	Höhe	Neigung	Nutzungsart	Vegetation
7646	7	27.05.04	4601440	5359469	318	N1	GI	FG

Horizontbezogene Daten

	Horizontgrenzen						
Lfd. Nr.	Grenze	Form	H.-Symbol	Farbe	Carbonat	pH	Bodenart
1	-30	di	Ah	2,5Y 4/2	c0	n. b.	Ls2
				2,5Y 4/3 (HF)			
2	-76	de	Sw-M	10 YR 6/8 (FL)	c 0	n.b.	Ls2
				5Y 5/1 (HF)			
3	76+		II Sw-M	10YR 6/8 (FL)	c 0	n.b.	Us

Tabelle B.8: Bohrstockprofil 8. Bodentyp Kolluvisol. Kolluvisol aus Auelehm der Rott.

	Titeldaten					Aufnahmesituation		
TK-Nr.	Profil	Datum	RW	HW	Höhe	Neigung	Nutzungsart	Vegetation
7546	8	05.07.04	4598915	5366199	316	N0.2	GI	FG

Horizontbezogene Daten

	Horizontgrenzen						
Lfd. Nr.	Grenze	Form	H.-Symbol	Farbe	Carbonat	pH	Bodenart
1	-36	di	Ah	10YR 4/2	c0	n. b.	Ls2,mG2
2	36+		M	10YR 4/4	c 0	n.b.	Ls2,mG3

Tabelle B.9: Bohrstockprofil 9. Bodentyp Kolluvisol. Eine leichte Rostfleckung im M zeigt eine intiale Pseudovergleyung an, die durch den wasserstauenden II M bedingt ist.

TK-Nr.	Profil	Datum	RW	HW	Höhe	Neigung	Nutzungsart	Vegetation
		Titeldaten				**Aufnahmesituation**		
7646	9	05.07.04	4599053	5366389	325	N2	GI	FG

Horizontbezogene Daten

Lfd. Nr.	Grenze	Form	H.-Symbol	Farbe	Carbonat	pH	Bodenart
	Horizontgrenzen						
1	-30	de	Ah	10YR 4/4	c0	n. b.	Ls2
2	-48	de	M	10YR 4/2	c 0	n.b.	Lu,mG1
3	48+		II M	10YR 3/6	c 0	n.b.	Ls3,mG1

Tabelle B.10: Bohrstockprofil 10. Bodentyp Kolluvisol. Ca. 40 m südlich der Ausbach-Rinne hat sich auf der Hj1 ein Kolluvisol in einer 88 cm mächtigen Deckschicht aus tonigem Lehm entwickelt.

TK-Nr.	Profil	Datum	RW	HW	Höhe	Neigung	Nutzungsart	Vegetation
		Titeldaten				**Aufnahmesituation**		
7546	10	05.07.04	4600374	5365200	312	N0.2	GI	FG

Horizontbezogene Daten

Lfd. Nr.	Grenze	Form	H.-Symbol	Farbe	Carbonat	pH	Bodenart
	Horizontgrenzen						
1	-36	di	Ah	2.5Y 4/3	c0	n. b.	Lt2
2	-75	di	M	2.5Y 4/1	c 0	n.b.	Lt2
3	-88	de	lCv	2,5Y 5/2	c 0	n.b.	Lu,mG3
4	88+		KV	–	–	–	Kies?

Tabelle B.11: Bohrstockprofil 11. Bodentyp Kolluvisol. Der M zeigt im unteren Bereich eine leichte Rostfleckung.

	Titeldaten					Aufnahmesituation		
TK-Nr.	Profil	Datum	RW	HW	Höhe	Neigung	Nutzungsart	Vegetation
7546	11	05.07.04	4601086	5365730	316	N0.1	AF	MA

Horizontbezogene Daten

	Horizontgrenzen						
Lfd. Nr.	Grenze	Form	H.-Symbol	Farbe	Carbonat	pH	Bodenart
1	-33	di	Ah	2.5Y 3/1	c0	n. b.	Ls2
2	-79	de	M	2.5Y 3/1	c 0	n.b.	Lt2
3	79+		II lCv	2,5Y 6/1	c 0	n.b.	Us

Tabelle B.12: Bohrstockprofil 12. Bodentyp Kolluvisol. An der Kante der Hj2-Terrasse zur Aue nördlich des Gehöfts Hund befindet sich ein Kolluvisol aus carbonatreichem schluffigem Innsediment vermischt mit allochthon verbrauntem und humosen Material. Die Sedimente des Inns sind gut an ihrer Körnung (schluffigfeinandig) und an ihrem Carbonatgehalt zu erkennen, der sie klar von den aus dem Rottal eingetragenen Material absetzt.

	Titeldaten					Aufnahmesituation		
TK-Nr.	Profil	Datum	RW	HW	Höhe	Neigung	Nutzungsart	Vegetation
7546	12	05.07.04	4604627	5365167	316	N0.1	AF	MA

Horizontbezogene Daten

	Horizontgrenzen						
Lfd. Nr.	Grenze	Form	H.-Symbol	Farbe	Carbonat	pH	Bodenart
1	-52	di	Ap	2.5Y 4/3	c3.3	n. b.	Uls
2	-103	di	M	2.5Y 5/4	c3.4	n.b.	Us
3	103+		II M	2,5Y 5/3	c 4	n.b.	Ut3

Tabelle B.13: Bohrstockprofil 13. Bodentyp Kolluvisol.

	Titeldaten					Aufnahmesituation		
TK-Nr.	Profil	Datum	RW	HW	Höhe	Neigung	Nutzungsart	Vegetation
7546	13	05.07.04	4603580	5365547	312	N0.2	AF	MA

	Horizontbezogene Daten						
	Horizontgrenzen						
Lfd. Nr.	Grenze	Form	H.-Symbol	Farbe	Carbonat	pH	Bodenart
1	-40	di	Ap	2.5Y 4/2	c0	n. b.	Ls2
2	-75	di	M	2.5Y 4/3	c0	n.b.	Ls2
3	75+		II lCv	2,5Y 5/4	c0	n.b.	Lu

Tabelle B.14: Bohrstockprofil 14. Bodentyp Kalkpaternia. Das Profil liegt in der heute ausgedeichten Subner Au. Bei -89 cm wurde das Grundwasser erreicht. Typisch für die fluviale Ablagerung des Substrats im Auebereich ist die deutliche Laminierung, die die Horizonte 2 und 3 zeigen: Schluffig-sandige Lagen wechseln mit schluffig-tonigen Bereichen. Die Endteufe der Bohrung liegt bei 180 cm unter GOF. Der Terrassenkies wurde nicht erreicht.

	Titeldaten					Aufnahmesituation		
TK-Nr.	Profil	Datum	RW	HW	Höhe	Neigung	Nutzungsart	Vegetation
7546	14	07.07.04	4604840	5365085	309	N0.1	GI	RF

	Horizontbezogene Daten						
	Horizontgrenzen						
Lfd. Nr.	Grenze	Form	H.-Symbol	Farbe	Carbonat	pH	Bodenart
1	-26	de	aAh	2.5Y 4/2	c3.3	n. b.	Us
2	-89	de	aelC	5Y 4/1	c3.4	n.b.	Su2/Tu4
3	89+		aG	5Y 4/1	c3.4	n.b.	Su2/Tu4

Tabelle B.15: Bohrstockprofil 15. Bodentyp Pseudogley-Kolluvisol. Das Profil liegt ebenfalls in der Subner Au, unweit von Profil 14. Während Horizont 2 die für einen Pseudogley typischen Rostflecken im Bereich von Wurzelbahnen zeigt, ist Horizont 3 diffus braun gefärbt. Die Endteufe der Bohrung liegt bei 177 cm unter GOF. Der Terrassenkies wurde dabei nicht erreicht.

TK-Nr.	Profil	Datum	RW	HW	Höhe	Neigung	Nutzungsart	Vegetation
7546	15	07.07.04	4604746	5365134	310	N0.2	AF	MA

Titeldaten — Aufnahmesituation

Horizontbezogene Daten

Lfd. Nr.	Grenze	Form	H.-Symbol	Farbe	Carbonat	pH	Bodenart
1	-31	de	Ah	2.5Y 4/2	c3.3	n. b.	Ls2
2	-81	de	Sw-M	2.5Y 5/4 (HF) 5YR 4/4 (FL)	c3.4	n.b.	Uls
3	81+		II M	2.5Y 4/3	c3.4	n.b.	Slu

Tabelle B.16: Bohrstockprofil 16. Bodentyp Pararendzina. Viel Kernverlust durch den hohen Kiesanteil.

TK-Nr.	Profil	Datum	RW	HW	Höhe	Neigung	Nutzungsart	Vegetation
7645 /7745	16	07.07.04	4594833	5360840	329	N0	GI	FG

Titeldaten — Aufnahmesituation

Horizontbezogene Daten

Lfd. Nr.	Grenze	Form	H.-Symbol	Farbe	Carbonat	pH	Bodenart
1	-14	de	Ah	2.5Y 5/3	c0	n. b.	Ls2,mG2
2	-26	di	lCv	2.5Y 5/4	c2	n.b.	Slu,mG2
3	-82	–	KV	–	–	–	–
4	82+		lCv	2,5Y 5/4	c2	n.b.	Slu,mG5

Tabelle B.17: Bohrstockprofil 17. Bodentyp Braunerde. Lage: SGa3-Terrasse. Waldstandort zwischen Kirchham und Waldstadt. Die Braunerde zeigt erste Anzeichen beginnender Lessivierung.

TK-Nr.	Titeldaten					Aufnahmesituation		
	Profil	Datum	RW	HW	Höhe	Neigung	Nutzungsart	Vegetation
7645 /7745	17	07.07.04	4594812	5358448	334	N0.1	FP	FN

Horizontbezogene Daten

Lfd. Nr.	Horizontgrenzen		H.-Symbol	Farbe	Carbonat	pH	Bodenart
	Grenze	Form					
1	-5	sc	Ah	2.5Y 3/2	c0	n. b.	Us
2	-34	di	Al-Bv	2.5Y 5/4	c0	n.b.	Slu,mG1
3	-64		Bv	10YR 5/6	c0	n.b.	Ut4,mG2

Tabelle B.18: Bohrstockprofil 18. Bodentyp Braunerde. Lage: SGa3-Terrasse östlich von Waldstadt. Der Bv
zeigt Merkmale beginnender Lessivierung.

TK-Nr.	Titeldaten					Aufnahmesituation		
	Profil	Datum	RW	HW	Höhe	Neigung	Nutzungsart	Vegetation
7645 /7745	18	07.07.04	4596306	5359046	335	N0.2	GI	FG

Horizontbezogene Daten

Lfd. Nr.	Horizontgrenzen		H.-Symbol	Farbe	Carbonat	pH	Bodenart
	Grenze	Form					
1	-16	sc	Ah	2.5Y 3/3	c0	n. b.	Us
2	-68	de	Al	2.5Y 5/4	c0	n.b.	Slu,mG1
3	-79		Al-Bv	2.5Y 5/6	c0	n.b.	Ut4,mG3
4	79+		KV	–	–	–	

Tabelle B.19: Bohrstockprofil 19. Bodentyp Braunerde (stark kiesig). Lage: SGj2-Terrasse Östlich Waldstadt.

TK-Nr.	Titeldaten					Aufnahmesituation		
	Profil	Datum	RW	HW	Höhe	Neigung	Nutzungsart	Vegetation
7645 /7745	19	07.07.04	4596477	5359083	324	N0.2	FP	FN

Horizontbezogene Daten

Lfd. Nr.	Horizontgrenzen		H.-Symbol	Farbe	Carbonat	pH	Bodenart
	Grenze	Form					
1	+5	sc	Of	7.5YR 2.5/1	–	n. b.	–
2	-12	de	Ah	7.5YR 3/2	c0	n.b.	Sl2
3	-27		Bv	10YR 3/6	c0	n.b.	Sl3,mG2
4	-56		KV	–	–	–	–
5	-75		Bv	10YR 3/6	c0	n.b.	Sl3,mG2
6	75+		KV	–	–	–	–

Tabelle B.20: Bohrstockprofil 20. Bodentyp Parabraunerde. Lage: SGa3-Terrasse ne' Haitzing.

TK-Nr.	Titeldaten					Aufnahmesituation		
	Profil	Datum	RW	HW	Höhe	Neigung	Nutzungsart	Vegetation
7645 /7745	20	07.07.04	4598111	5360734	325	N0.1	GI	FG

Horizontbezogene Daten

Lfd. Nr.	Horizontgrenzen		H.-Symbol	Farbe	Carbonat	pH	Bodenart
	Grenze	Form					
1	-12	de	Ah	10YR 4/4	c0	n. b.	Slu,mG1
2	-36	de	Al	2.5YR 5/4	c0	n.b.	Slu,mG2
3	-51		Bt	10YR 4/6	c0	n.b.	Sl3,mG3
4	51+		KV	–	–	–	

Tabelle B.21: Bohrstockprofil 21. Bodentyp Kolluvisol. Lage: Hj1-Terrasse zwischen Würding und Gögging.

	Titeldaten					Aufnahmesituation		
TK-Nr.	Profil	Datum	RW	HW	Höhe	Neigung	Nutzungsart	Vegetation
7646	21	07.07.04	4601218	5358813	315	N0.2	AG	WZ

	Horizontbezogene Daten						
	Horizontgrenzen						
Lfd. Nr.	Grenze	Form	H.-Symbol	Farbe	Carbonat	pH	Bodenart
1	-19	di	Ah	10YR 3/1	c0	n. b.	Slu
2	-80	sc	M	2.5YR 4/2	c0	n.b.	Slu
3	80+		lC	5Y 5/1	c0	n.b.	Su3

Tabelle B.22: Bohrstockprofil 22. Bodentyp Kolluvisol. Lage: Auf die SGa3-Terrasse auslaufender Schwemmfächer aus dem Tertiärhügelland westlich von Julbach.

	Titeldaten					Aufnahmesituation		
TK-Nr.	Profil	Datum	RW	HW	Höhe	Neigung	Nutzungsart	Vegetation
7743	22	08.07.04	4569802	5346592	375	N0.1	GI	FG

	Horizontbezogene Daten						
	Horizontgrenzen						
Lfd. Nr.	Grenze	Form	H.-Symbol	Farbe	Carbonat	pH	Bodenart
1	-18	di	Ah	2.5Y 3/2	c0	n. b.	Lu
2	18+		M	2.5Y 4/4	c0	n.b.	Sl4

Tabelle B.23: Bohrstockprofil 23. Bodentyp Parabraunerde. Lage: SGa3-Terrasse am Nordrand des „Hart"-Waldes südwestlich von Julbach.

	Titeldaten					Aufnahmesituation		
TK-Nr.	Profil	Datum	RW	HW	Höhe	Neigung	Nutzungsart	Vegetation
7743	23	08.07.04	4569057	5345956	371	N0.2	FV	FM

Horizontbezogene Daten

	Horizontgrenzen						
Lfd. Nr.	Grenze	Form	H.-Symbol	Farbe	Carbonat	pH	Bodenart
1	-11	di	Ah	2.5Y 3/3	c0	n. b.	Uls
2	-52	de	Al	2.5Y 5/6	c0	n.b.	Uls
3	-78	de	Bt	10YR 5/8	c0	n.b.	Sl4
4	-94	de	II Bv	10YR 4/6	c0	n.b.	Su2
5	94+		II lCv	2.5Y 5/4	c0	n.b.	Su2

Tabelle B.24: Bohrstockprofil 24. Bodentyp Parabraunerde. Lage: SGa3-Terrasse im „Hart"-Wald südwestlich von Julbach. Endteufe: 54 cm. Viel Kernverlust und starkes Knirschen deuten auf geringe Mächtigkeit der Deckschicht über den Terrassenschottern.

	Titeldaten					Aufnahmesituation		
TK-Nr.	Profil	Datum	RW	HW	Höhe	Neigung	Nutzungsart	Vegetation
7743	24	08.07.04	4568929	5344283	366	N0.2	FH	FN

Horizontbezogene Daten

	Horizontgrenzen						
Lfd. Nr.	Grenze	Form	H.-Symbol	Farbe	Carbonat	pH	Bodenart
1	+12	de	Ol	n.b.	c0	n. b.	–
2	+8	de	Of	n.b.	c0	n.b.	–
3	+3	de	Oh	n.b.	c0	n.b.	–
4	-2	di	Ah	10YR 4/6	c0	n.b.	Uls
5	2+		Al	2.5Y 5/4	c0	n.b.	Uls

Tabelle B.25: Bohrstockprofil 25. Bodentyp Braunerde. Lage: Ha2-Terrasse südwestlich von Bergham.

TK-Nr.	Profil	Datum	RW	HW	Höhe	Neigung	Nutzungsart	Vegetation
		Titeldaten				**Aufnahmesituation**		
7743	25	08.07.04	4569855	5342037	358	N1	BG	

Horizontbezogene Daten

Lfd. Nr.	Grenze	Form	H.-Symbol	Farbe	Carbonat	pH	Bodenart
	Horizontgrenzen						
1	-36	de	Ap	2.5Y 4/3	c0	n. b.	Ls2
2	-55		Bv	2.5Y 4/4	c0	n.b.	Slu
3	55+		KV	–	–	–	–

Tabelle B.26: Bohrstockprofil 26. Bodentyp Braunerde. Lage: Ha4-Terrasse nordöstlich von Obergstetten.

TK-Nr.	Profil	Datum	RW	HW	Höhe	Neigung	Nutzungsart	Vegetation
		Titeldaten				**Aufnahmesituation**		
7743	26	08.07.04	4571284	5342721	353	N0	GI	FG

Horizontbezogene Daten

Lfd. Nr.	Grenze	Form	H.-Symbol	Farbe	Carbonat	pH	Bodenart
	Horizontgrenzen						
1	-21	di	Ah	2.5Y 4/3	c0	n. b.	Ls2
2	-42		Bv	2.5Y 5/6	c0	n.b.	Ls2,mG2
3	-54		KV	–	–	–	–
4	-65		II Bv	2.5Y 5/6	c0	n.b.	Sl2,mG2
5	65+		KV	–	–	–	–

Tabelle B.27: Bohrstockprofil 27. Bodentyp Parabraunerde. Lage: Ha2-Terrasse westlich von Ramerding im Hart.

	Titeldaten					Aufnahmesituation		
TK-Nr.	Profil	Datum	RW	HW	Höhe	Neigung	Nutzungsart	Vegetation
7743	27	08.07.04	4570129	5343634	367	N0	FH	FI

Horizontbezogene Daten

	Horizontgrenzen						
Lfd. Nr.	Grenze	Form	H.-Symbol	Farbe	Carbonat	pH	Bodenart
1	+10	sc	Of	n.b.	c0	n. b.	–
2	-5	de	Ah	2.5Y 3/3	c0	n.b.	Uls
3	-55	de	Al	2,5Y 5/4	c0	n.b	Slu
4	-74	de	II Btv	2.5Y 4/4	c0	n.b.	Sl2,mG3
5	74+		KV	–	–	–	–

Tabelle B.28: Bohrstockprofil 28. Bodentyp Kalkpaternia. Lage: ausgedeichte Aue südlich von Ritzing.

	Titeldaten					Aufnahmesituation		
TK-Nr.	Profil	Datum	RW	HW	Höhe	Neigung	Nutzungsart	Vegetation
7743	28	08.07.04	4572117	5344029	344	N0.1	AF	KG

Horizontbezogene Daten

	Horizontgrenzen						
Lfd. Nr.	Grenze	Form	H.-Symbol	Farbe	Carbonat	pH	Bodenart
1	-25	sc	aAh	2.5Y 4/2	c3.3	n. b.	Su2
2	-74	sc	aelC	2.5Y 5/3	c3.3	n.b.	Su2
3	-90	sc	II aelC	2,5Y 4/3	c3.3	n.b	Su3
4	90+		III aelC	2.5Y 7/1	c4	n.b.	mS

Tabelle B.29: Bohrstockprofil 29. Bodentyp Pseudogley-Braunerde. Lage: SG3-Terrasse östlich von Prienbach.

TK-Nr.	Profil	Datum	RW	HW	Höhe	Neigung	Nutzungsart	Vegetation
		Titeldaten				**Aufnahmesituation**		
7744	29	09.07.04	4580217	5350853	362	N0	BG	

Horizontbezogene Daten

Lfd. Nr.	Grenze	Form	H.-Symbol	Farbe	Carbonat	pH	Bodenart
	Horizontgrenzen						
1	-32	di	Ah	2.5Y 4/3	c0	n. b.	Ut2
2	-49	de	Bv	2.5Y 5/3	c0	n.b.	Ut2
3	-61	di	Sw-Bv	2,5Y 5/4	c0	n.b	Ut2
				2.5Y 6/1 (HF)			
4	61+		Sd-Bv	7.5YR 5/8 (FL)	c0	n.b.	Lu

Tabelle B.30: Bohrstockprofil 30. Bodentyp Braunerde. Lage: SGj1-Terrasse Südwestlich von Pildenau. Starkes Knirschen im Bohrstock ab 55 cm und Kernverlust markieren die Oberkante der Terrassenschotter.

TK-Nr.	Profil	Datum	RW	HW	Höhe	Neigung	Nutzungsart	Vegetation
		Titeldaten				**Aufnahmesituation**		
7744	30	09.07.04	4582996	5351204	343	N0	AG	WZ

Horizontbezogene Daten

Lfd. Nr.	Grenze	Form	H.-Symbol	Farbe	Carbonat	pH	Bodenart
	Horizontgrenzen						
1	-34	de	Ah	2.5Y 4/3	c0	n. b.	Slu
2	-55	de	Bv	2.5Y 5/4	c0	n.b.	Slu
3	55+		KV	–	–	–	–

Tabelle B.31: Bohrstockprofil 31. Bodentyp Braunerde. Lage: SGj1-Terrasse südwestlich von Pildenau.

	Titeldaten					Aufnahmesituation		
TK-Nr.	Profil	Datum	RW	HW	Höhe	Neigung	Nutzungsart	Vegetation
7744	31	09.07.04	4583107	5350944	347	N0.2	AG	WZ

Horizontbezogene Daten

	Horizontgrenzen						
Lfd. Nr.	Grenze	Form	H.-Symbol	Farbe	Carbonat	pH	Bodenart
1	-56	de	Ap	2.5Y 4/3	c0	n. b.	Uls,fG2
2	-77		II Bv	10YR 4/6	c0	n.b.	mS, fG1, mG2
3	77+		KV	–	–	–	–

Tabelle B.32: Bohrstockprofil 32. Bodentyp Braunerde. Lage: SGa3-Terrasse westlich von Malching.

	Titeldaten					Aufnahmesituation		
TK-Nr.	Profil	Datum	RW	HW	Höhe	Neigung	Nutzungsart	Vegetation
7644	32	09.07.04	4586278	5352862	346	N0	AG	WZ

Horizontbezogene Daten

	Horizontgrenzen						
Lfd. Nr.	Grenze	Form	H.-Symbol	Farbe	Carbonat	pH	Bodenart
1	-45	de	Ap	2.5Y 4/2	c0	n. b.	Slu,mG2
2	-81	de	Bv	12.5Y 4/4	c0	n.b.	Slu,mG2
3	81+		KV	–	–	–	–

C Bohrprotokolle

Tabelle C.1: Zur Ermittlung der Tiefenlage der Quartärbasis ausgewertete Bohrprotokolle (AP = Ansatzpunkt; QB = Quartärbasis). Quelle: Bohrarchiv des Bayerischen Geologischen Landesamts.

Bezeichnung	TK-Nr.	GLA-Nr.	RW	HW	AP m ü. NN	AP m u. GOF	QB m ü. NN
Aigner Forst VB I	7645	29	4592110	5353750	336,0	6,3	342,3
Alzgern 1	7742	3	4555980	5344565	405,0	-49,0	356,0
Ampfing 18	7740	22	4572330	5344666	450,45	-29,0	421,45
Ampfing 22	7740	18	4531390	5345920	420,0	-25,0	395,0
Ampfing 23	7740	17	4529455	5344810	427,0	-39,0	388,0
Ampfing 24	7740	40	4533280	5345940	418,0	-20,0	398,0
Ampfing I	7740	67	4530520	5345090	424,0	-29,0	395,0
Ampfing II	7740	68	4530460	5345070	424,0	-28,9	396,1
Ampfing Ost 1	7740	41	4535240	5345993	414,0	-34,0	380,0
Annabrunn	7741	20	4538180	5343750	384,0	-6,7	378,3
Bad Füssing	7645	26	4597410	5356370	322,0	-5,3	317,7
Bierwang A 6	7840	19	4525280	5333210	482,0	-60,0	422,0
Ebing	7740	57	4535190	5341910	396,0	-7,75	389,25
Erharting	7741	21	4542390	5349570	402,9	-12,5	390,4
Erharting (2)	7741	22	4542840	5348890	400,0	-9,0	391,0
Fraham 2	7840	22	4527760	5338590	414,0	-18,0	396,0
Fraham 4	7840	24	4526710	5338060	414,0	-18,5	397,5
Füssing I	7645	6	4597370	5356350	322,0	-6,8	316,2
Füssing I	7645	1	4597330	5358305	325,5	-8,4	316,1
Füssing II	7645	7	4597310	5356380	323,0	-5,3	318,97
Füssing II	7645	2	4597670	5358100	323,0	-4,0	319,0
Füssing III	7645	3	4598580	5357750	322,0	-8,7	314,3
Gars am Inn	7839	21	4521020	5333590	436,64	-18,6	418,4
Gweng	7740	60	4535370	5343500	386,0	-46,0	340,0
Gweng-Thurnhuber	7740	59	4535140	5343460	386,0	-50,3	336,7
Hart, Adelhart	7741	27	4540650	5347030	400,0	-30,1	370,9
Hartkirchen I	7546	3	4603440	5363600	314,0	-6,4	308,6
Kastl 1	7742	11	4551320	5344240	405,0	-25,0	380,0
Kastl 2	7742	10	4551160	5341980	410,0	-24,0	386,0
Kraiburg	7840	12	4531200	5337200	473,0	-40,0	433,0
Kraiburg I	7840	26	4531230	5338730	402,0	-28,0	374,0
Monham, Eichberger	7741	43	4540440	5342170	393,0	-25,8	368,2
Mühldorf GWG	7741	50	4537160	5345260	390,0	-4,0	386,0
Mühldorf Süd 1	7741	11	4537348	5342348	397,3	-3,0	394,3
Mühldorf-Ebersberg	7741	49	4539680	5343838	385,0	-5,0	380,0
Mühldorf-Reisinger	7741	31	4539700	5343650	384,0	-8,0	376,0
Mühldorf-Reiter	7741	30	4539650	5344050	382,0	-5,5	378,5
Mühldorf-Süd 3	7741	9	4539340	5341950	395,0	-15,0	380,0
Mühldorf-Süd 7	7740	45	4536910	5342360	400,0	-4,0	396,0
Neuötting	7742	1	4551160	5346790	368,0	-15,0	353,0
Neuötting Staustufe	7742	32	4551449	5346049	365,0	-10,0	355,0
Ödgassen 1	7839	12	4522960	5339125	589,5	-94,3	494,2
Ödgassen C 2	7839	11	4521705	5338675	583,0	-85,0	498,0
Ödgassen C 4	7839	9	4522826	5338290	596,0	-117,0	479,0

Tabelle C.1: Zur Ermittlung der Tiefenlage der Quartärbasis ausgewertete Bohrprotokolle (Fortsetzung).

Bezeichnung	TK-Nr.	GLA-Nr.	RW	HW	AP m ü. NN	QB m u. GOF	QB m ü. NN
Ödgassen C 5	7839	8	4520890	5337855	530,0	-40,0	490,0
Ödgassen C 6	7839	7	4520600	5337150	552,0	-35,0	517,0
P 1	7740	91	4530660	5341060	435,7	-44,5	391,2
Perach CF 1	7742	4	4555780	5346120	363,0	-18,6	345,4
Perach CF 3	7742	6	4556940	5347679	370,0	-15,0	355,0
Pocking I	7645	8	4595320	5358550	331,2	-14,7	318,5
Pocking II	7645	9	4595350	5358580	331,2	-14,8	317,4
Pocking IV	7645	25	4596210	5362490	325,5	-10,6	315,9
Pürten	7840	33	4531890	5339880	393,3	-9,75	385,55
Ruhstorf-Gr. VB 1	7645	21	4594460	5360650	330,0	-12,0	318,0
Ruhstorf-Gr. VB 7	7645	22	4594520	5358710	333,0	-15,2	318,8
Simbach AM 14	7743	4	4573420	5347300	368,0	-6,0	362,0
Simbach B 2	7743	10	4565792	5342248	364,0	-15,0	349,0
Simbach B 4	7743	9	4570370	5346118	370,84	-10,0	360,84
Simbach II	7744	10	4578600	5548670	340,0	-9,8	331,2
Soyen C 3	7839	15	4516530	5334740	505,0	-25,0	480,0
St. Erasmus	7840	34	4530500	5339610	401,38	-12,7	390,68
Töging Stetter	7741	46	4543600	5346500	398,0	-13,5	386,5
Waldkraiburg C 2	7740	55	4534520	5341610	415,0	-35,0	380,0
Waldkraiburg C 3	7740	54	4531817	5340989	410,0	-15,0	395,0

D Erläuterungen zu den Luftbildkarten

Die Luftbildkarten sind abgeleitet aus den Senkrechtluftbildern des Bayerischen Landesvermessungsamtes. Die jeweiligen Bildnummern sind auf den Karten verzeichnet.

D.1 Luftbildkarte 1

Die scharfe morphologische Grenze zwischen dem Tertiärhügelland und der Terrassenlandschaft des Inns im Norden des Blattes ist gut durch die Bewaldung des Tertiärhügellandes zu
erkennen. Der Ort Julbach liegt auf einem Schwemmfächer, der an das in das Hügelland zu-
rückgreifende Tälchen anschließt und sich auf die SGa3-Terrasse legt. Westlich von Julbach
liegt in einer Höhe von ca. 380 m ü. ü. NN ein Terrassenrest, der aufgrund seiner Höhenlage
der Niederterrasse zugeordnet werden kann. Er lässt sich in das westlich des Kartenausschnitts liegende Türkenbachtal zurückverfolgen. Schwermineralanalytisch zeigen sowohl
der Niederterrassenrest als auch die vorgelagerte SGa3-Terrasse einen Einfluss von über
den Türkenbach eingetragenem Tertiärmaterial (Südliche Vollschotter aber offenbar auch
zum Teil Quarzrestschotter) an deren Aufbau an.

Auf der SGa3-Terrasse liegt die Kiesgrube Berg, wo mit Probe BRG 1-1 das Alter der
Terrasse mit 14,5±1,4 ka bestimmt werden konnte. Der westliche Teil der SGa3-Terrasse
im Bildausschnitt wird vom Waldgebiet des „Hart" eingenommen.

Im Süden des Kartenausschnitts liegen die zahlreichen holozänen Terrassenniveaus am
Zusammenfluss von Inn und Salzach. Ihre Gliederung in Schotterrücken und Rinnen, die mit
einem entsprechenden Wechsel in der Mächtigkeit ihrer Deckschichten verbunden ist, ist im
Luftbild gut zu erkennen. Zwei unterschiedliche holozäne Niveaus (Ha2 und Ha4) ergaben
bei der Datierung gleiche Alter (GST 101-1: 10,6±1,2 ka und RAT 1-1: 10,0±0,8 ka). Ihre
Oberflächen liegen allerdings 7 Höhenmeter auseinander.

Die Aue ist heute weitestgehend ausgedeicht und befindet sich zu einem großen Teil in
landwirtschaftlicher Nutzung.

D.2 Luftbildkarte 2

In Luftbildkarte 2 ist die Grenze zwischen Tertiärhügelland und SGa3-Terrasse durch einen
schmalen bewaldeten Saum im Bereich des Anstiegs zum Hügelland zu erkennen. Die (hier)
lössbedeckten Höhen des Hügellands werden genau wie die vorgelagerte Terrasse landwirt-
schaftlich genutzt und setzen sich daher optisch im Luftbild kaum von dieser ab.

Südwestlich der Stadt Pocking befindet sich die Kiesgrube Haidhäuser, in der die SGa3-
Terrasse im Schärdinger Trichter datiert werden konnte (HAI 1-1: 16,1±1,4 ka). Allerdings
bilden die SGa3-Schotter nur eine geringmächtige Auflage über hochglazialen Sockelschot-
tern der Niederterrasse (HAI 1-2: 20,1±2,6 ka).

Der Südosten des Kartenausschnitts wird von der SGj2-Terrasse eingenommen, auf der
die Stadt Bad Füssing liegt. Die SGj2-Terrasse konnte wenige Kilometer südwestlich des
Kartenausschnitts in der Kiesgrube Geigen auf 12,7±1,1 ka datiert werden (GEI 1-1).

HEIDELBERGER GEOGRAPHISCHE ARBEITEN[*]

Heft 1   Felix Monheim: Beiträge zur Klimatologie und Hydrologie des Titicaca-
            beckens. 1956. 152 Seiten, 38 Tabellen, 13 Figuren, 4 Karten.   € 6,--

Heft 4   Don E. Totten: Erdöl in Saudi-Arabien. 1959. 174 Seiten, 1 Tabelle, 11 Ab-
            bildungen, 16 Figuren.   € 7,50

Heft 5   Felix Monheim: Die Agrargeographie des Neckarschwemmkegels. 1961.
            118 Seiten, 50 Tabellen, 11 Abbildungen, 7 Figuren, 3 Karten.   € 11,50

Heft 8   Franz Tichy: Die Wälder der Basilicata und die Entwaldung im 19. Jahr-
            hundert. 1962. 175 Seiten, 15 Tabellen, 19 Figuren, 16 Abbildungen, 3 Kar-
            ten.   € 15,--

Heft 9   Hans Graul: Geomorphologische Studien zum Jungquartär des nördlichen
            Alpenvorlandes. Teil I: Das Schweizer Mittelland. 1962. 104 Seiten, 6 Figu-
            ren, 6 Falttafeln.   € 12,50

Heft 10   Wendelin Klaer: Eine Landnutzungskarte von Libanon. 1962. 56 Seiten,
            7 Figuren, 23 Abbildungen, 1 farbige Karte.   € 10,--

Heft 11   Wendelin Klaer: Untersuchungen zur klimagenetischen Geomorphologie in
            den Hochgebirgen Vorderasiens. 1963. 135 Seiten, 11 Figuren, 51 Abbil-
            dungen, 4 Karten.   € 15,50

Heft 12   Erdmann Gormsen: Barquisimeto, eine Handelsstadt in Venezuela. 1963.
            143 Seiten, 26 Tabellen, 16 Abbildungen, 11 Karten.   € 16,--

Heft 17   Hanna Bremer: Zur Morphologie von Zentralaustralien. 1967. 224 Seiten,
            6 Karten, 21 Figuren, 48 Abbildungen.   € 14,--

Heft 18   Gisbert Glaser: Der Sonderkulturanbau zu beiden Seiten des nördlichen
            Oberrheins zwischen Karlsruhe und Worms. Eine agrargeographische Un-
            tersuchung unter besonderer Berücksichtigung des Standortproblems. 1967.
            302 Seiten, 116 Tabellen, 12 Karten.   € 10,50

Heft 23   Gerd R. Zimmermann: Die bäuerliche Kulturlandschaft in Südgalicien. Bei-
            trag zur Geographie eines Übergangsgebietes auf der Iberischen Halbinsel.
            1969. 224 Seiten, 20 Karten, 19 Tabellen, 8 Abbildungen.   € 10,50

Heft 24   Fritz Fezer: Tiefenverwitterung circumalpiner Pleistozänschotter. 1969.
            144 Seiten, 90 Figuren, 4 Abbildungen, 1 Tabelle.   € 8,--

Heft 25   Naji Abbas Ahmad: Die ländlichen Lebensformen und die Agrarentwicklung
            in Tripolitanien. 1969. 304 Seiten, 10 Karten, 5 Abbildungen.   € 10,--

---

[*]Nicht aufgeführte Hefte sind vergriffen.

Heft 26   Ute Braun: Der Felsberg im Odenwald. Eine geomorphologische Monographie. 1969. 176 Seiten, 3 Karten, 14 Figuren, 4 Tabellen, 9 Abbildungen.
€ 7,50

Heft 27   Ernst Löffler: Untersuchungen zum eiszeitlichen und rezenten klimagenetischen Formenschatz in den Gebirgen Nordostanatoliens. 1970. 162 Seiten, 10 Figuren, 57 Abbildungen.   € 10,--

Heft 29   Wilfried Heller: Der Fremdenverkehr im Salzkammergut – eine Studie aus geographischer Sicht. 1970. 224 Seiten, 15 Karten, 34 Tabellen.   € 16,--

Heft 30   Horst Eichler: Das präwürmzeitliche Pleistozän zwischen Riss und oberer Rottum. Ein Beitrag zur Stratigraphie des nordöstlichen Rheingletschergebietes. 1970. 144 Seiten, 5 Karten, 2 Profile, 10 Figuren, 4 Tabellen, 4 Abbildungen.   € 7,--

Heft 31   Dietrich M. Zimmer: Die Industrialisierung der Bluegrass Region von Kentucky. 1970. 196 Seiten, 16 Karten, 5 Figuren, 45 Tabellen, 11 Abbildungen.   € 10,50

Heft 33   Jürgen Blenck: Die Insel Reichenau. Eine agrargeographische Untersuchung. 1971. 248 Seiten, 32 Diagramme, 22 Karten, 13 Abbildungen, 90 Tabellen.
€ 26,50

Heft 35   Brigitte Grohmann-Kerouach: Der Siedlungsraum der Ait Ouriaghel im östlichen Rif. 1971. 226 Seiten, 32 Karten, 16 Figuren, 17 Abbildungen.
€ 10,--

Heft 37   Peter Sinn: Zur Stratigraphie und Paläogeographie des Präwürm im mittleren und südlichen Illergletscher-Vorland. 1972. 159 Seiten, 5 Karten, 21 Figuren, 13 Abbildungen, 12 Längsprofile, 11 Tabellen.   € 11,--

Heft 38   Sammlung quartärmorphologischer Studien I. Mit Beiträgen von K. Metzger, U. Herrmann, U. Kuhne, P. Imschweiler, H.-G. Prowald, M. Jauß †, P. Sinn, H.-J. Spitzner, D. Hiersemann, A. Zienert, R. Weinhardt, M. Geiger, H. Graul und H. Völk. 1973. 286 Seiten, 13 Karten, 39 Figuren, 3 Skizzen, 31 Tabellen, 16 Abbildungen.   € 15,50

Heft 39   Udo Kuhne: Zur Stratifizierung und Gliederung quartärer Akkumulationen aus dem Bièvre-Valloire, einschließlich der Schotterkörper zwischen St.-Rambert-d'Albon und der Enge von Vienne. 1974. 94 Seiten, 11 Karten, 2 Profile, 6 Abbildungen, 15 Figuren, 5 Tabellen.   € 12,--

Heft 42   Werner Fricke, Anneliese Illner und Marianne Fricke: Schrifttum zur Regionalplanung und Raumstruktur des Oberrheingebietes. 1974. 93 Seiten.
€ 5,--

Heft 43   Horst Georg Reinhold: Citruswirtschaft in Israel. 1975. 307 Seiten, 7 Karten, 7 Figuren, 8 Abbildungen, 25 Tabellen.   € 15,--

Heft 79   Klaus Peter Wiesner: Programme zur Erfassung von Landschaftsdaten, eine
           Bodenerosionsgleichung und ein Modell der Kaltluftentstehung. 1986.
           83 Seiten, 23 Abbildungen, 20 Tabellen, 1 Karte.   € 13,--

Heft 80   Achim Schorb: Untersuchungen zum Einfluß von Straßen auf Boden, Grund-
           und Oberflächenwässer am Beispiel eines Testgebietes im Kleinen Odenwald.
           1988. 193 Seiten, 1 Karte, 176 Abbildungen, 60 Tabellen.   € 18,50

Heft 81   Richard Dikau: Experimentelle Untersuchungen zu Oberflächenabfluß und
           Bodenabtrag von Meßparzellen und landwirtschaftlichen Nutzflächen. 1986.
           195 Seiten, 70 Abbildungen, 50 Tabellen.   € 19,--

Heft 82   Cornelia Niemeitz: Die Rolle des PKW im beruflichen Pendelverkehr in der
           Randzone des Verdichtungsraumes Rhein-Neckar. 1986. 203 Seiten,
           13 Karten, 65 Figuren, 43 Tabellen.   € 17,--

Heft 83   Werner Fricke und Erhard Hinz (Hrsg.): Räumliche Persistenz und Diffusi-
           on von Krankheiten. Vorträge des 5. geomedizinischen Symposiums in Rei-
           senburg, 1984, und der Sitzung des Arbeitskreises Medizinische Geogra-
           phie/Geomedizin in Berlin, 1985. 1987. 279 Seiten, 42 Abbildungen,
           9 Figuren, 19 Tabellen, 13 Karten.   € 29,50

Heft 84   Martin Karsten: Eine Analyse der phänologischen Methode in der Stadtkli-
           matologie am Beispiel der Kartierung Mannheims. 1986. 136 Seiten, 19 Ta-
           bellen, 27 Figuren, 5 Abbildungen, 19 Karten.   € 15,--

Heft 85   Reinhard Henkel und Wolfgang Herden (Hrsg.): Stadtforschung und Regio-
           nalplanung in Industrie- und Entwicklungsländern. Vorträge des Festkollo-
           quiums zum 60. Geburtstag von Werner Fricke. 1989. 89 Seiten, 34 Ab-
           bildungen, 5 Tabellen.   € 9,--

Heft 86   Jürgen Schaar: Untersuchungen zum Wasserhaushalt kleiner Einzugsgebiete
           im Elsenztal/Kraichgau. 1989. 169 Seiten, 48 Abbildungen, 29 Tabellen.
                                                                              € 16,--

Heft 87   Jürgen Schmude: Die Feminisierung des Lehrberufs an öffentlichen, allge-
           meinbildenden Schulen in Baden-Württemberg, eine raum-zeitliche Analy-
           se. 1988. 159 Seiten, 10 Abbildungen, 13 Karten, 46 Tabellen.   € 16,--

Heft 88   Peter Meusburger und Jürgen Schmude (Hrsg.): Bildungsgeographische
           Studien über Baden-Württemberg. Mit Beiträgen von M. Becht, J. Grabitz,
           A. Hüttermann, S. Köstlin, C. Kramer, P. Meusburger, S. Quick, J. Schmude
           und M. Votteler. 1990. 291 Seiten, 61 Abbildungen, 54 Tabellen.   € 19,--

Heft 89   Roland Mäusbacher: Die jungquartäre Relief- und Klimageschichte im Be-
           reich der Fildeshalbinsel Süd-Shetland-Inseln, Antarktis. 1991. 207 Seiten,
           87 Abbildungen, 9 Tabellen.   € 24,50

Heft 90   Dario Trombotto: Untersuchungen zum periglazialen Formenschatz und zu
           periglazialen Sedimenten in der "Lagunita del Plata", Mendoza, Argenti-
           nien. 1991. 171 Seiten, 42 Abbildungen, 24 Photos, 18 Tabellen und 76
           Photos im Anhang.   € 17,--

Heft 114   Heiko Schmid: Der Wiederaufbau des Beiruter Stadtzentrums. Ein Beitrag zur handlungsorientierten politisch-geographischen Konfliktforschung. 2002. 296 Seiten, 61 Abbildungen und 6 Tabellen.   € 19,90

Heft 115   Mario Günter: Kriterien und Indikatoren als Instrumentarium nachhaltiger Entwicklung. Eine Untersuchung sozialer Nachhaltigkeit am Beispiel von Interessengruppen der Forstbewirtschaftung auf Trinidad. 2002. 320 Seiten, 23 Abbildungen und 14 Tabellen.   € 19,90

Heft 116   Heike Jöns: Grenzüberschreitende Mobilität und Kooperation in den Wissenschaften. Deutschlandaufenthalte US-amerikanischer Humboldt-Forschungspreisträger aus einer erweiterten Akteursnetzwerkperspektive. 2003. 484 Seiten, 34 Abbildungen, 10 Tabellen und 8 Karten.   € 29,00

Heft 117   Hans Gebhardt und Bernd Jürgen Warneken (Hrsg.) Stadt – Land – Frau. Interdisziplinäre Genderforschung in Kulturwissenschaft und Geographie. 2003. 304 Seiten, 44 Abbildungen und 47 Tabellen.   € 19,90

Heft 118   Tim Freytag: Bildungswesen, Bildungsverhalten und kulturelle Identität. Ursachen für das unterdurchschnittliche Ausbildungsniveau der hispanischen Bevölkerung in New Mexico. 2003. 352 Seiten, 30 Abbildungen, 13 Tabellen und 19 Karten.   € 19,90

Heft 119   Nicole-Kerstin Baur: Die Diphtherie in medizinisch-geographischer Perspektive. Eine historisch-vergleichende Rekonstruktion von Auftreten und Diffusion der Diphtherie sowie der Inanspruchnahme von Präventivleistungen. 2006. 301 Seiten, 20 Abbildungen, 41 Tabellen und 11 Karten.   € 21,50

Heft 120   Holger Megies: Kartierung, Datierung und umweltgeschichtliche Bedeutung der jungquartären Flussterrassen am unteren Inn. 2006. 224 Seiten, 73 Abbildungen, 58 Tabellen und 10 Karten.   € 29,00

Heft 121   Ingmar Unkel: AMS-14C-Analysen zur Rekonstruktion der Landschafts- und Kulturgeschichte in der Region Palpa (S-Peru). 2006. 226 Seiten, 84 Abbildungen und 11 Tabellen.   € 19,90

Bestellungen an:
Selbstverlag des Geographischen Instituts
Universität Heidelberg
Berliner Straße 48
D-69120 Heidelberg
Fax: ++49 (0) 62 21 / 54 55 85
E-Mail: hga@urz.uni-heidelberg.de
http://www.geog.uni-heidelberg.de/hga

HEIDELBERGER GEOGRAPHISCHE BAUSTEINE *

Bestellungen an:
Selbstverlag des Geographischen Instituts
Berliner Straße 48, D-69120 Heidelberg
Fax: ++49 (0) 62 21 / 54 55 85
E-Mail: hga@urz.uni-heidelberg.de
http://www.geog.uni-heidelberg.de/hga

---

*Nicht aufgeführte Hefte sind vergriffen.

HETTNER-LECTURES

Bestellungen an:

Franz Steiner Verlag GmbH
Vertrieb: Brockhaus/Commission
Kreidlerstraße 9
D-70806 Kornwestheim
Tel.: ++49 (0) 71 54 / 13 27-0
Fax: ++49 (0) 71 54 / 13 27-13
E-Mail: bestell@brocom.de
http://www.steiner-verlag.de